普通高校计算机类应用型本科
系列规划教材

软件工程

主　编　石　冰

副主编　卜华龙　浮盼盼　陈丽萍

Software Engineering

中国科学技术大学出版社

内 容 简 介

本书针对软件工程课程的特点,全面系统地讲述了软件工程的概念、原理和方法。本书正文共分为 11 章,第 1 章是软件工程的概述,第 2 章介绍了软件过程模型,第 3~9 章讲述了软件生命周期各个阶段的目标、任务、原则、过程、模式和结构化方法等重要主题,第 10 章介绍了用面向对象方法进行分析、设计和实现的过程,第 11 章介绍了软件项目的管理技术。每章的末尾包括了小结、案例分析、阅读材料、习题以及实验。附录给出了一个案例的框架,学习者可以在此基础上做进一步的开发。

本书包括了软件工程理论与实践的最新进展,适合作为本科院校相关专业的教材,也可作为软件开发人员、科研人员以及大专院校师生的参考书。

图书在版编目(CIP)数据

软件工程/石冰主编. —合肥:中国科学技术大学出版社,2017.8(2022.3 重印)
ISBN 978-7-312-04235-5

Ⅰ.软… Ⅱ.石… Ⅲ.软件工程 Ⅳ.TP311.5

中国版本图书馆 CIP 数据核字(2017)第 118827 号

出版　中国科学技术大学出版社
　　　安徽省合肥市金寨路 96 号,230026
　　　http://press.ustc.edu.cn
　　　https://zgkxjsdxcbs.tmall.com
印刷　合肥华苑印刷包装有限公司
发行　中国科学技术大学出版社
经销　全国新华书店
开本　787 mm×1092 mm　1/16
印张　18.75
字数　480 千
版次　2017 年 8 月第 1 版
印次　2022 年 3 月第 2 次印刷
定价　45.00 元

前　言

　　软件工程课程是为了培养软件开发的高级人才而开设的，它是指导软件生产和管理的一门综合性的应用科学。虽然目前国内软件工程教材品种繁多，但大部分不符合培养技能型人才的需求，与软件企业开发实际相脱节。

　　本书针对软件工程课程的特点，全面系统地讲述了软件工程的概念、原理和方法，以及软件项目的管理技术，揭示了各知识点之间的内在联系。注重基础性、系统性和实用性，结合大量的软件项目分析实例，深入浅出地阐述了软件工程的具体内容。在软件工程学科的研究与实践的关系方面以及艺术性与科学性的结合方面做了一些探索。

　　本书包括了软件工程理论与实践的最新进展，反映了最新的业界动态。将软件工程领域中实践者对构造高质量产品的关注和研究者寻找各种方法改进产品质量以及提高开发人员生产效率的努力进行了融合。全书内容丰富，结构严谨，原理与方法相结合，丰富的图表与实例应用相结合，讲解由浅入深，既体现知识点的连贯性、完整性，又注重知识在实践中的应用。

　　本书正文共分为 11 章。第 1 章是软件工程的概述。第 2 章介绍了软件过程模型。第 3 章介绍了可行性分析与项目计划，第 4 章是软件需求分析，第 5 章是总体设计，第 6 章是详细设计，第 7 章是编码，第 8 章是软件测试，第 9 章是软件维护；在第 3～9 章关于软件生命周期各个阶段的叙述中，分别讲解了其目标、任务、原则、过程、模式、结构化方法和技术等重要主题。第 10 章介绍了用面向对象方法进行面向对象分析、面向对象设计和面向对象实现的过程。第 11 章介绍了软件项目管理的度量、计划、质量和配置。

　　本书主要有以下特点：

　　1. 在保证体系完整性的基础上，不过度强调基础理论的深度和难度，坚持"实用为主、够用为度"的原则。

　　2. 按工程规范化的观点，在过程部分包含了目标、任务、原则和流程，在方法部分包含了模式、方法和技术。

　　3. 每章的末尾除小结和习题外，还有相应的案例分析和阅读材料以及实验。

　　4. 附录给出了一个案例（客户关系管理系统）的框架，相关的源码和执行代码可以在出版社云盘上下载到，具体地址为：http://pan.baidu.com/s/1dFzgpyh/，学习者可参考，并可在此基础上做进一步的开发。

　　本书是作者在近三十年从事该领域的教学实践和软件开发经验的基础上，参考国内外众多最新教材和内容，参阅大量的论著和期刊文献，也引用了开源软件社区的分享经验，在与同行和业界软件开发人员的交流中编写而成的。改变了现有教材侧重理论、对工程的规范化注重不够、可操作性不强的现状。

　　本书由安庆师范大学石冰任主编，巢湖学院陈丽萍编写了第 1 章、第 8 章的大部分内容以及第 10 章的前 3 节；巢湖学院卜华龙编写了第 2、3、6、7 章和第 8 章的 8.7 节；宿州学院浮盼盼编写了第 4、5、9、11 章;石冰编写了本书的其余部分,并对全书进行了审订。客户关系管理系统的开发由石冰和石琦共同完成。

石琦对软件项目计划和管理提出了自己的观点,沈玉玲对优化和代码审查等问题提出了有益的建议,就本书的框架作者与他们进行了多次反复的讨论,他们为作者提供了业界的视角,谨在此向他们表示感谢。另外,还有很多开源社区开发人员分享的经验没有一一注明出处,我们引用的部分图和表也未逐一注明,在此一并致谢。

本书的编写还得到王一宾同志的支持,更是得到了中国科学技术大学出版社编辑的大力支持,在此向他们表示衷心的感谢!

由于作者水平有限,加上时间仓促,书中难免有错误和不妥之处,恳请读者批评指正。如有信息反馈请发至邮箱:shibing@aqnu.edu.cn,以便再版时修订。

编　者

2017 年 3 月

目　　录

第1章 软件工程概述

软件工程项目的最终目标是要开发出符合用户需求的软件产品。

1.1 软件与软件危机

1.1.1 软件

1. 软件的概念

很多人想当然地说:"软件就是程序吧。"答案当然是错误的。这里一定要纠正这个错误的认识:开发软件并不仅仅是指编写程序。那么软件究竟是什么呢?

软件是与计算机硬件相互依存,构成完整计算机系统的另一部分,它是能够实现预定功能和性能的计算机程序、支持程序运行的数据及其相关文档的完整集合。其中,程序是按特定功能和性能要求而设计的能够执行的指令序列;数据是程序运行的基础和操作的对象;文档是与程序开发、过程管理、维护以及使用有关的图文资料。

2. 软件的特点

软件作为一种特殊的产品,具有如下一些特点:

(1) 软件是一种逻辑产品

软件是一种逻辑产品,而不是物理实体,人们无法看到其具体形态,因而具有抽象性。这时必须通过观察、分析、测试、思考和判断去了解它的功能和性能。

(2) 软件不存在磨损、用坏和老化的问题

软件在运行和使用过程中,没有硬件那样的机械磨损、用坏和老化问题,但却存在退化问题,为了适应硬件、系统环境及需求的变化,必须进行升级或者淘汰。

(3) 软件的诞生过程主要是研制,生产只是简单的拷贝

软件是通过人们的智力活动,把知识和信息转化为信息的一种产品,一旦软件开发研制完成,只需复制就可以产生大量的软件产品,所以,在软件开发过程中必须对质量进行良好控制。

(4) 软件成本昂贵

软件的研制尚未摆脱手工方式,它需要投入大量的、复杂的、高强度的脑力活动,它的成本是相当高的。

(5) 软件受硬件和环境的影响

受计算机硬件和支撑环境不断发展的影响,软件必须不断地维护。在软件维护过程中,易产生新的问题,导致软件维护工作量大且成本高于开发成本。

3．软件的分类

（1）按照软件功能划分

① 系统软件：是与计算机硬件紧密配合，使计算机系统各部件、相关软件和数据协调、高效地工作的软件。如：操作系统、设备驱动程序等。

② 支撑软件：是协助用户开发软件的工具性软件。如：软件开发环境等。

③ 应用软件：是在特定领域内开发，为特定目的服务的一类软件。如：工程与科学计算软件等。

（2）按照软件规模划分

① 微型软件：一个人在几天之内完成，程序不超过 500 行。这类软件不必有严格的设计和测试文档。

② 小型软件：不超过 2 个人在半年内完成的 1 000～2 000 行的程序。它通常没有与其他程序的接口。

③ 中型软件：不超过 5 个人在 1～2 年内完成的 5 000～50 000 行的程序。这类软件通常需要有严格的文档和设计规范。

④ 大型软件：由 5～20 个人在 2～3 年内完成的 50 000～100 000 行的程序。这类软件需要按照软件工程方法进行管理。

⑤ 超大型软件：由 100～1 000 个人在 4～5 年内完成的具有 100 万行程序的软件项目。这类软件必须按照软件工程方法开发，有严格的质量管理措施。

⑥ 巨型软件：由 2 000～5 000 个人在 5～10 年内完成的具有 100 万～1 000 万行程序的软件项目。这类软件必须按照软件工程方法开发，有严格的质量管理措施。

（3）按照软件工作方式划分

① 实时处理软件：指在事件或数据产生时需要立即处理并及时反馈信号，以控制需要监测的部分和控制过程的软件。

② 分时软件：指允许多个联机用户同时使用计算机的软件。

③ 交互式软件：指能实现人机通信的软件。

④ 批处理软件：指把一组输入作业或一批数据以批处理的方式一次运行，并按顺序逐个处理的软件。

1.1.2 软件危机

软件危机是指在计算机软件的开发和维护过程中所遇到的一系列的严重问题，导致了软件生产与市场需求出现极其不适应的现象。

软件危机的表现如下：

1．软件实现的功能不符合用户的实际需求

软件开发人员对用户的需求缺乏全面、准确和深入的理解，往往急于编程，导致最后实现的软件系统与用户的实际需求相距甚远。

2．软件生产供不应求

软件开发生产率提高的速度远远低于计算机硬件的发展速度，软件应用需求的增长得不到满足，出现了供不应求的局面，从而使人类不能充分利用计算机硬件提供的巨大潜力。

3. 对软件开发进度和成本估计不准确

软件实际开发成本比估算成本高出几倍,实际进度比预期进度推迟几个月甚至几年。软件开发者为了追赶进度、降低成本和减少损失,采取一些策略,致使软件质量降低。这种现象损害了开发者的信誉,同时又引起了用户的不满。

4. 软件产品质量不可靠

软件质量保证技术没有严密有效地贯穿到软件开发的全过程,导致交付给用户的软件质量差,在运行过程中频繁产生问题,甚至带来极其严重的后果。

5. 软件可维护性差

程序中出现的很多错误非常难改正,要使软件适应新的硬件环境又几乎不可能,也不能根据用户提出的新需求在原有程序上添加一些新的功能,造成软件维护困难和不可重用,使得开发人员重复开发基本类似的软件。

6. 软件文档资料不完整

计算机软件不仅包含程序,还包括软件开发过程中各阶段的文档资料,如:各阶段的说明书、软件测试用例等。这些文档作为软件开发人员交流信息的工具,对于维护人员更是不可缺少。缺少必要的文档资料或文档资料不严密、不正确,必然为软件开发和维护工作带来许多困难。

软件危机的产生主要有两方面原因:一是与软件本身的特点有关;二是软件开发与维护的方法不正确。

软件是计算机系统中的逻辑部件,缺乏"可见性",程序在计算机上试运行之前,软件开发工作进展情况及软件的质量也较难评价,因此给软件开发和维护带来了困难。此外,规模庞大是软件的一个显著特点,并且程序复杂度将随着程序规模的增加而变得越来越高。为了在预期的时间内完成规模庞大的软件,必须由多人分工合作完成,在这个合作开发的过程中不仅涉及技术问题,而且还必须有严格而科学的管理。

软件本身具有的特点确实给开发和维护工作带来了一些客观困难,但是如果在开发过程中坚持使用已被证明是正确的方法和成功的经验,许多困难是完全可以克服的。但是,目前很多软件开发人员仍然对软件开发和维护工作有错误的认识,并且采用错误的技术、方法和落后的工具。这可能是使软件错误放大并最终导致软件危机的主要原因。错误的认识和方法主要表现为缺乏正确的理论指导、忽视软件需求分析的重要性、轻视软件维护等。

1.2　软件工程

要消除软件危机,主要的途径有以下几种:

(1) 对计算机软件有一个正确的认识。

(2) 软件开发工作不是个体工作,而是由各类人员协同配合、共同完成的工程项目,因此必须加强开发过程的管理,构建良好的组织、严密的管理和协调工作机制。

(3) 推广和使用在软件开发实践中总结出来的成功的技术和方法,探索更好、更有效的技术和方法,尽快纠正在计算机系统早期发展阶段形成的错误概念和做法。

(4) 开发和使用更好的软件工具,软件工具为实现软件技术提供了自动的或半自动的软件支撑环境。

总之,消除软件危机既要有技术措施又要有管理措施。软件工程正是从这两个方面研究如何更好地开发和维护计算机软件的一门新兴学科。

1.2.1 软件工程的概念

为了消除软件危机,"软件工程"一词是在 1968 年北大西洋公约组织的会议上首次被提出的。关于软件工程,人们给出了很多的定义,以下是几个典型的定义:

(1) Barry Boehm 对软件工程的定义:运用现代科学技术知识来设计并构造计算机程序以及开发、运行和维护这些程序所必需的相关文件资料。

(2) IEEE 对软件工程的定义。① 1983 年 IEEE 对软件工程的定义:软件工程是开发、运行、维护和修复软件的系统方法;② 1993 年 IEEE 对软件工程给出了更为全面的定义:把工程化思想应用到软件开发中,把系统化的、规范的、可度量的途径应用于软件开发、运行和维护过程。

(3) Fritz Bauer 对软件工程的定义:建立并使用完善的工程化原则,以较经济的手段获得可靠的且能在实际机器上有效运行的软件的一系列方法。

虽然对软件工程定义的各种描述采用了不同的词句,但其基本思想是要用工程化的思想来开发软件。总之,软件工程是应用计算机科学、数学及管理科学等原理指导计算机软件开发和维护的一门工程学科。

软件工程的目标就是运用最先进的技术和经过时间检验证明是正确的管理方法来提高软件的质量和生产率,也就是在给定成本、进度的前提下,开发出满足用户需求的高质量软件产品。从短期效益看,追求高质量和生产率是一对矛盾;但从长远利益看,高质量可保证软件开发的全过程更加规范、流畅,很大程度降低了软件维护代价,实际上是提高了生产率,同时又获得了很好的信誉。因此,好的软件工程方法能同时提高软件质量和生产率。

软件工程包括 3 个要素:方法、工具和过程。软件工程的层次结构如图 1.1 所示。

图 1.1 软件工程的层次结构

工具层为软件过程和方法提供了自动或半自动的软件支撑环境。目前已有许多不错的软件工具,如:Rational Rose、Power Designer、Eclipse 等。如果把各阶段使用的工具有机地结合起来,支持软件开发的全过程,可以有效地改善软件开发过程,提高软件开发的效率。

方法层在技术上说明了如何去开发软件。它包括各种方法:如何进行软件需求分析、如何实现总体结构设计、如何进行测试等。

过程层提供了一个框架,在这个框架下可以建立一个软件开发的综合计划。目的是把软件方法和工具综合起来,并使其被有效利用,能够保证软件及时、合理地开发出来。

质量焦点层以有组织的质量保证为基础,支持软件工程的根基就在于对质量的关注。

1.2.2　软件工程的特性

软件工程具有下述本质特性:

1. 软件工程关注于中大型软件系统的构建

中大型软件系统通常由多人合作完成,涉及技术、人员通信、工具等;传统的程序设计技术和工具是支持小型程序设计的,因此不能简单地把这些技术和工具用于开发中大型系统。

2. 软件工程的中心课题是控制复杂性

通常软件所要解决的问题十分复杂,以致不能把一个问题作为整体直接去考虑,必须把问题分解,分解成的每个部分是可以被理解的,而且各部分之间保持简单的通信关系。用这种方法并不能降低问题的整体复杂性,但却可使它变成可以管理的。

3. 软件经常变化

绝大多数软件都模拟了现实世界的某一部分。为了顺应现实世界的不断变化,保证软件不会很快被淘汰,软件必须也要变化。因此,在软件投入使用后,还需耗费成本。

4. 开发软件的效率非常重要

目前,软件供不应求的现象日益严重。因此,软件工程的一个重要课题是寻求开发软件和维护软件的更有效的方法和工具。

5. 和谐的合作是开发软件的关键

通常软件处理的问题比较大,必须由多人协同工作才能解决这类问题。为了有效地合作,必须明确规定每个人的责任和相互通信的方法,并使每个人严格地按规定行事。

6. 软件必须有效地支持它的用户

开发一个软件的目的是为了支持用户的工作,也就是软件提供的功能可以协助用户有效地完成他们的工作。要做到有效地支持它的用户,就必须仔细地分析、研究用户的相关情况,以确定合适的功能及其他质量要求等;要做到有效地支持它的用户,不但要提交软件产品,还必须提供用户手册和培训材料等。

7. 在软件工程领域中通常由具有一种文化背景的人代替具有另一种文化背景的人创造产品

软件工程师通常是诸如 C＋＋程序设计、数据库设计、测试等方面的专家,他们往往并不是教学管理、银行事务等领域的专家,但是他们要为这些领域开发软件系统。缺乏应用领域的相关知识,常常会使软件项目出现问题,所以要求软件工程师要通过访谈等各种方法了解用户组织的工作流程,然后用软件实现这个工作流程,当然用户组织要能真正遵守这个工作流程。

1.2.3　软件工程的基本原理

自 1968 年"软件工程"这个术语被提出并使用以来,研究软件工程的专家学者们陆续提出了 100 多条关于软件工程的准则或"信条"。著名的软件工程专家 B. W. Boehm 综合了这些专家的意见并总结了 TRW 多年来开发软件的经验,于 1983 年提出了软件工程的 7 条基本原理。B. W. Boehm 认为这 7 条原理是确保软件产品质量和开发效率的原理的最小集合。这7条原理是互相独立的,是缺一不可的最小集合。

下面简要介绍软件工程的7条基本原理。

1. 用分阶段的生命周期计划严格管理

统计发现,在失败的软件项目中有一半以上是由于计划不全面而造成的。在软件开发与维护的漫长生命周期中,需要完成很多性质各异的工作。这意味着应该把软件生命周期划分为若干个阶段,并制订出切实可行的计划,然后严格按照计划对软件的开发和维护过程进行管理。

2. 坚持进行阶段评审

统计发现,大约63%的软件错误是在编码之前造成的,并且错误发现越晚,修改它付出的代价越大。因此,软件的质量保证工作不能等到编码以后再进行,必须贯穿到软件开发的各个阶段。在每个阶段进行严格的评审,尽早地发现错误,以确保软件在每个阶段都能具有较高的质量。

3. 实行严格的产品控制

在软件开发过程中需求的变动会给项目带来巨大的风险,会导致项目的成本增加、延长项目交付周期、影响软件的质量。然而在软件开发中完全避免需求的变动又是不可能的,这就要求我们采用科学的产品控制技术来顺应这种要求。

4. 采用现代程序设计技术

从提出软件工程概念开始,各种新的程序设计技术、先进的软件开发和维护技术就不断被人们研究出来,从20世纪60年代末的结构化软件开发技术到最新的面向对象的技术,实践表明:采用先进的技术不仅可以提高软件开发的效率,而且可以提高软件产品的质量。

5. 结果应能清楚地审查

软件产品不同于一般的物理产品,它是看不见摸不着的逻辑产品,因此软件开发小组的工作进展情况可见性差,难以准确度量、评价和管理。为了更好地管理,必须提高软件开发过程的可见性,应根据软件开发的总目标及完成期限,尽可能明确开发小组的责任和产品标准,从而使得到的结果能够清楚地被审查。

6. 开发小组的人员应该少而精

开发人员的素质和数量是影响软件质量和开发效率的重要因素。开发小组组成人员的素质应该较好,而且人员数量要少。

7. 承认不断改进软件工程实践的必要性

遵循上述6条基本原理,就能按照当代软件工程基本原理较好地实现软件的工程化生产,但是这6条原理并不能保证软件开发和维护的过程赶上技术不断向前发展的步伐。因此应该注意承认不断改进软件工程实践的必要性。这就要求在实际应用过程中,不仅要积极主动地采纳新的软件技术,还要注意不断总结经验。

1.2.4 软件工程方法学

通常把在软件生命周期全过程中使用的一整套技术的集合称为方法学(Methodology),也称为范型(Paradigm)。在软件工程范畴中,这两个词的含义基本相同。

软件工程方法学包括3个要素:方法、工具和过程。其中,方法是完成软件开发的各项任务的技术方法,回答"如何做"的问题;工具是为方法的运用提供自动的或半自动的软件支撑环境;过程是为了获得高质量的软件所需要完成的一系列任务的框架,它规定了完成各项任务的工作步骤。

目前使用得最广泛的软件工程方法学有两种,分别是传统方法学和面向对象方法学。

1. 传统方法学

1977 年出现的传统方法学也称为生命周期的方法学,是一种面向过程的方法学,它采用结构化技术(结构化分析(Structured Analysis,SA)、结构化设计(Structured Design,SD)和结构化实现)来完成软件开发的各项任务。这种方法学把软件生命周期的全过程依次划分为若干个阶段,然后顺序地完成每个阶段的任务。包含可行性分析(经济、技术、社会)、需求分析、概要设计、详细设计、编码、测试几个阶段。

传统方法学又称生命周期方法学或结构化范型。一个软件从开始计划起,到废弃不用止,称为软件的生命周期。在传统的软件工程方法中,软件的生存周期分为需求分析、总体设计、详细设计、编程和测试几个阶段。

软件工程学中的需求分析具有两方面的意义。在认识事物方面,它具有一整套分析、认识问题域的方法、原则和策略。这些方法、原则和策略使开发人员对问题域的理解比不遵循软件工程方法时更为全面、深刻和有效。在描述事物方面,它具有一套表示体系和文档的规范。但是,传统的软件工程方法学中的需求分析在上述两方面都存在不足。它在全局范围内以功能、数据或数据流为中心来进行分析。这些方法的分析结果不能直接地映射问题域,而是经过了不同程度的转化和重新组合。因此,传统的分析方法容易隐蔽一些对问题域的理解偏差,与后续开发阶段的衔接也比较困难。

在总体设计阶段,以需求分析的结果作为出发点构造出一个具体的系统设计方案,主要是决定系统的模块结构,以及模块的划分,模块间的数据传送及调用关系。详细设计是在总体设计的基础上考虑每个模块的内部结构及算法,最终将产生每个模块的程序流程图。但是传统的软件工程方法中设计文档很难与分析文档对应,原因是两者的表示体系不一致,所谓从分析到设计的转换,实际上并不存在可靠的转换规则,而是带有人为的随意性,从而很容易因理解上的错误而留下隐患。

编程阶段是利用一种编程语言产生一个能够被机器理解和执行的系统,测试是发现和排除程序中的错误,最终产生一个正确的系统。但是由于分析方法的缺陷很容易产生对问题的错误理解,而分析与设计的差距很容易造成设计人员对分析结果的错误转换,以致在编程时程序员往往需要对分析员和设计人员已经认识过的事物进行重新认识,并产生不同的理解。因此为了使两个阶段之间能够更好地衔接,测试就变得尤为重要。

软件维护阶段的工作,一是对使用中发生的错误进行修改,二是因需求发生了变化而进行修改。前一种情况需要从程序逆向追溯到发生错误的开发阶段。由于程序不能映射问题以及各个阶段的文档不能对应,每一步追溯都存在许多理解障碍。第二种情况是一个从需求到程序的顺向过程,它也存在初次开发时的那些困难,并且又增加了理解每个阶段原有文档的困难。

传统软件工程方法面向的是过程,它按照数据变换的过程寻找问题的结点,对问题进行分解。由于不同人对过程的理解不同,故面向过程的功能分割出的模块会因人而异。对于问题世界的抽象结论,结构化方法可以用数据流图、系统结构图、数据字典、状态转移图、实体关系图来进行系统逻辑模型的描述,得到生产一个最终能满足需求且达到工程目标的软件产品所需要的步骤。

传统软件工程方法学强调以模块为中心,采用模块化、自顶向下、逐步求精的设计过程,系统是实现模块功能的函数和过程的集合,结构清晰、可读性好,是提高软件开发质量的一种有效手段。结构化设计从系统的功能入手,按照工程标准,严格规范地将系统分解为若干功能模块,因此系统是实现模块功能的函数和过程的集合。然而,由于用户的需要和软硬件技术的不断发展变化,作为系统基本组成部分的功能模块很容易受到影响,局部修改甚至会引起系统的根本性变化。开发过程前期入手快而后期频繁改动的现象比较常见。

当然,传统的软件工程方法学也存在很多的缺点,主要表现在生产效率非常低,从而导致不能满足用户的需要,复用程度低,软件很难维护等。尽管如此,传统方法学仍然是人们在软件开发过程中使用得十分广泛的软件工程方法学,在开发某些类型的软件时也比较有效。因此传统软件工程方法学的价值并不会因面向对象方法学的出现而减少,并且它还是学习面向对象方法学的基础。

2. 面向对象方法学

面向对象是围绕现实世界的概念来组织模块,采用对象描述问题空间的实体,用程序代码模拟现实世界中的对象,使程序设计过程更自然、更直观。

面向过程是以功能为中心来描述系统,而面向对象是以数据为中心来描述系统。相对于功能而言,数据具有更强的稳定性。

面向对象方法模拟了对象之间的通信。就像人们之间互通信息一样,对象之间也可以通过消息进行通信。这样,我们不必知道一个对象是怎样实现其行为的,只需通过对象提供的接口进行通信并使用对象所具有的行为功能。而面向过程方法则通过函数参数和全局变量达到各过程模块联系的目的。

面向对象方法把一个复杂的问题分解成多个能够完成独立功能的对象(类),然后把这些对象组合起来去完成这个复杂的问题。采用面向对象模式就像在流水线上工作,我们最终只需将多个零部件(已设计好的对象)按照一定关系组合成一个完整的系统。这样使得软件开发更有效率。

1.3　软件生命周期

软件的生命周期是指一个软件从提出开发要求开始直到该软件废弃不用的整个时期。从时间的角度可把软件的生命周期依次划分为若干个阶段,即问题定义、可行性研究、需求获取与分析、概要设计、详细设计、编码(包括单元测试)、综合测试(集成测试、确认测试、系统测试、验收测试)、运行与维护。

把软件的生命周期划分为若干阶段,每个阶段都有明确的任务,然后逐步完成每个阶段的任务,使规模较大和管理复杂的软件开发变得容易管理和控制。这几个阶段可归纳为3个时期,即软件定义时期、软件开发时期和软件维护时期。下面将逐一简要介绍软件生命周期各个阶段的目标和主要任务。

1.3.1 软件定义时期

软件定义时期的主要任务包括:确定所要开发软件的总体目标;确定工程的可行性;确定系统必须完成的功能;估算项目所需的资源和成本;制订开发进度表等。软件定义时期通常进一步划分为 3 个阶段:问题定义、可行性研究和需求获取与分析。

1. 问题定义

问题定义阶段必须要回答的问题是"要解决的问题是什么",如果不知道待解决的问题是什么就盲目地去做,只能是白白浪费时间和金钱,而且最终得出的结果也很可能是毫无意义的。

2. 可行性研究

在上一阶段清楚了问题的性质、目标后,本阶段就是确定在预定的时间、费用之内该问题是否有行得通的解决方法。如果这些问题没有有效的解决方法,就贸然开发这些项目则会造成时间、人力、资源和资金的浪费。因此,软件可行性研究的目的,就是用最小的代价在尽可能短的时间内确定该软件项目是否能够开发,是否值得去开发。必须记住,可行性研究的目的不是去开发某个软件项目,而是确定某个软件项目是否值得去开发。可行性研究实质上是系统相关开发人员在较为抽象的高层次上进行分析和设计,探索这个问题是否值得去解决,是否有可行的方法,并最终提交可行性研究报告。

可行性研究的结果是客户决定是否继续开发这项软件的重要依据。一般来说,投资可能取得较大效益的软件项目才值得继续下去。

3. 需求获取与分析

这个阶段的任务仍然不是具体地解决问题,而是准确地确定"为了解决这个问题,软件系统必须做什么",主要确定软件系统必须具备哪些功能。

用户了解他们所面对的问题,知道必须要做什么,但是对他们自身的需求又不能准确而完整地表达出来,也不知道如何使用计算机来解决他们的问题;开发人员知道如何用软件来实现人们的各种要求,但是对特定用户的具体业务和需求不完全清楚。因此需要系统分析员和用户密切联系和配合,充分交流各自的信息,全面地收集、分析用户业务中的信息和处理,导出用户确认的系统逻辑模型,通常用数据流图、数据字典和简要的算法描述来表示。

需求分析阶段确定的系统逻辑模型是以后设计和实现系统的基础,所以该逻辑模型必须准确、全面地体现用户的功能要求和性能要求,并把这些要求以正式文档记录下来,这个文档通常称为软件需求说明书。

1.3.2 软件开发时期

软件开发时期主要是设计和实现在软件定义阶段定义的软件。它通常由 4 个阶段组成:概要设计、详细设计、编码和单元测试、综合测试。

1. 概要设计

概要设计又称总体设计,该阶段的主要任务是确定应该怎样实现目标软件系统。开发人员要把已确定的软件功能需求转换成需要的软件模块结构,即确定明确的模块、确定模块间的调用关系、确定每个模块的功能是什么。同时还要设计该软件系统要存储哪些数据,这些数据的结构以及数据间的关系等。

2. 详细设计

软件的概要设计阶段已经将系统划分为多个模块,并将它们按照一定的原则组装起来。详细设计是软件设计的第二个阶段,主要确定模块的处理过程,所以详细设计又称为过程设计。详细设计阶段的主要任务是:对概要设计阶段产生的各个模块完成的功能进行具体描述,把功能描述转换为精确的、结构化的过程描述。

3. 编码和单元测试

编码也就是"编程序",它是在详细设计的基础上进行的,是把软件详细设计得到的处理过程的描述翻译成用某种程序设计语言书写的程序。由于编码是对详细设计的进一步具体化,所以程序的质量主要由软件设计的质量决定。因此,选择合适的程序设计语言完成编码,遇到的困难会减少,且开发的程序易测试、易维护。

根据软件项目的应用领域来考虑选择语言可以有下面几类:(1) 科学工程计算:可供选用的语言有 C 语言、FORTRAN 语言等。(2) 数据处理与数据库应用:可供选用的语言有 SQL 语言等。(3) 实时处理:可供选择的语言有汇编语言、Ada 语言等。(4) 系统软件:可供选用的语言有 C 语言等。如果根据面向对象的软件开发方法来考虑选择语言,适合选用 Java 语言或者 C++语言。

通常,在编码完成并通过了编译程序的语法检查之后,就由程序员对程序模块(软件设计的最小单元)进行单元测试,以检查各个模块在功能、算法和结构上是否存在问题。单元测试的目的是确保各个独立模块能够正常工作。

4. 综合测试

这个阶段的关键任务是对软件进行各种类型的测试,包括集成测试、确认测试、系统测试和验收测试。

集成测试是在单元测试的基础上,将所有已通过单元测试的模块按照概要设计的要求组装成子系统或系统而进行的测试。实践证明,有时每个单独的模块能够正常工作,但将这些模块组合在一起却不能正常工作了。所以单元测试后必须进行集成测试,发现并排除软件组装后可能发生的问题,最终构成所要求的软件系统。

确认测试是验证已实现的软件是否满足软件需求规格说明书中的各种要求。经过确认测试后,接着进行系统测试。

系统测试是将确定的软件与其他元素(如计算机硬件、外部设备、支持软件等)结合在一起进行的测试。

验收测试是以用户为主体,对目标系统进行验收。验收测试是用户在软件投入使用之前进行的最后一次测试,检查软件产品是否符合预期的各项要求。

1.3.3 软件维护时期

软件维护时期是软件生存周期中时间最长的阶段。在软件产品被开发出来并交付用户投入使用之后,便进入软件的运行维护阶段。这个阶段是软件生命周期的最后一个阶段,它可以持续几年甚至几十年。由于多方面原因,软件在运行的过程中不能满足用户的需求,要延长软件的使用寿命,就必须对软件进行修改。如:用户业务发生变化,需要对软件系统做功能扩充或更改等。

1.4 软件开发工具

软件开发工具一般是指为了支持软件开发人员开发和维护活动而使用的软件。软件开发工具的使用可以有效地改善软件开发过程,提高软件开发的效率。按照软件功能所处的阶段,软件工具可以分为需求分析工具、设计工具、编码工具、测试工具、运行维护工具、配置管理工具和项目管理工具。

1. 需求分析工具

需求分析工具是在软件系统分析阶段用来严格定义需求规格的工具,可以将软件系统的逻辑模型清晰地表达出来。需求分析工具主要包括数据流程图绘制工具、图形化的 E-R 图编辑工具等。例如 Visio 工具、Power Designer 工具等。

2. 设计工具

设计工具是用来进行系统设计的,将设计结果表达出来形成设计说明书,并检查设计说明书中是否有错误,然后找出并排除这些错误。设计工具主要包括系统结构图的设计工具以及面向对象的可视化建模工具 Rational Rose 等。

3. 编码工具

编码工具为程序员提供各种便利的编程作业环境,辅助程序员用某种程序设计语言编制源程序,并对源程序进行翻译,最终转换成可执行的代码。编码阶段的工具主要包括代码编辑器、常规的编译器、链接程序、调试器等,目前广泛使用的编程环境就是这些工具的集成化环境。例如早期的 Visual Basic、微软的 Visual Studio 系列等。

4. 测试工具

测试工具支持整个软件测试过程,包括测试用例的选择、测试程序与测试数据的生成、测试的执行及测试结果的评价。测试过程中使用测试工具很大程度上提高了测试效率。例如用于功能和回归测试的 Quick Test Professional 工具、用于性能负载测试的 Load Runner 工具等。

5. 运行维护工具

软件运行维护工具主要包括源程序到程序流程图的自动转换工具、日常运行管理和实时监控程序等。

6. 配置管理工具

软件项目通常是由一个研发小组共同完成的。在整个开发过程中需要涉及各个方面的人员以及对软件的各类修改,势必会形成众多的软件版本,而且并不能保证不出现错误的修改,因此迫切需要一个有效的手段进行管理。例如:配置管理工具 VSS(Visual Source Safe)提供了完善的版本和配置管理功能,以及安全保护和跟踪检查功能。

7. 项目管理工具

项目管理工具可以帮助用户跟踪收集与工作有关的所有信息、以标准格式呈现项目计划、高效地安排任务和资源以及管理项目。例如:项目规划和管理软件 Microsoft Project 2007。

1.5　本 章 小 结

本章对软件工程学做了一个简短的概述。首先介绍软件的定义、特点和分类；介绍了软件危机的定义，分析了软件危机的表现形式及产生的原因，从技术措施和管理措施方面提出解决软件危机的途径，具体解决办法就是应用软件工程学原理进行软件开发和维护；其次对软件工程的概念进行了介绍，包括软件工程的定义、特性和 7 条基本原理；对比了结构化和面向对象方法学的各自特点；接着简要介绍了软件的生命周期；最后介绍了可以有效地改善软件开发过程，提高软件开发效率的软件开发工具。

案 例 分 析

软件已成为我们生活、工作中不可缺少的重要部分。软件质量已经成为决定产品或企业成败的最主要的因素。软件不能正常工作对我们的生活和工作带来诸多不便，甚至会造成时间、金钱、信誉等多方面的损失，严重时甚至会危及生命。

下面介绍两个有代表性的软件项目失败的案例。

1. 爱国者导弹防御系统

1991 年 2 月 25 日美国爱国者导弹防御系统首次应用在海湾战争对伊拉克飞毛腿导弹的防御中，几次都没有成功拦截伊拉克发射过来的飞毛腿导弹，其中一枚飞毛腿导弹击中了该地的一个美军军营并导致 28 名美国士兵阵亡。

分析专家发现问题出在一个软件缺陷上，一个很小的时钟时差错误积累起来拖延了 14 个小时，造成跟踪系统失去准确度。

2. 迪斯尼的狮子王多媒体光盘

1994 年秋天，迪斯尼公司发布了一个面向儿童的多媒体光盘游戏——狮子王，公司进行了大力的宣传，销售额非常可观。然而，在同年 12 月 26 日，也就是圣诞节后一天，迪斯尼公司的客户服务部就被淹没在愤怒的家长和孩子的电话狂潮中。

后来迪斯尼公司查找各种原因并验证，发现是由于公司并没有对市场上投入使用的各种 PC 机型进行正确的测试，软件只能在有限的几款平台上运行，但在大众使用的常见系统中却不能正常工作。

阅 读 材 料

课外可参阅以下材料：

1. 软件工程知识体 SWEBOK 3.0。

2. 软件工程国家标准。

3. 软件工程技术应用。

4. 软件工程的发展趋势。

（1）全球化协作；

（2）开放式计算；

（3）迭代以及敏捷性。

5. 参考网站

（1）http://www.uml.net.cn；

（2）http://www.discuz.net；

（3）http://sourceforge.net；

（4）http://51testing.com；

（5）http://www.csdn.net/。

习　题　1

1. 什么是软件？"软件开发"与"编写程序"的区别是什么？

2. 什么是软件危机？软件危机的表现有哪些？

3. 在你平时开发软件时,遇到过类似"软件危机"的现象吗？你是如何解决的？请举例说明。

4. 为什么会产生软件危机？

5. 什么是软件工程？

6. 软件工程的目标是什么？

7. 简述结构化范型和面向对象范型的要点,并分析它们的优缺点。

8. 什么是软件生命周期？简述软件生命周期各阶段的主要任务。

9. 目前为止,在你平时开发软件时,都使用到了哪些软件开发工具？简要说明这些软件开发工具的用途。

实验 1　Case 工具

1. **实验目的**

（1）理解软件工程的基本概念,熟悉软件、软件生存周期、软件危机和软件工程基本原理。

（2）通过 Internet 了解软件工程技术网站,尝试通过利用软件工程技术专业网站提供的资源与支持来开展软件工程应用实践。

（3）通过 Internet 了解主流的软件工具的发展和使用。

2. **实验环境**

需要准备一台装有浏览器、能够访问 Internet 的计算机;此计算机上还需至少装有 Visio、Rational Rose 工具。

3. **实验内容**

（1）上网查询软件工程技术相关网站和相关软件工程知识。

（2）上网查询现有主流的软件 Case 工具及其功能、用途、特点和使用情况。

（3）使用一些常用的软件 Case 工具,如 Visio、Rose、Power Designer、Eclipse 等,了解

它们的基本功能和使用方法。

4．实验步骤

（1）上网查询软件工程技术相关网站，写出你所浏览到的软件工程知识。

（2）上网查询现有主流的软件 Case 工具，写出你所浏览到的软件 Case 工具的名称和功能。

（3）写出你所了解到的 Case 工具的使用方法。

第2章 软件过程

软件工程的概念逐步深入人心,人们开始对软件工程过程中的各个环节开展研究,即软件过程。软件过程包括从需求开始一直到软件产品上线维护等所有活动。特别是在 20 世纪 80 年代 CMM(Capability Maturity Model,软件能力成熟度模型)标准产生后,软件过程得到了更多的关注。软件过程的正确认知和实践可以帮助我们理解软件开发的基本原则,使开发人员制订出更合理的开发计划以及提高团队合作的有效性。

随着对软件过程的深入研究,人们提出了软件过程模型,即采用直观的图形方式展现软件开发的过程,这种方法可以帮助我们更有效地研究软件工程,同时也是一种直观的开发策略,利用软件过程模型提供的各个阶段范型,有助于使软件开发的各个环节顺利实现预期计划。

本章将逐步介绍软件工程的软件过程模型。

2.1 软件过程概述

2.1.1 软件过程的定义

从软件诞生到整个生命周期的结束,这一过程可以称为"软件过程",也就是说,软件过程是为了完成某一软件产品或者为了完成某个软件开发任务所需的所有软件工程的活动集。开发团队也可以依据特定的规范和实际的开发环境制订自己的软件过程,所有的过程合成"软件过程"。事实上软件过程(相当于开发团队为软件产品制订的详细步骤)的科学有效与否极大地影响着软件质量。

2.1.2 软件过程的基本活动

按照国标《GB/T 8566 - 1995 信息技术软件生存期过程》规定,软件过程可分成 7 个过程和裁剪过程,下面逐一阐述。

1. 获取过程

获取过程(Acquisition Process)是用户获得一个软件产品对应的一系列活动。通常包括开始和范围定义、招标准备、合同的准备、谈判及修改、对供方的监督和验收完成等项活动。

2. 供应过程

供应过程(Supply Process)是软件生产方按合同向用户提供系统、软件产品或服务的活动。供应过程包括开始、准备投标、签订协议、编制计划、实施和控制、评审和评价、交付和完成等项活动。

3. 管理过程

管理过程(Management Process)是各过程中的管理人员对自己过程中的任务和活动所实施的管理活动。管理过程一般包括开始和范围定义、计划、实施和控制、评审和评价、完成等项活动。

4. 开发过程

开发过程(Development Process)是开发者根据合同要求进行软件开发或服务的一系列活动。该过程包括软件策划、需求分析、软件设计、软件编码、软件测试、软件集成、验收、安装和支持等项活动。

5. 运作过程

运作过程(Operation Process)是用户和操作人员在生产环境中为使软件产品投入运行所进行的一系列活动。运作过程包括准备、运作测试、系统迁移、系统运作、对用户运作的支持、系统运作评价等活动。

6. 维护过程

维护过程(Maintenance Process)是软件产品投入运行之后，为了保证软件产品的性能，适应需求、环境和技术等因素的变化，由维护人员对产品进行修改和改进的相关活动。维护过程包括问题和改进分析、修改和实施、对维护的评审和验收、移植、软件下线等。

7. 支持过程

支持过程(Supporting Process)是在软件生存周期中，除了其他 6 个过程之外，起着辅助、支持作用的软件过程。支持过程包括一组过程，主要有文档过程、配置管理过程、质量保证过程、验证过程、评审和审计过程、培训过程、环境建立过程等。

另外，以上罗列出了全部软件过程，但对一个具体的项目而言，不一定需要所有过程以及过程中所包含的所有活动。可以按实际需求，配置本项目开发所需要的相关过程，对具体项目的过程和活动配置工作所涉及的相关活动称为裁剪过程(Tailoring Process)。

在软件过程的不同阶段，可能产生各种不同的软件制品，诸如需求规格说明、设计说明、源程序与构件、测试用例、用户手册以及各种开发管理文档等，统称为软件过程制品。

2.2 软件过程模型

如同生命过程中的生、老、病、死，软件也有其从产生到消亡的生命周期。人类生命过程是从出生开始，经过幼年、少年、青年、中年、老年直到死亡，而软件生命周期指从提出软件开发开始，经过分析、设计、实现、维护，一直到下线的全过程。

软件生命周期模型用来反映软件在其生命周期中各阶段之间的衔接和推进关系。软件生命周期模型既反映了软件生存和演化的过渡方式，同时也反映了软件开发的组织方式，对软件开发有着重要意义。

存在多种软件生命周期模型，如瀑布模型、增量模型、原型模型、螺旋模型、喷泉模型等。

软件生命周期模型的多重性是事物多重性的反映。

2.2.1　瀑布模型

瀑布模型(Waterfall Model)反映了软件生命周期各阶段任务明确、自上而下、顺序固定、逐级过渡的阶段推进模式,各阶段的联系就像瀑布流水一样自上而下、不可逆反。

瀑布模型规定软件开发必须严格划分工作阶段,每一个阶段有明确的工作目标,并有确定的工作结果,前一阶段工作未完成之前,不能过渡到下一阶段。结构化方法遵循瀑布模型(图 2.1)。

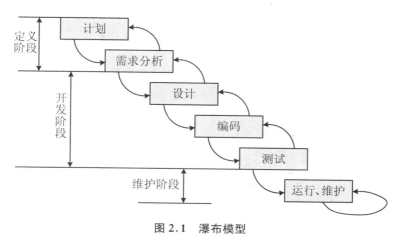

图 2.1　瀑布模型

瀑布模型反映了软件各阶段的顺序过渡过程,因此,也可以称为顺序模型。瀑布模型各阶段的不可重复性对软件开发要求过于苛刻,也不符合人们认识问题的一般规律。人们认识问题总是由粗到细、由表及里、逐步深化,软件开发的认知活动也同样需要逐步深化,因此各工作阶段之间的反复在一定程度上是必要的。瀑布模型的不可重复性是瀑布模型的重大缺陷。

2.2.2　增量模型

增量模型(Incremental Model)在瀑布模型的基本成分上添加了迭代特征,该模型采用随着日程时间的进展而交错的线性序列,每一个线性序列产生软件的一个可发布的"增量"。当使用增量模型时,第 1 个增量往往是核心的产品,即第 1 个增量实现了基本的需求,但很多补充的特征还没有发布。客户对每一个增量的使用和评估都作为下一个增量发布的新特征和功能,这个过程在每一个增量发布后不断重复,直到产生了最终的完善产品。采用增量模型的软件过程如图 2.2 所示。

增量模型本质上是迭代的,它强调每一个增量均发布一个可操作产品。早期的增量是最终产品的"可拆卸"版本,但提供了为用户服务的功能,并且为用户提供了评估的平台。增量模型的特点是引进了增量包的概念,无需等到所有需求都出来,只要某个需求的增量包出来即可进行开发。虽然某个增量包可能还需要进一步适应客户的需求并且更改,但只要这个增量包足够小,其影响对整个项目来说是可以承受的。

增量模型有如下优点：

（1）由于能够在较短的时间内向用户提交一些有用的工作产品，因此能够解决用户的一些急用功能。

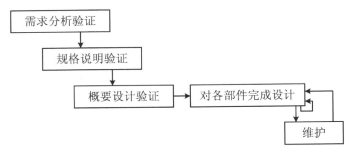

图 2.2 增量模型

（2）由于每次只提交用户部分功能，用户有较充分的时间学习和适应新的产品。

（3）对系统的可维护性是一个极大的提高，因为整个系统是由一个个构件集成在一起构成的，当需求变更时只用变更部分部件，而不必影响整个系统。

同时，增量模型存在以下缺陷：

（1）由于各个构件是逐渐并入已有的软件体系结构中的，所以加入的构件必须不能破坏已构造好的系统部分，这需要软件具备开放式的体系结构。

（2）在开发过程中，需求的变化是不可避免的。增量模型的灵活性可以使其适应这种变化的能力大大优于瀑布模型和快速原型模型，但也很容易退化为边做边改模型，从而使软件过程的控制失去整体性。

（3）如果增量包之间存在相交的情况且未很好地处理，则必须做全盘系统分析。

这种模型将功能细化后分别开发的方法较适应于需求经常改变的软件开发过程。

2.2.3 演化模型

演化模型（Evolutionary Model）是迭代的，它的特征是使软件工程师逐渐地开发并完善软件系统。

虽然与增量模型相对应，但它强调的是增量和迭代两个特征的结合。演化模型的目标是克服瀑布模型中线性开发带来的交付上的风险，即只有到了最终交付时才获知哪部分产品需要维护，这会使得整个项目的开发成本远远超出预想。由于维护阶段修改软件的费用要远远大于需求或设计阶段，所以演化模型使用了迭代和增量的思想，将整个软件的开发风险分散到不同构件的不同阶段。

演化模型的主要步骤是首先开发系统的一个核心功能，使得客户可以与开发人员一同确认该功能，这样开发人员将会得到第一手的经验，再根据客户的反馈进一步开发其他功能或进一步扩充该功能，直到建立一个完整的系统为止。

每一次开发都会涉及"风险分析""原型建立""实现原型""评估原型"，这就构成多次迭代来完成整个系统的开发。

演化模型的特点基本上与增量模型一致，但对于演化模型的管理是一个主要的阻力，也就是说，我们很难确认整个系统的里程碑、成本和时间基线。

2.2.4 原型模型

原型模型（Prototype Model）是一个具体的可执行模型，它实现了系统的若干功能。软件开发中的原型是软件的一个早期可运行的版本，它反映了最终系统的重要特性。原型法就是不断地运行系统"原型"来进行启发、揭示和判断的系统开发方法。如果在开发一种软件时，用户不能准确、全面地描述其需求，或者开发者还不能确定所选用算法的有效性或人机交互界面的形式，可以建立一个简化了的样品程序并使之运行，引导用户通过对样品运行情况的观察，进一步明确需求或验证算法的正确性。这种开发模式称为"原型模型"（图 2.3）。

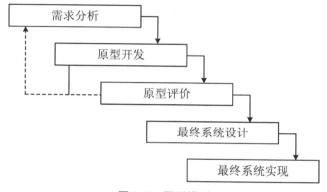

图 2.3　原型模型

原型模型的缺点：

（1）用户有时误解了原型的角色，如用户可能误解原型应该和真实系统一样可靠。

（2）缺少项目标准，演化原型法有点像编码修正。

（3）缺少控制，由于用户可能不断提出新要求，因而原型迭代的周期很难控制。

（4）需要额外的花费。研究结果表明，构造一个原型可能需要 10% 的额外花费。

（5）运行效率可能会受影响。

（6）原型法要求开发者与用户密切接触并讨论，有时这是不可能实现的，如外包软件。

原型模型的优点：

（1）原型法在得到良好的需求定义上比传统生命周期法好得多，它可处理模糊需求，开发者和用户可充分通信。

（2）原型系统可作为培训环境，有利于用户培训和开发同步，开发过程也是学习过程。

（3）原型给用户机会更改原先设想的、不尽合理的最终系统。

（4）原型可低风险地开发柔性较大的计算机系统。

（5）原型改善了系统维护性、对用户的友好性，降低了维护成本。

2.2.5 螺旋模型

螺旋模型（Spiral Model）是一个演化软件过程模型，采用一种周期性的方法来进行系统开发，但这会导致开发出众多的中间版本。项目经理若使用它，可在早期就能够为客户实证某些概念。该模型是快速原型法,以演化方式为中心,在每个项目阶段使用瀑布模型法。这种模型的每一个周期都包括需求定义、风险分析、工程实现和评审 4 个阶段,由这 4 个阶段进行迭代。软件开发过程每迭代一次,软件开发就前进一个层次,得到一个新的版本,在每一次迭代中,被开发系统的更加完善的版本逐步产生。该模型最早是由 Barry Boehm 在 1986 年的文章《A Spiral Model of Software Development and Enhancement》中提出的(图 2.4)。

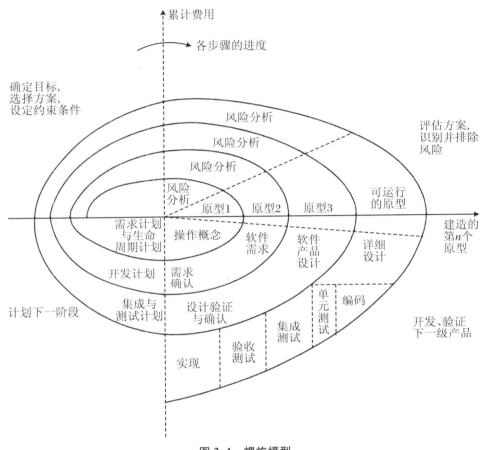

图 2.4　螺旋模型

　　螺旋模型的基本做法是在瀑布模型的每一个开发阶段前引入非常严格的风险识别、风险分析和风险控制,它把软件项目分解成一个个小项目,每个小项目都标识一个或多个主要风险,直到所有的主要风险因素都被确定。螺旋模型强调风险分析,使得开发人员和用户对每个演化层出现的风险有所了解,继而做出应有的反应,因此特别适用于庞大、复杂并具有高风险的系统。对于这些系统,风险是软件开发不可忽视且潜在的不利因素,它可能在不同程度上损害软件开发过程,影响软件产品的质量。减小软件风险的目标是在造成危害之前,及时对风险进行识别及分析,决定采取何种对策,进而消除或减少风险的损害。

　　螺旋模型被划分为若干框架活动,也称为任务区域。螺旋模型沿着螺线旋转,在 4 个象限上分别表达了 4 个方面的活动,即:

　　(1)确定目标——确定软件目标,选定实施方案,弄清项目开发的限制条件。

（2）风险分析——分析所选方案，考虑如何识别和消除风险。

（3）实施工程——实施软件开发测试。

（4）客户评审——评价开发工作，提出修正建议，计划下一个迭代。

螺旋模型的缺点：

（1）需要相当的风险分析评估的专门技术，且成功依赖于这种技术。

（2）很明显一个大的没有被发现的风险问题将会导致问题的发生，可能导致演化的方法失去控制。

（3）这种模型相对比较新，应用不广泛，其功效需要进一步验证。

螺旋模型的优点：

（1）对于大型系统及软件的开发，使用这种模型是一个很好的方法。开发者和客户能够较好地对待和理解每一个演化级别上的风险。

（2）以小的分段来构建大型系统，使成本计算变得简单、容易。

（3）客户始终参与每个阶段的开发，保证了项目不偏离正确方向以及项目可控。

（4）随着项目推进，客户始终掌握项目的最新信息，从而能够和管理层有效地交互。

（5）客户认可这种公司内部的开发方式带来的良好的沟通和高质量的产品。

2.2.6　喷泉模型

瀑布模型要求软件各生存阶段必须有明确的边界，各阶段的目标和任务必须清楚明确，不能含糊重叠。但是在实际软件开发过程中，有些任务很难明确划归到某一个确定的阶段中，而是处在两个阶段的边沿和交界处。另外，有些工作理应在某一阶段完成，但也可能完成此任务的条件一时还不具备，如果仅仅因为这个任务没有完成而暂停整个开发工作，就要延误整个开发时间，这时可以把整个开发工作推进到下一阶段，把这个工作留到下一阶段完成。喷泉模型（Fountain Model）表示软件生存周期需要划分成多个相对独立的阶段，但各个阶段之间的界限并不十分明确，相邻阶段之间存在一定的重叠和交叉。各阶段之间允许重复，并允许从一个阶段回溯到本阶段之前的某一阶段。喷泉模型比较形象地表示了软件开发各阶段重叠和交叉的连接模式，更符合软件开发工作的实际。如图 2.5 所示。

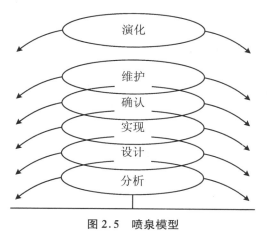

图 2.5　喷泉模型

2.3　RUP 统一过程

2.3.1　RUP 的概念

RUP(Rational Unified Process,统一软件开发过程)是一个面向对象且基于网络的程序开发方法论。RUP 和类似的产品——例如面向对象的软件过程(OOSP),以及 OPEN-Process 都是理解性的软件工程工具——把开发中面向过程的方面(例如定义的阶段,技术和实践)和其他的开发组件(例如文档、模型、手册以及代码等)整合在一个统一的框架内。

RUP 有 3 个重要的特点:① 软件开发是一个迭代过程;② 软件开发是由 Use Case 驱动的;③ 软件开发是以架构设计(Architectural Design)为中心的。

2.3.2　RUP 的十大要素

统一过程具有如下十大要素:

1. 开发前景

有一个清晰的前景是开发一个满足真正需求的产品的关键。前景抓住了 RUP 需求流程的要点:分析问题,理解需求,定义系统以及当需求变化时的管理需求。

2. 达成计划

"产品的质量只会和产品的计划一样好"。在 RUP 中,软件开发计划(SDP)综合了管理项目所需的各种信息,也许会包括一些在先启阶段开发的单独的内容。SDP 必须在整个项目中被维护和更新。

SDP 定义了项目时间表(包括项目计划和迭代计划)和资源需求(资源和工具),可以根据项目进度表来跟踪项目进展。同时也指导了其他过程内容(process components)的计划:项目组织计划、需求管理计划、配置管理计划、问题解决计划、QA 计划、测试计划、评估计划以及产品验收计划。

3. 标识和减小风险

RUP 的要点之一是在项目早期就标识并处理最大的风险。项目组标识的每一个风险都应该有一个相应的缓解或解决计划。风险列表应该既作为项目活动的计划工具,又作为确定迭代的基础。

4. 分配和跟踪任务

有一点在任何项目中都是重要的,即连续地分析来源于正在进行的活动和进化的产品的客观数据。在 RUP 中,定期的项目状态评估提供了讲述、交流和解决管理问题、技术问题以及项目风险的机制。团队一旦发现了这些障碍物,他们就把所有这些问题都指定一个负责人,并指定解决日期。进度应该定期跟踪,如有必要,更新应该被发布。

这些项目"快照"突出了需要引起管理注意的问题。随着时间的变化(周期可能会变化),定期的评估使经理能捕获项目的历史,并且消除任何限制进度的障碍或瓶颈。

5. 检查商业理由

商业理由从商业的角度提供了必要的信息，以决定一个项目是否值得投资。商业理由还可以帮助开发一个实现项目前景所需的经济计划。它提供了进行项目的理由，并建立经济约束。当项目继续时，分析人员用商业理由来正确地估算投资回报率（Return On Investment，ROI）。

6. 设计组件构架

在 RUP 中，软件系统的构架是指一个系统关键部件的组织或结构，部件之间通过接口交互，而部件是由一些更小的部件和接口组成的。主要的部分是什么？它们又是怎样结合在一起的？

RUP 提供了一种设计、开发、验证构架的系统的方法。在分析和设计流程中包括以下步骤：定义候选构架、精化构架、分析行为（用例分析）、设计组件。

7. 对产品进行增量式的构建和测试

在 RUP 中实现和测试流程的要点是在整个项目生命周期中增量地编码、构建、测试系统组件，在先启之后每个迭代结束时生成可执行版本。在精化阶段后期，已经有了一个可用于评估的构架原型；如有必要，它可以包括一个用户界面原型。然后，在构建阶段的每次迭代中，组件不断地被集成到可执行、经过测试的版本中，不断地向最终产品进化。动态及时的配置管理和复审活动也是这个基本过程元素的关键。

8. 验证和评价结果

顾名思义，RUP 的迭代评估捕获了迭代的结果。评估决定了迭代满足评价标准的程度，还包括学到的教训和实施的过程改进。

根据项目的规模和风险以及迭代的特点，评估可以是对演示及其结果的一条简单的记录，也可能是一个完整的、正式的测试复审记录。

这里的关键是既关注过程问题又关注产品问题。

9. 管理和控制变化

RUP 的配置和变更管理流程的要点是当变化发生时管理和控制项目的规模，并且贯穿整个生命周期。其目的是考虑所有的用户需求，尽可能地满足，同时仍能及时地交付合格的产品。

10. 提供用户支持

在 RUP 中，部署流程的要点是包装和交付产品，同时交付有助于最终用户学习、使用和维护产品的任何必要的材料。

项目组至少要给用户提供一个用户指南（也许是通过联机帮助的方式提供的），可能还有一个安装指南和版本发布说明。根据产品的复杂度，用户也许还需要相应的培训材料。最后，通过一个材料清单（BOM 表，即 Bill of Materials）清楚地记录应该和产品一起交付哪些材料。

2.3.3　RUP 的六大经验

RUP 描述了如何为软件开发团队有效地部署经过商业化验证的软件开发方法。它们被称为"最佳实践"不仅仅因为你可以精确地量化它们的价值，而且它们被许多成功的机构普遍地运用。为使整个团队有效利用最佳实践，RUP 为每个团队成员提供了必要准则、模板和工具指导。

1. 迭代的开发软件

RUP 支持专注于处理生命周期中每个阶段中最高风险的迭代开发方法,极大地减少了项目的风险性。迭代方法通过可验证的方法来帮助减少风险——经常性的、可执行的版本使最终用户不断地介入和反馈。因为每个迭代过程以可执行版本告终,开发团队停留在产生结果上,频繁的状态检查帮助确保项目能按时进行。迭代化方法同样使得需求、特色、日程上战略性的变化更为容易。

2. 需求管理

RUP 描述了如何提取、组织和文档化需要的功能和限制;跟踪和文档化折中方案和决策;捕获和进行商业需求交流。

过程中用例和场景的使用被证明是捕获功能性需求的卓越方法,并确保由它们来驱动设计、实现和软件的测试,使最终系统更能满足最终用户的需要。它们给开发和发布系统提供了连续的和可跟踪的线索。

3. 使用基于构件的体系结构

该过程在开发之前,关注于早期的开发和健壮可执行体系结构的基线。它描述了如何设计灵活的、可容纳修改的、直观便于理解的、并且促进有效软件重用的弹性结构。RUP 支持基于构件的软件开发。构件是实现清晰功能的模块、子系统。RUP 提供了使用新的及现有构件定义体系结构的系统化方法。它们被组装为良好定义的结构,或是特殊的、底层结构,如 Internet、CORBA 和 COM 等的工业级重用构件。

4. 可视化软件建模

开发过程显示了对软件如何可视化建模,捕获体系结构和构件的构架和行为。这允许你隐藏细节和使用"图形构件块"来书写代码。可视化抽象帮助你沟通软件的不同方面,观察各元素如何配合在一起,确保构件模块与代码一致,保持设计和实现的一致性,促进明确的沟通。Rational 软件公司创建的工业级标准(Unified Modeling Language,UML)是成功进行可视化软件建模的基础。

5. 验证软件质量

拙劣的应用程序性能和可靠性是戏剧性展示当今软件可接受性的特点。从而,质量应该基于可靠性、功能性、应用和系统性能需求来进行验证。RUP 帮助计划、设计、实现、执行和评估这些测试类型。质量评估被内建于过程、所有的活动,包括全体成员,使用客观的度量和标准,并且不是事后型的或单独小组进行的分离活动。

6. 控制软件变更

开发过程描述了如何控制、跟踪和监控修改以确保成功的迭代开发。它同时指导如何通过隔离修改和控制整个软件产物(例如,模型、代码、文档等)的修改来为每个开发者建立安全的工作区。另外,它通过描述如何进行自动化集成和建立管理使小队如同单个单元来工作。

2.3.4　RUP 的开发过程

RUP 将周期又划分为初始阶段、细化阶段、构造阶段、交付阶段。每个阶段终结于良好定义的里程碑——某些关键决策必须做出的时间点,因此关键的目标必须达到。

RUP 软件开发生命周期如图 2.6 所示。

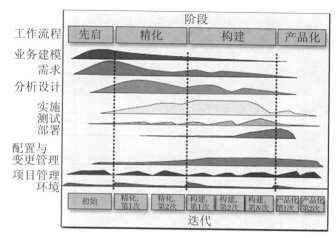

图 2.6　RUP 软件开发生命周期

1. 初始阶段

初始阶段的目标是为系统建立商业案例和确定项目的边界。初始阶段的主要目标如下：

（1）明确软件系统的范围和边界条件，包括从功能角度的前景分析、产品验收标准和哪些做、哪些不做的相关决定。

（2）明确区分系统的关键用例（Use Case）和主要的功能场景（用例脚本）。

（3）展现或者演示至少一种符合主要场景要求的候选软件体系结构。

（4）对整个项目做最初的项目成本和日程估计（更详细的估计将在随后的细化阶段中做出）。

（5）估计出潜在的风险（主要指各种不确定因素造成的潜在风险）。

（6）准备好项目的支持环境。

2. 细化阶段

本阶段的主要目标如下：

（1）确保软件结构、需求、计划足够稳定；确保项目风险已经降低到能够预计完成整个项目的成本和日程的程度。

（2）项目的软件结构上的主要风险已经解决或处理完成。

（3）通过完成软件结构上的主要场景建立软件体系结构的基线。

（4）建立一个包含高质量组件的可演化的产品原型。

（5）说明基线化的软件体系结构可以保障系统需求控制在合理的成本和时间范围内。

（6）建立好产品的支持环境。

3. 构建阶段

从某种意义上说，构建阶段重点是管理资源和控制运作以优化成本、日程、质量的生产过程。就这一点而言，管理的理念经历了初始阶段和细化阶段的智力资产开发到构建阶段和交付阶段可发布产品的过渡。本阶段的主要目标如下：

（1）通过优化资源和避免不必要的返工达到开发成本的最小化。

（2）根据实际需要达到适当的质量目标。

（3）根据实际需要形成各个版本（Alpha，Beta，and other test release）。

（4）对所有必需的功能完成分析、设计、开发和测试工作。

（5）采用循环渐进的方式开发出一个可以提交给最终用户的完整产品。

（6）确定软件站点用户都为产品的最终部署做好了相关准备。

（7）达成一定程度上的并行开发机制。

4．交付阶段

本阶段的目标是确保软件产品可以提交给最终用户。本阶段的具体目标如下：

（1）进行 Beta 测试以期达到最终用户的需要。

（2）进行 Beta 测试和旧系统的并轨。

（3）转换功能数据库。

（4）对最终用户和产品支持人员的培训。

（5）提交给市场和产品销售部门。

（6）和具体部署相关的工程活动。

（7）协调 Bug 修订/改进性能和可用性（Usability）等工作。

（8）基于完整的 Vision 和产品验收标准对最终部署做出评估。

（9）达到用户要求的满意度。

（10）达成各风险承担人对产品部署基线已经完成的共识。

（11）达成各风险承担人对产品部署符合 Vision 中标准的共识。

5．迭代过程

RUP 的每个阶段可以进一步被分解为迭代过程。迭代过程是导致可执行产品版本（内部和外部）的完整开发循环，是最终产品的一个子集，从一个迭代过程到另一个迭代过程递增式增长形成最终的系统。

2.4　敏捷过程与极限编程

2.4.1　敏捷过程

敏捷软件开发倡导"个体和协作胜于过程；可工作的软件胜于完整的文档；客户协作胜于合同；响应变化胜于遵循计划"的软件开发方式，以"人"为核心，注重交流和协作，强调软件可持续发展，实现频繁交付对客户最重要的价值。

敏捷软件包含敏捷项目管理、敏捷需求管理和敏捷软件方法 3 个部分。

1．敏捷项目管理

敏捷是一种态度而不是一个流程，是一种氛围而不是方法。敏捷项目管理强调的是沟通：与客户之间的沟通、项目成员之间的沟通。基于这一思路，敏捷项目管理更重视与"人"的作用，敏捷项目管理对人的限制很低，这与传统软件工程中把"人"作为生产流水线上的一个环节进行管理的方式截然不同！软件业是科技密集型的产业，软件产品的最终质量更多地取决于软件开发人员的素质和态度，而不是软件的开发过程和开发设备，这也是软件业与传统行业差距最大的地方。敏捷项目管理的最终着眼点便是如何提高软件开发人员的素质和如何激发软件开发人员的热情,从而提高最终软件的质量。

但是从另一方面,采用敏捷项目管理,也必然要求项目成员具有更高的专业技能和专业素养,以防止宽松的环境导致的消极怠工等现象。

2. 敏捷需求管理

软件开发的最终着眼点是如何满足用户的需求。这些需求通常是复杂的、模糊的,甚至是不确定的。敏捷需求管理采用增量交付的软件开发流程,借助其与客户持续沟通的特点,不断地校准软件的开发防线,逼近用户的最终需求,使最终开发出来的软件满足客户的要求。

增量交付的软件流程如图2.7所示。该流程最重要的一点在于"增量交付",软件以模块化的方式进行开发,通常一个模块的开发周期是一至两周。每个模块开发完成后,按照正规的发布流程发布,交付给客户试用。在客户使用过程中,了解客户对当前完成功能的意见。然后与客户沟通,一起制订下一轮开发的计划。

该流程的最大好处在于客户全程参与软件的开发,把握软件目前的开发状态,确保软件实现的功能能够满足用户的需求。但是另一方面,增量的交付也对软件开发技术提出了更高的要求:模块化的开发方式要求更彻底的解耦合;需求的变化要求软件架构具有更高的灵活性;增量交付要求对发布过程的高度自动化等。

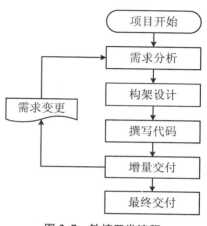

图 2.7　敏捷开发流程

3. 敏捷软件方法

对应于以人为本的敏捷项目管理和以增量交付的敏捷需求管理,敏捷软件开发提供很多具体的方法指导软件的开发实践,这些方法包括重构、结对编程、测试驱动、持续集成等。

2.4.2　极限编程

极限编程(简称XP)是一种敏捷开发方法,供中小型组用于开发需求快速变化的软件。美国软件工程专家 Kent Beck 对极限编程这一创新软件过程方法进行了解释:"XP 是一种轻质量、高效、低风险、柔性、可预测、科学而充满乐趣的软件开发方法。"极限编程是价值而非实践驱动的高度迭代的开发过程。

与传统的开发过程不同,极限编程的核心活动体现在需求—测试—编码—设计过程中,因此对工作环境、需求分析、设计、编程、测试、发布等提出了新的思路和需求:

1. 工作环境

XP 要求每个参加项目开发的人都担任一个角色,并履行相应的权利和义务。所有的人都在一个开放式的开发环境中工作,最好是在同一个大房间中工作,随时讨论问题,强调每周 40 个小时工作制,不加班。

2. 需求分析

客户被纳入开发队伍。由于客户不具备计算机专业知识,无法用专业术语明确地描述需求,所以开发人员和客户在一起,用讲故事的方式把需求表达出来,开发人员根据经验将许多故事组合起来,或将其进行分解,最终记录在小卡片上,这些故事将陆续被程序员在各个周期内,按照商业价值、开发风险优先顺序逐个开发。

3. 设计

XP 强调简单设计,即用最简单的办法实现每个小需求。在 XP 中,没有那种传统开发模式中一次性的、针对所有需求的总体设计,这些设计只要能够满足系统客户在当前的需求就可以了,不需要考虑将来可能的变化,整个设计过程包括在整个螺旋式发展的项目中。

4. 测试

XP 开发人员在编写代码之前进行测试,而不是在开发完成后再进行测试。开发人员编写单元测试,对方法以及可能出现问题的每个地方进行测试。编写好针对组件的所有测试后,开发人员只编写刚好能够通过测试的代码。编写这样的测试将为系统提供一套完整的测试,而我们只编写最简单的,能够管用的代码。仅当通过了所有的测试,编写工作才算完成。所有这些测试是极限编程开发过程中最重要的文档之一,也是最终交付给用户的内容之一。

5. 编程

结对编程是极限编程的一大特色,即两个人一起使用同一个屏幕,同一个键盘,共同完成一段程序的编码。结对编程的好处是,可以提高纪律性,更容易写出优质代码,同时保证编程的流畅进行,更重要地是,能够使整个团队更方便地分享编程经验,有利于新手快速成长。

6. 发布

XP 要求按照开发计划,每经过一个开发周期,软件就发布一次,而不是像传统的开发方法那样,整个软件开发完后才发布。在一个开发周期内,开发人员要求客户选择最有价值的 user story 作为未来一两个星期的开发内容,一个开发周期完成后,提交给客户的系统虽然不是最终的产品,但是它的内容已经实现了几个客户认为是最重要的 story,开发人员将进行单元测试和集成测试,因此,虽然软件并不完备,但是,发布的软件客户还是可以真正使用的。

极限编程有如下优点:

(1) 对公司的开发者而言,XP 可以让开发者专注于编写代码,避免了不必要的文案工作及会议。它营造了更好的工作氛围,更多学习新技术的机会,并令你的员工有成就感。相比于传统开发方式,通过 XP 开发的软件缺陷更少。它令公司对其商业需求的变化做出更快速的反应,而且价格低廉,开发者也少有怨言。

(2) XP 项目与传统软件开发的最大区别在于,XP 是以测试推动开发的。在 XP 下可以在编写代码之前开始测试。每一个环节的代码都要 100% 通过单元测试。没有 unit-level Bug 和回归 Bug 也意味着开发者能够专注他们自己的工作。你的客户确立自动验收测试以确认该软件的每一个功能的运行质量。

(3) 在 XP 下,每一个测试阶段之后都可以发布一个小体积软件。最重要的是,每一阶段完成时都有些东西能够拿给客户看。在传统流水线方式下,如果项目计划变更,之后要赶上档期就会需要很大投入。XP 的方法可以令你提前判断进程。极限编程从最简单的解决方案入手。你可以在之后添加其他功能。这个概念的目的在于为今天做计划、设计及编码,而不是为了明天。来自系统、客户和团队的反馈是极限编程成功的关键。在这个概念的指导下，系统的漏洞在前期就被发现，客户可以反复进行验收测试，从而最大限度地降低你产品中的错误。

同时，极限编程也有如下缺点：

（1）以代码为中心，忽略了设计；

（2）缺乏设计文档，局限于小规模项目；

（3）对已完成工作的检查步骤缺乏清晰的结构；

（4）质量保证依赖于测试；

（5）缺乏质量规划；

（6）没有提供数据的收集和使用的指导；

（7）开发过程不详细；

（8）全新的管理手法带来的认同度问题；

（9）缺乏过渡时的必要支持。

2.5　软件过程标准

CMMI 全称是 Capability Maturity Model Integration，即能力成熟度模型集成（也称软件能力成熟度集成模型），是美国国防部的一个设想，1994 年由美国国防部（United States Department of Defense）与卡内基-梅隆大学（Carnegie-Mellon University）的软件工程研究中心（Software Engineering Institute，SEISM）以及美国国防工业协会（National Defense Industrial Association）共同开发和研制的，他们计划把现在所有现存实施的与即将被发展出来的各种能力成熟度模型集成到一个框架中去，申请此认证的前提条件是该企业具有有效的软件企业认定证书。

CMMI 的目的是帮助软件企业对软件工程过程进行管理和改进，增强开发与改进能力，从而能按时地、不超预算地开发出高质量的软件。其所依据的想法是：只要集中精力持续努力去建立有效的软件工程过程的基础结构，不断进行管理的实践和过程的改进，就可以克服软件开发中的困难。CMMI 为改进一个组织的各种过程提供了一个单一的集成化框架，新的集成模型框架消除了各个模型的不一致性，减少了模型间的重复，增加透明度和理解，建立了一个自动的、可扩展的框架。因而能够从总体上改进组织的质量和效率。CMMI 主要关注点就是成本效益、明确重点、过程集中和灵活性四个方面。

CMMI 的前身是由美国卡内基-梅隆大学的软件工程研究所（SEI）创立的 CMM（Capability Maturity Model 软件能力成熟度模型）认证评估，在过去的十几年中，对全球的软件产业产生了非常深远的影响。CMM 共有五个等级，分别标志着软件企业能力成熟度的五个层次。从低到高，软件开发生产计划精度逐级升高，单位工程生产周期逐级缩短，单位工程成本逐级降低。据 SEI 统计，通过评估的软件公司对项目的估计与控制能力提升 40%～50%，生产率提高 10%～20%，软件产品出错率下降超过 1/3。

对一个软件企业来说，达到 CMM2 就基本上进入了规模开发，基本具备了一个现代化软件企业的基本架构和方法，具备了承接外包项目的能力。CMM3 评估则需要对大软件集成的把握，包括整体架构的整合。一般来说，通过 CMM 认证的级别越高，其越容易获得用户的信任,在国内、国际市场上的竞争力也就越强。因此,是否能够通过 CMM 认证也成为国际上衡量软件企业工程开发能力的一个重要标志。

CMM 是世界公认的软件产品进入国际市场的通行证,它不仅仅是对产品质量的认证,更是一种软件过程改善的途径。参与 CMM 评估的博科负责人表示,通过 CMM 的评估认证不是目标,它只是推动软件企业在产品的研发、生产、服务和管理上不断成熟和进步的手段,是一种持续提升和完善企业自身能力的过程。如果一家公司最终通过 CMMI 的评估认证,标志着该公司在质量管理的能力已经上升到一个新的高度。

CMM 的 5 个等级如下:

(1) 初始级:软件过程是无序的,有时甚至是混乱的,对过程几乎没有定义,成功取决于个人努力。管理是反应式的。

(2) 可管理级:建立了基本的项目管理过程来跟踪费用、进度和功能特性。制定了必要的过程纪律,能重复早先类似应用项目取得的成功经验。

(3) 已定义级:已将软件管理和工程两方面的过程文档化、标准化,并综合成该组织的标准软件过程。所有项目均使用经批准、剪裁的标准软件过程来开发和维护软件,软件产品的生产在整个软件过程是可见的。

(4) 量化管理级:分析对软件过程和产品质量的详细度量数据,对软件过程和产品都有定量的理解与控制。管理有一个做出结论的客观依据,管理能够在定量的范围内预测性能。

(5) 优化管理级:过程的量化反馈和先进的新思想、新技术促使过程持续不断改进。

每个等级都被分解为过程域,特殊目标和特殊实践,通用目标和通用实践。每个等级都由几个过程区域组成,这几个过程域共同形成一种软件过程能力。每个过程域都有一些特殊目标和通用目标,通过相应的特殊实践和通用实践来实现这些目标。当一个过程域的所有特殊实践和通用实践都按要求得到实施,就能实现该过程域的目标。

2.6 本章小结

本章介绍了软件过程,分成面向过程的软件过程模型和面向对象的 RUP 统一过程两部分介绍,并对当前热门的敏捷开发和极限编程技术做了概要讲解。通过本章的学习,应该要掌握常见的过程模型,如瀑布模型、喷泉模型和 RUP 的十大要点与六大经验,对敏捷开发和极限编程的步骤做概要了解。

案例分析

微软公司的软件开发过程模型

在微软的产品定义与开发过程中,微软软件开发遵循着一种可称之为"靠改进特性(Feature)与固定资源(Resource)来激发创造力"的战略。该战略可分为 5 个方面:

(1) 将大项目分成若干里程碑式(Milestone)的重要阶段,各阶段之间有缓冲时间,但不进行单独的产品维护。

（2）运用想象描述和对特性的概要说明（Program Specification）指导项目。

（3）根据用户行为（User Behavior）和有关用户的资料确定产品特性及其优先顺序。

（4）建立模块化的和水平式的设计结构，并使项目结构反映产品结构的特点。

（5）靠个人负责和固定项目资源实施控制。

微软通常采用"同步－稳定产品开发法"。典型项目的生命周期包括 3 个阶段：

（1）计划阶段：完成功能的说明和进度表的最后制订。

（2）开发阶段：写出完整的源代码。

（3）稳定化阶段：完成产品，使之能够批量生产（Roll Out）。

这 3 个阶段以及阶段间内在的循环方法与传统的"瀑布"（Water Fall）式开发方式很不相同，后者是由需求、详尽设计、模块化的代码设计与测试、集成测试以及系统测试组成的。而微软的 3 个阶段更像是风险驱动的、渐进的、"螺旋"式的生命周期模型。计划阶段的产品是想象性描述与说明文件，用来解释项目将做什么和怎么做。在管理人员拟定进度表、开发员写出代码之前，这些东西都促进了人们对设计问题的思考与讨论。开发阶段围绕 3 次主要的内部产品发布来进行；稳定化阶段集中于广泛的内部与外部测试。在整个产品生产周期中，微软都使用了缓冲时间的概念。缓冲时间使开发组能够对付意外的困难和影响到时间进度的变故，它也提供了一种手段，可以缓和及时发货与试图精确估计发货时间之间的矛盾。

在开发和稳定化阶段的所有时间中，一个项目通常会将 2/3 的时间用于开发，1/3 的时间用于稳定化。（Office 部门副总裁曾这样概述通常的进度："一般说来，在总的进度表中，用一半的时间写出产品，留下另一半的时间调试或应付意外事故。这样，如果我有一个两年的项目，我会用一年来完成事先想好的东西……如果事情有点麻烦，我便去掉我认为不太重要的特性。"）这种里程碑式的工作过程使微软的经理们可以清楚地了解产品开发过程进行到了哪一步，也使他们在开发阶段的后期有能力灵活地删去一些产品特性以满足发货时期的要求。

1. 计划阶段

计划阶段是在一个项目的生命周期中，所有于开发前进行的计划所占用的时间。计划阶段产生出想象性描述、市场营销计划、设计目标、一份最初的产品说明、为集成其他组开发的构件而规定的接口标准、最初的测试计划、一个文档策划（印刷品和联机帮助形式的）以及一份可用性问题清单（Usability List）。计划阶段从想象性描述开始。想象性描述来自产品经理以及各产品单位的程序经理；它是对规划产品的市场营销设想，包括了对竞争对手产品的分析以及对未来版本的规划。想象性描述也可能讨论在前一次版本中发现而必须解决的问题以及应添加的主要功能。所有这些都基于对顾客和市场的分析以及从产品支持服务组处得到的资料。

说明文件从一个大纲开始，然后定义出新的或增加的产品特性，并对其赋以不同的优先级。说明文件只是产品特性的一个预备性概览；从开始开发到项目完成，它要增加或变化 20%～30%。虽然在生命周期的后期说明变化一般较小，但越到后期，开发员越须具有充分的理由来做改变。

通常程序经理使用 VB 创建项目原型。他们也开展设计可行性研究以了解设计中的取舍情况，尽快做出涉及产品说明的决定。对于重要产品的说明需由公司高层领导进行复审；对于不太重要的产品，则由部门经理去完成。

2. 开发阶段

开发阶段的计划对三四个主要的里程碑版本都逐个分配一组特性,规定出特性的细节和技术上的相关性,记录下单个开发员的任务以及对进度的估计。在开发阶段中,开发员在功能性说明的指导下写源代码,测试员写出测试项目组以检查产品的特性与工作范围是否正常,用户教育人员(User Education)则编写出文档草案。

当测试员发现错误时,开发员并不是留待以后处理,而是马上改正,并在整个开发阶段内使测试不断地、自动地进行。这就改善了产品的稳定性并且使版本发布日期更易估计。当达到项目中的一定阶段点后(约 40%时),开发员就试图"锁定"产品的主要功能要求或特性,从此只允许小范围的改动。如果在此点之后开发员想做大的改动,他们必须与程序经理以及开发经理进行讨论协商,也许还要征求产品部门经理的意见。

一个项目是围绕着三四个主要的内部版本,或"里程碑子项目"来组织开发阶段的。一般用 2~4 个月来开发每一个主要的里程碑版本。每个版本都包括其自身的编码、优化、测试以及调试活动。项目为意外事故保留总开发 1/3 的时间,即"缓冲时间"(Padding Time)。(苹果公司的小组是割裂的、独立的,各自开发各自的东西。在还有 3 个月就要发货时,才会将所有的东西集成起来;Borland 公司以一种渐近的方式进行开发,即把工作分成许多小的部分,并且总是让开发的东西能够运转。这种渐进的方法看起来似乎费时,但实际上几乎没有用很长时间,因为这使你总是能掌握事情真实的情况。)

当对最后一个主要的里程碑版本做了测试与稳定化之后,产品就要进行"外观固定"(UI Freeze),即确定产品的主要人机界面,如菜单、对话框以及文件窗口等。此后有关人机界面将不再进行大的改动,以免导致同步修改相应文档的不便。

3. 稳定化阶段

稳定化阶段着重于对产品的测试与调试。项目在此阶段尽量不再增加新的功能,除非是竞争产品或者市场发生了变化。稳定化阶段也包括了缓冲时间,以应付不可预见的问题或者延迟。

阅读材料

课外可参阅《打造 Facebook:亲历 Facebook 爆发的 5 年》一书,王准、祝文让著,印刷工业出版社 2013 年出版。

习 题 2

1. 详细描述三个适用于采用瀑布模型的软件项目。
2. 详细描述三个适用于采用原型模型的软件项目。
3. 软件开发模型有几种?它们的开发方法有何特点?
4. 试讨论 Rational 统一过程的优缺点。
5. 说明敏捷过程的适用范围。

第 3 章　可行性分析与项目计划

项目有 4 个重要的变量：成本、时间、质量及规模。

实际工作中并不是所有的问题都能有明确的解决方案，往往很多问题不能在规定时间或者当前资源下得到解决。从工程学上说，没有实际可行的解决方案，问题或者项目就没有花费任何时间、人物力成本或者资源的必要。因此，在对问题进行开发前，必须先进行问题的可行性研究。另一方面，项目可行性分析通过，还需要进行软件项目的计划，以切实可行的过程完成项目开发。

3.1　可行性分析概述

3.1.1　可行性分析的目标和范围

可行性研究就是回答"所要开发的软件有无可行的解决办法或者系统值得开发吗"这个问题的过程。可行性研究的目的是用最小代价在尽可能短的时间内确定问题是否值得或者能够解决。进行可行性研究不是要求解决问题本身，而是确定问题是否有解和是否值得去解决。如何达到这个目的呢？当然不能靠主观想象而是靠理性的客观分析。分析几种主要的求解方法的优缺点，从而判定原定系统的规模和目标是否能现实，系统完成后所带来的效益是否大到值得投资开发这个系统的程度。因此，可行性研究实质上是进行一次大大压缩简化了的系统分析和设计过程，也就是在较高层次上进行的高度抽象的系统分析与设计过程。

3.1.2　可行性分析的任务

在可行性研究过程中，首先需要分析和确认问题的定义。在问题定义阶段，应初步确定问题的规模和目标，如果是正确的就进行下一步分析，如果有错误就应该及时改正。如果对软件系统有任何约束或者限制，也必须把它们清楚地列举出来。在确认问题定义之后，可行性分析人员应该构造系统的逻辑模型。然后从系统的逻辑模型出发，探索若干种可供选择的主要方法（即系统实现方案）。并针对每种解决方法讨论其可行性，其主要立足点在于以下几个方面：

1. 技术可行性

根据用户提出的系统功能、性能以及各种约束条件，从技术的角度研究系统实现的可能性。主要考虑使用现有技术（或者团队现有技术能力）能否实现该系统，新技术应用是否存在风险等。

2．经济可行性

主要考虑实现该系统后获得的经济效益能否超过开发和维护该系统所花费的成本。通常采用成本/效益分析模型,估算成本并与预期利润进行对比,分析系统开发对其他产品或者利润的影响等。

3．实施/操作可行性

主要考虑该系统在用户所在单位或者组织内的实施、使用可行性,如组织机构、管理模式、使用人员操作习惯、对系统的认知和接受程度等。

4．其他可行性

必要时,可以从法律、社会效益角度研究每种解法的可行性。

总之,经过可行性分析之后,如果发现没有可行的解,应该建议停止该项开发,避免相关资源的浪费;如果有切实可行的解,那么需要从以上各个角度分析该解,并和其他的解决方案做对比,以便用户选择,通常情况下,分析人员会推荐一个相对最优解。最后还需要提出一个初步的项目开发计划。

3.1.3 可行性分析的步骤

典型的可行性研究过程有下述一些步骤:

1．复查系统规模和目标

分析员仔细阅读和审查问题定义阶段所形成的文档,通过与用户的进一步交流,进一步确认问题,改正自己的前一阶段对问题的错误认识。该步骤的主要目标就是确保分析员正在解决的问题就是所要解决的问题。

2．研究目前正在使用的系统

应该仔细阅读分析现有系统的文档资料和使用手册,也要实地考察现有的系统。需要注意:常见的错误做法是花费过多时间去分析现有的系统。

3．导出新系统的高层逻辑模型

优秀的设计过程通常总是从现有的物理系统出发,导出现有系统的逻辑模型,再参考现有系统的逻辑模型,设想目标系统的逻辑模型,最后根据目标系统的逻辑模型建造新的物理系统。

4．进一步定义问题

新系统的逻辑模型实质上表达了分析员对新系统必须做什么的看法。分析员应该和用户一起再次复查问题定义、工程规模和目标,这次复查应该把数据流图和数据字典作为讨论的基础。如果分析员对问题有误解或者用户曾经遗漏了某些要求,那么现在是发现和改正这些错误的时候了。

5．导出和评价供选择的解法

分析员应该从他建议的系统逻辑模型出发,导出若干个较高层次的(较抽象的)物理解法供比较和选择。

6．推荐行动方针

根据可行性研究结果应该做出一个关键性决定:是否继续进行这项开发工程。注意:分析员必须清楚地表明他对这个关键性决定的建议。因此,分析员对于所推荐的系统必须进行比较仔细的成本/效益分析。

7. 草拟开发计划

此部分我们将在 3.4 节做详细介绍。

8. 书写文档提交审查

应该把上述可行性研究各个步骤的工作结果写成清晰的文档,请用户、客户组织的负责人及评审组审查,以决定是否继续这项工程及是否接受分析员推荐的方案。

3.2 技术可行性

技术可行性是根据用户提出的系统功能、性能以及各种约束条件,从技术的角度研究系统实现的可能性。需要考虑使用现有技术能否实现该系统,如使用新技术是否存在风险,现有技术人员能否胜任等。技术可行性分析可以简单地表述为:做得了吗? 做得好吗? 做得快吗?

在分析技术可行性时,通常可采用系统流程图、数据流图和数据字典等描述工具。

3.2.1 系统流程图

系统流程图是概括地描绘物理系统的传统工具。它的基本思想是用图形符号以黑盒子形式描绘组成系统的每个部件(程序、文档、数据库、人工过程等)。系统流程图表达的是数据在系统各部件之间的流动,而不是处理数据的控制过程,所以,系统流程图和程序流程图符号形式虽然一样,但是系统流程图不同于程序流程图。

系统流程图常见的符号如下:

□:处理框,能改变数据值或者数据位置的加工以及部件,例如:程序,人工加工都是处理。

□:输入输出符号,广义的可以不指明具体的设备。

○:连接符号,从图的一部分转到另一部分,或者从图的另一部分转出来。

▽:换页连接符号,指出转到另一页图上或者由另一页图转来。

←:数据流符号,用来连接其他符号,并指明数据流动方向。

还有一些系统符号,如表 3.1 所示。

表 3.1 系统流程图其他符号

符号	名称	说　　明
	穿孔卡片	表示用穿孔卡片输入或输出,也可表示一个穿孔卡片文件
	文档	通常表示打印输出,也可表示用打印终端输入数据
	磁带	磁带输入输出,或表示一个磁带文件
	联机存储	表示任何种类的联机存储。包括磁盘、磁鼓、软盘和海量存储器件等
	磁盘	磁盘输入输出,也可表示存储在磁盘上的文件或数据库

符号	名称	说　明
	磁鼓	磁鼓输入输出,也可表示存储在磁鼓上的文件或数据库
	显示	CRT 终端或类似的显示邮件,可用于输入或输出,也可既输入又输出
	人工输入	人工输入数据的脱机处理。例如,填写表格
	人工操作	人工完成的处理。例如,会计在工资支票上签名
	辅助操作	使用设备进行的脱机操作
	通信链路	通过远程通信线路或链路传送数据

例如,学生上机管理系统的系统流程图如图 3.1 所示。

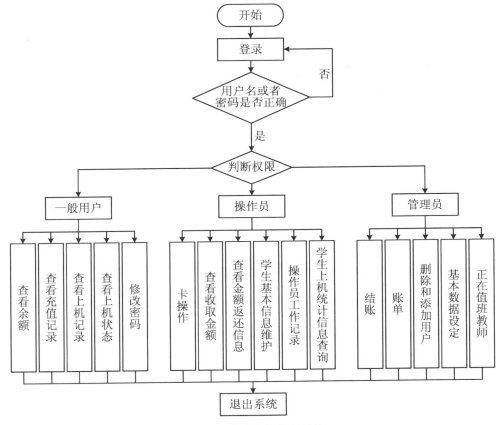

图 3.1　学生上机管理系统

3.2.2　方案选择

首先需要进一步分析和澄清问题定义。在问题定义阶段初步确定的规模和目标,如果是正确的就进一步加以肯定,如果有错误就应该及时改正,如果对目标系统有任何约束和限制,也必须把它们清楚地列举出来。

在澄清了问题定义之后,分析员应该导出系统的逻辑模型。然后从系统逻辑模型出发,探索若干种可供选择的主要解法(即系统实现方案)。对每种解法都应该仔细研究它的可行性,一般说来,至少应该从以下3方面研究每种解法的可行性:

(1) 技术可行性。使用现有的技术能实现这个系统吗?

(2) 经济可行性。这个系统的经济效益能超过它的开发成本吗?

(3) 操作可行性。系统的操作方式在这个用户组织内行得通吗?

3.3　经济可行性

开发一个软件系统是一种投资,期望将来获得更大的经济效益。经济效益通常表现为减少运行费用或(和)增加收入。但是,投资开发新系统往往要冒一定的风险,系统的开发成本可能比预计的高,效益可能比预期的低。经济可行性分析的目的正是要从经济角度分析开发一个特定的新系统是否划算,从而帮助客户组织的负责人正确地做出是否投资于这项开发工程的决定。

3.3.1　成本估计

软件是资金、技术密集型的产品,软件的开发成本主要表现为智力和技术相关的费用。对软件成本的估计如果产生较大偏差,则会造成整个系统成本估计错误,严重的会导致项目的失败。

1. 项目成本组成

项目成本分为两大部分,直接成本和间接成本。

直接成本是指可以追溯到个别产品、服务或者部门的成本。直接成本包括人工、硬件和软件费用。如某个项目需要10台计算机、3台交换机,那么这些硬件属于直接耗费的资源,计为直接成本。

间接成本是由几项服务或者几个部门合作产生的成本。如部门的管理费用,它可能是多个项目共同支付的,属于间接成本。间接成本可以分成项目管理成本和一般管理成本。项目管理成本是不能和特定可交付产品关联起来,但对整个项目起作用的成本,如项目培训等。一般管理成本代表不直接和特定项目关联的组织成本,如高层管理人员的费用,虽然高层不一定直接参与此项目,但必然需要由特定项目支付相应费用。

2. 成本估计方法

这里的成本主要表现为人力消耗(其他的成本,如管理成本需要由财务部门按相应的财务制度进行核算),通常先预估该系统需要用的人力(采用人/天,或者人/月为单位),再将人力乘上单位工资得出此项成本。成本估计不是精确的科学,需要多种估计技术相互验证。下面介绍3种常用估算技术:

(1) 代码行技术

该方法是比较简单的度量方法,它把开发软件功能的成本和实现该功能所需的代码行数联系起来。通常根据经验和历史数据估计实现一个功能所需的源代码行数。当有历史数据可以参考时,该方法相当有效。一旦估计出代码行数,用代码行平均成本乘以行数计算确定软件的成本。

（2）任务分解法

该方法首先将项目分解为若干个相对独立的任务，再估计每个单独开发任务的成本，合算出总成本。估计每单个任务成本时，先估计完成该任务所需要的人力，再乘上单位成本得出单个任务成本。

例如：单独任务成本＝任务所需人力估计值×每人每月平均工资；软件开发项目总成本估计＝各个单独任务成本估计值之和。

一种常用的方法是按照软件开发里程碑（可行性分析、需求分析……）划分，如果系统很复杂，可以把每个子系统再划分成更小的单元。典型环境下各个开发阶段需要使用的人力百分比大致如下：

任务	人力（%）
可行性研究	5
需求分析	10
设计	25
编码与单元测试	20
综合测试	40
总计	100

（3）自动估计成本法

该方法可以采用相应的软件工具进行估算，如基于 COCOMO（Constructive Cost Model）模型的软件工具。但需要注意，这类工具都需要大量的历史数据作为学习样本，然后估算出来的数据才相对准确。

3.3.2　成本/效益分析

成本/效益分析首先要估算待开发系统的成本及运行费用，然后与可能取得的经济效益进行比较。系统的经济效益等于因使用新系统而增加的收入加上使用新系统可节省的运行费用。因为运行费用和经济效益两者在软件的整个生存周期内都存在，总的效益和生存周期的长度有关，所以需要合理地估计软件的寿命。

投资是在现阶段进行的，系统的效益是未来在软件生存周期中获得的，因此不能简单地进行比较，应该考虑货币的时间价值。

1. 货币的时间价值

通常用利率表示货币的时间价值。设年利率为 i，如果现在存款 P 元，则 M 年后可得到的钱数为

$$F = P \times (1 + i)^n$$

F 为 P 元钱在 n 年后的价值。反之，若 n 年后收入 F 元，那么这些钱现在的价值是

$$P = F/(1 + i)^n$$

例如，某单位使用办公自动化管理软件，减少了人工方式造成的时间及费用的支出，每年大约节省 25 000 元，假设软件的生存周期为 5 年，而开发办公自动化管理软件共投

资 50 000 元。

此时不能简单地将系统投资的 50 000 元直接与 5 年节省的 125 000 元进行比较。因为前者是现在投资的钱,而后者是在未来 5 年内节省的钱,需要把未来 5 年内每年预计节省的 25 000 元折合成现在的价值进行比较。

2. 投资回收期

投资回收是衡量一项开发工程价值的经济指标,投资回收期就是积累的经济效益等于最初投资所需要的时间。投资回收期越短就越能获得利润,因此这项工程就越值得投资。例如,使用了办公自动化管理软件两年后,可以节省 4.338 8 万元,比最初投资的 5 万元还少 0.661 2 万元,而第三年后可再节省 1.879 7 万元。0.661 2/1.879 7≈0.35,因此,投资回收期是 2+0.35=2.35 年。

3. 纯收入

工程的纯收入是衡量工程价值的另一项经济指标,纯收入就是指软件生存周期内,系统累计的经济效益(折合成现在值)与投资之差。

例如,使用了办公自动化管理软件之后,5 年内工程的总收入是 9.483 6－5＝4.483 6 万元。

这相当于比较投资开发一个软件系统和把钱存在银行中(或贷款给其他企业)这两种方案的优劣。如果纯收入为零,则工程的效益与银行存款一样。但是,开发一个软件项目存在风险,从经济角度看,这个工程可能是不值得投资的。如果纯收入小于零,那显然这项工程不值得投资。只有当纯收入大于零时,才能考虑投资。

3.4 项 目 计 划

3.4.1 项目概述

在软件项目管理过程中一个关键的活动是制订项目计划,它是软件开发工作的第一步。项目计划的目标是为项目负责人提供一个框架,使之能合理地估算软件项目开发所需的资源、经费和开发进度,并控制软件项目开发过程按此计划进行。

软件项目计划主要内容如下:

1. 范围

对该软件项目的综合描述,定义所要做的工作以及性能限制,它包括:① 项目目标,定义该项目的目标;② 主要功能,定义该项目的主要功能;③ 性能限制,对软硬件环境等约束做出定义;④ 系统接口,对和其他系统间的交互接口做出定义;⑤ 特殊约束,给出系统还需要说明的特殊约束条件;⑥ 开发概述。

2. 资源

人员资源,完成该项目所需的人力资源;硬件资源;软件资源,完成该项目所需的软件支持;其他。

3. 进度安排

进度安排的好坏往往会影响整个项目是否按期完成,因此这一环节十分重要。可采用

Gantt 图和工程网络图进行处理,具体内容在 11.2 节进行介绍。

3.4.2　任务集合与分解

实际的项目任务分解一般采用 WBS(Works Breakdown Structure)方法,工作分解结构跟因数分解是一个原理,就是把一个项目按一定的原则分解,项目分解成任务,任务再分解成一项项工作,再把一项项工作分配到每个人的日常活动中,直到分解不下去为止,即项目→任务→工作→日常活动。它是制订进度计划、资源需求、成本预算、风险管理计划和采购计划等的重要基础。

在进行项目工作分解的时候,一般遵从以下几个主要步骤或原则:

(1) 得到范围说明书(Scope Statement)或工作说明书(Statement of Wok)。

(2) 召集有关人员,集体讨论所有主要项目工作,确定项目工作分解的方式。

(3) 分解项目工作。如果有现成的模板,应该尽量利用。

(4) 画出 WBS 的层次结构图。WBS 较高层次上的一些工作可以定义为子项目或子生命周期阶段。

(5) 将主要项目可交付成果细分为更小的、易于管理的组分或工作包。工作包必须详细到可以对该工作包进行估算(成本和历时)、安排进度、做出预算、分配负责人员或组织单位。

(6) 验证上述分解的正确性。如果发现较低层次的项没有必要,则修改组成成分。

(7) 如果有必要,建立一个编号系统。

(8) 随着其他计划活动的进行,不断地对 WBS 更新或修正,直到覆盖所有工作。

(9) 检验 WBS 是否定义完全,项目的所有任务是否都被完全分解,可以参考以下标准:① 每个任务的状态和完成情况是可以量化的;② 明确定义了每个任务的开始和结束;③ 每个任务都有一个可交付的成果;④ 工期易于估算且在可接受期限内;⑤ 容易估算成本;⑥ 各项任务是独立的。

3.4.3　人力资源配置

项目计划书中需要对人力资源配置,即团队组织结构、角色确定和分工、协作与沟通等做出明确定义。

1. 明确人员需求

根据各工作单元、工作任务及未来发展,确定人力资源在专业技能、质量、数量、时间、合作精神等方面的需求,并对各工作单元的人力资源需求情况进行汇总和协调,最后制订出人力资源需求计划。

2. 角色确定和分工

随着软件规模的不断膨胀和软件开发技术的发展,软件开发的分工和组织也变得越来越复杂,如何合理地组织和分工成为能否成功开发的一个决定性因素。

对一个软件产品或者一项软件工程来说,参与角色通常包括如下几类:高级经理、产品经理或项目经理、开发经理、设计师、测试经理、开发人员、测试人员、项目实施人员。

3. 确定团队组织关系

组织关系图就是通过某种图形形式来确定和形象体现项目组织内各组织单元或个人之间的相互工作关系。根据项目的需要,它可以是正式的或非正式的,详细的或粗线条的。组织分解结构图是一种特殊的组织关系图,它展示了各组织单元负责的具体工作。

通常,组织软件开发人员的方法取决于所承担的项目的特点、以往的组织经验和管理者的看法与喜好。软件项目组的组织方式典型的有3种:民主制程序员组、主程序员组和现代程序员组。其中,现代程序员组设置一个技术负责人,负责小组的技术活动;另外设置一个行政负责人,负责所有非技术性事务的管理决策。

3.4.4 阶段交付物

在计划书中应该明确各阶段向用户交付的产品或内容,常见如下:① 需求规格说明书,包括:业务用例(功能)、术语表、数据字典、非功能性需求等;② 用户界面原型;③ 软件构架文档;④ 测试概要;⑤ 软件安装包、安装维护手册、使用手册;⑥ 用户培训内容及时间;⑦ 技术支持内容及时间。

3.5 本 章 小 结

本章依次介绍了可行性分析和项目计划,对技术可行性和经济可行性,项目计划的制订和估计做了详细介绍。本章介绍的可行性分析与项目计划两者具有高度相关性,在可行性分析通过的情况下,将制订一个初步的项目计划(后期可以修订),并且项目计划中的成本估算、进度安排等内容将为可行性分析提供具体依据。读者在本章的学习中需要掌握可行性分析的要素和步骤,并学会制订项目计划。

案 例 分 析

学生信息管理系统

1. 问题定义
学生信息管理系统,旨在实现一个综合性较强、结合人员管理、权限控制、信息管理的系统。目前运行的系统主要功能为管理员登录后查看及管理学生的信息。

2. 技术可行性
学生信息管理系统的开发需要对管理的需求进行分析,最终通过简单的界面按钮操作实现对学生数据的增、删、改和查询操作,并将这些操作反应到数据库的操作。完成以上功能需要采用以下几个关键的技术:

(1) 数据库数据显示技术

目前的界面编程和 Sql 语言的混合编程已经比较成熟,比如用于界面编程的有 C、Java、Qt、C++等,并且它们基本都是开源的,不会存在侵权和成本的问题。

（2）数据库数据修改技术

对数据库的基本操作还是离不开 Sql 语言的混合编程,主要是通过对按钮事件的捕捉,通过对应的 Sql 代码实现对数据库相关操作。

3. 操作可行性

从用户单位学校的行政管理、工作制度等方面来看,能够使用该软件系统。从用户单位的工作人员的素质来看,需要经过培训才能满足使用该软件系统的要求。

4. 经济可行性

（1）成本估计（代码行技术）

根据以往经验及相关专家的估计,此系统的代码行估计有 200 000 行,此系统的开发人员数为 5 人,每人每天平均写的代码数为 500,月薪为 3 000,估计每行代码的价值为 3 000/30/500 = 0.2（元）,所以开发成本估计为 200 000 × 0.2 = 40 000（元）,另：每年的维护费用为 10 000。

（2）预期收入

此系统开发完毕后,预计生命期为 5 年,年利率为 22%,每年预期可以节约 35 000,减去维护的费用 10 000,由货币的时间价值画出未来 5 年实际节省的钱：

年	将来值	$(1+i)^n$	现在值	累计现在值
1	25 000	1.22	20 491.8	20 491.8
2	25 000	1.82	13 736.3	34 228.1
2	25 000	2.22	11 261.3	45 489.4
4	25 000	2.70	9 529.2	55 018.6
5	25 000	3.29	7 598.8	62 617.4

（3）投资回收期

系统两年后可节省 34 228.1,比最初的投资（40 000 元）还少 5 771.9 元,第三年后再将节省 11 261.3。5 771.9/11 261.3 = 0.51,因此投资回收期为 2.51 年。

（4）纯收入

纯收入为 62 617.4 - 40 000 = 22 617.4（元）。

阅读材料

1. 可行性分析报告（GB 8567 - 88）

可行性研究报告的基本内容如下所示。

（1）引言：

① 编写目的：说明编写的目的,指出预期读者。② 背景：说明所建议开发的软件系统名称；本项目的提出者、开发者、用户以及实现该软件所需的软硬件环境等；该软件系统和其他系统间的接口等。③ 定义：列出本文件所用到的术语和缩略语。④ 参考资料。

（2）可行性研究的前提。说明对所建议开发的软件的基本要求、目标、条件、假定和限制、进行可行性研究的方法等。

（3）对现有系统的分析。

（4）所建议的系统。

（5）可选择的其他解决方案。

（6）技术可行性分析。

（7）投资及效益分析。

（8）社会因素方面可行性。

（9）结论。

2．项目计划书

软件开发计划说明书的基本内容如下所示。

（1）引言：

① 编写目的；② 项目背景；③ 定义；④ 参考文献。

（2）项目概述：

① 工作内容；② 主要参加人员；③ 产品；④ 验收标准；⑤ 本计划批准者和批准日期。

（3）实施计划：

① 工作任务的分解与人员分工；② 联系人；③ 进度；④ 预算；⑤ 关键问题。

（4）支持条件：

① 计算机系统支持；② 需由用户承担的工作；③ 由外单位提供的条件。

（5）特别说明。

习 题 3

1．选择题

（1）研究开发所需要的成本和资源是属于可行性研究中的（　　）研究的一方面。

A．技术可行性　　　　B．经济可行性　　　　C．社会可行性　　　　D．法律可行性

（2）经济可行性研究的范围包括（　　）。

A．资源有效性　　　　B．管理制度　　　　　C．效益分析　　　　　D．开发风险

（3）可行性研究主要从（　　）几个方面进行研究。

A．技术可行性，经济可行性，操作可行性

B．技术可行性，经济可行性，社会可行性

C．经济可行性，系统可行性，操作可行性

D．经济可行性，系统可行性，时间可行性

（4）制订软件计划的目的在于尽早对欲开发的软件进行合理估计，软件计划的任务是（　　）。

A．组织与管理　　　　B．分析与估算　　　　C．设计与测试　　　　D．规划与调整

（5）可行性研究要进行一次（　　）需求分析。

A．详细的　　　　　　B．全面的　　　　　　C．简化的、压缩的　　D．彻底的

（6）可行性分析研究的目的是（　　）。

A．争取项目　　　　　　　　　　　　　　B．判断项目值得开发与否

C．开发项目　　　　　　　　　　　　　　D．规划项目

（7）下列不属于成本效益的度量指标的是（　　　）。

A. 货币的时间价值 　　　　　　　　B. 投资回收期

C. 性质因素 　　　　　　　　　　　D. 纯收入

（8）下面不是可行性研究的步骤的是（　　　）。

A. 重新定义问题 　　　　　　　　　B. 研究目前正在使用的系统

C. 导出和平加工选择的解法 　　　　D. 确定开发系统所需要的人员配置

2. 简答题

（1）可行性研究的任务是什么？

（2）简述经济可行性和技术可行性。

（3）简述可行性研究的步骤。

（4）可行性研究报告的主要内容有哪些？

（5）说明系统流程图的作用。

3. 应用题

（1）设计一个软件的开发成本为 5 万元，寿命为 3 年。未来 3 年的每年收益预计为 22 000元，24 000 元，26 620 元。银行年利率为 10%。试对此项目进行成本效益分析，以决定其经济可行性。

（2）在以下范围内，选择一个系统开发题目，进行调查分析，完成可行性分析报告。

图书管理系统、学生成绩管理系统、库存管理系统、工资管理系统、超市销售管理系统、人力资源管理系统。

第4章　软件需求分析

对软件的生命造成威胁的因素只有一个:需求的变更。

4.1　需求分析概述

4.1.1　需求的定义及性质

"需求"这个词在日常生活中经常使用,通常是指人对于客观事物需要的表现,体现为愿望、意向和兴趣,因而成为行动的一种直接原因。例如,当某个顾客向裁缝师傅定做一套服装时,裁缝师傅首先要获得这位顾客的身高、胸围、腰围、臂长等数据,然后再根据这些数据制作衣服。这些数据就是该顾客定做服装的具体需求。试想,如果裁缝师傅将顾客的这些具体需求弄错或者根本不知道,那么无论这位师傅如何精心制作,使用多好的面料,其所做的工作都将是枉然的! 因为顾客可能根本不能穿,或者穿着不舒服。由此可见,需求对于最终产品能否适用是至关重要的。同理,对于软件开发来说,软件需求就是软件用户认为其所使用的软件应该具备的功能和性能。

对于软件需求的定义,不同的研究人员有不同的看法。A. Davis 认为,软件需求是从软件外部可见的、软件所具有的、满足于用户的特点、功能及属性等的集合。I. Sommerville 认为,需求是问题信息和系统行为、特性、设计和实现约束的描述的集合。而 M. Jackson 等人则认为,需求是客户希望在问题域内产生的效果。在比较正式的文档中,IEEE 软件工程标准词汇表将需求定义为:(1) 用户解决问题或达到目标所需的条件或能力;(2) 系统或系统部件要满足合同、标准、规范或其他正式规定文档所需具有的条件或能力。

对于软件需求的陈述,IEEE 标准 830 - 1998 要求,任何一个单一的需求陈述,必须具有 5 个基本性质:

(1) 必要的(necessary)。每一项需求都应把客户真正需要的和最终系统所遵从的标准记录下来,也可以理解为每项需求都是用来授权你编写文档的"根源"。要使每项需求都能回溯至某项客户的输入,如使用实例或别的来源。

(2) 无歧义的(unambiguous)。对于所有需求说明都只能有一个明确统一的解释,由于自然语言极易导致歧义,所以尽量把每项需求用简洁明了的语言表达出来。避免歧义的有效方法包括对需求文档的正规审查,编写测试用例,开发原型及设计特定的方案脚本。

(3) 可测试的(testable)。每项需求都应当是能够通过设计测试用例或者其他的验证方法进行测试验证的。如用演示、检测等来确定产品是否确实按需求实现了。如果需求不可测试或验证,那么确定其实施是否正确就成为主观臆断而非客观分析了。一份前后矛盾、不可行或有歧义的需求也是不可验证的。

(4) 可跟踪的(traceable)。软件需求的可跟踪性是指能够对某一特定需求在系统开发的整个过程中形成以及演变进行跟踪,即可以从一个开发阶段到另一个阶段对需求进行跟踪。

(5) 可测量的(measurable)。在软件需求分析中,能够进行测量的需求可对其进行定量评测,从而减少对软件需求的主观臆断,增强客观分析,提高可信度。

当然,确定一项软件需求是否满足以上 5 个性质是一个复杂耗时的过程。但该过程却是保证软件质量的一个有效途径。

另外,还包括如下隐性特征:完整性、一致性、清晰性、正确性、现实性、确认性、可追踪性。

4.1.2　需求分类

对于一个软件系统而言,其需求通常可以分为以下几类:

1．功能需求

功能需求规约了系统或系统构件必须执行的功能。例如:① 系统应对所有已销售的应纳税商品计算销售税;② 系统应提供一种方法,使系统用户可根据本地利率调整销售税比例;③ 系统应能够产生月销售报表。

功能需求除了对系统执行的功能给出一个陈述外,还应规约如下内容:① 关于该功能输入的所有假定,或为了验证该功能输入的,有关检测的假定。② 功能内的任一次序,这一次序是与外部有关的。③ 对异常条件的响应,包括所有内外部所产生的错误。④ 需求的时序或优先程度。⑤ 功能之间的互斥规则。⑥ 系统内部状态的假定。⑦ 为了该功能的执行,所需要的输入和输出次序。⑧ 用于转换或内部计算所需要的公式。

对于功能需求,我们应考虑以下几个问题:① 功能源;② 功能共享的数据;③ 功能与外部界面的交互;④ 功能所使用的计算资源。

由此可见,功能需求是整个需求的主体,几乎构成了由交谈和小组讨论所得到的所有初始需求。这意味着:没有功能需求,就谈不上其他需求,即性能需求、外部接口需求、设计约束和质量属性。

2．性能需求

性能需求(Performance Requirement)规约了一个系统或系统构件必须具有的性能特性。例如:① 系统应该在 5 分钟内计算出给定季度的总销售税;② 系统应该在 1 分钟内从100 000 条记录中检索出一个销售订单;③ 该应用必须支持 100 个 Windows 95/NT 工作站的并行访问。

需要说明的是:性能需求隐含了一些满足功能需求的设计方案,经常会对设计产生一些关键的影响。例如:排序,关于花费时间的规约将确定哪种算法是可行的。此外,性能需求对功能需求而言,可以是一对多的。

3．外部接口

外部接口需求(External Interface Requirement)规约了系统或系统构件必须与之交互的硬件、软件或数据库元素。它也可能规约其格式、时间或其他因素。例如:① 账户接收系统必须为月财务状况系统提供更新信息,如在"财务系统描述"第 4 修订版中所描述的。

② 引擎控制系统必须正确处理从飞行控制系统接收来的命令,符合接口控制文档 B2-10A4,修订版 C 的 1 到 8 段的规定。

外部接口需求通常包括以下内容:

(1) 用户接口(User Interfaces):规约了软件产品和用户之间接口的逻辑特性。即规约针对为用户所显示的数据、用户所要求的数据以及用户如何控制该用户接口。

(2) 硬件接口(Hardware Interfaces):如果软件系统必须与硬件设备进行交互,那么就应说明所要求的支持和协议类型。

(3) 软件接口(Software Interfaces):允许与其他软件产品进行交互,如:数据管理系统、操作系统或数学软件包。

(4) 通信接口(Communications Interfaces):规约待开发系统与通信设施(如:局域网)之间的交互。如果通信需求包含了系统必须使用的网络类型(TCP/IP, Windows NT, Novell),那么有关类型的信息就应包含在 SRS 中。

(5) 内存约束(Memory Constraints):描述易失性存储和永久性存储的特性和限制,特别应描述它们是否被用于与一个系统中其他处理的通信。

(6) 操作(Operation):规约用户如何使系统进入正常和异常的运行以及在系统正常和异常运行下如何与系统进行交互。应该描述在用户组织中的操作模式,包括交互模式和非交互模式;描述每一模式的数据处理支持功能;描述有关系统备份、恢复和升级功能方面的需求。

(7) 地点需求(Site Adaptation Requirements):描述系统安装以及如何调整一个地点,以适应新的系统。

4. 设计约束

设计约束限制了系统或系统构件的设计方案。就约束的本身而言,对其进行权衡或调整是相当困难的,甚至是不可能的。它们必须予以满足。这一性质是与其他需求的最主要差别。为了满足功能、性能和其他需求,许多设计约束将对软件项目规划、所需要的附加成本和工作产生直接影响。例如:① 系统必须用 C++ 或其他面向对象语言编写。② 系统用户接口需要菜单。③ 任取 10 秒,一个特定应用所消耗的可用计算能力平均不超过 50%。④ 必须在对话窗口的中间显示错误警告,其中使用红色的、14 点加粗 Arial 字体。

针对软件产品的开发,为了确定其相关的设计约束,一般需要考虑以下 10 个方面:① 法规政策(Regulatory Policies)。② 硬件限制(Hardware Limitations),例如:处理速度、信号定序需求、存储容量、通信速度以及可用性等。③ 与其他应用接口(Interfaces to Other Applications),如当外部系统处于一个特定状态时,禁止新系统某些操作。④ 并发操作(Parallel Operations),例如,可能要求从/自一些不同的源并发地产生或接收数据。对此,必须清晰地给出有关时间的描述。⑤ 审计功能(Audit Functions),规约软件系统必须满足的数据记录准则或事务记录准则。比如,如果用户查看或修改数据,那么就可能要求该系统为了以后复审,记录该系统的动作。⑥ 控制功能(Control Functions),可以对系统的管理能力进行远程控制、可以对其他外部软件以及内部过程进行控制。⑦ 高级语言需求(Higher Order Language Requirements)。⑧ 握手协议(Signal Handshake Protocols),通常用于硬件和通信控制软件,特别当给出特定的时间约束时,一般就要把"握手协议"作为一项约束。⑨ 应用的关键程度(Criticality of the Application),许多生物医学、航空、军事或财务软件属于这一类。⑩ 安全考虑(Safety and Security Considerations)。

5. 质量属性

质量属性(Quality Attribute)规约了软件产品必须具有的一个性质是否达到质量方面一个所期望的水平。例如下表 4.1 所示：

表 4.1　软件质量属性

属　　性	描　　述
可靠性	软件系统在指定环境中没有失败而正常运行的概率
存活性	当系统的某一部分系统不能运行时,该软件继续运行或支持关键功能的可能性
可维护性	发现和改正一个软件故障或对特定的范围进行修改所要求的平均工作
用户友好性	学习和使用一个软件系统的容易程度
安全性	在一个预定的时间内,使软件系统安全的可能性
可移植性	软件系统运行的平台类型

此外,从软件用户对软件的实际需求来看,软件的需求(或用户需求)通常可以分为：

(1)目标需求：反应组织机构或客户对系统和产品提出的高层次的目标要求,其限定了项目的范围和项目应达到的目标。

(2)业务需求：主要描述软件系统必须完成的任务、实际业务或工作流程等。软件开发人员通常可从业务需求进一步细化出具体的功能需求和非功能需求。

(3)功能需求：指开发人员必须实现的软件功能或软件系统应具有的外部行为。

(4)性能需求：指实现的软件系统功能应达到的技术指标,如计算效率和精度、可靠性、可维护性和可扩展性等。

(5)约束与限制：指软件开发人员在设计和实现软件系统时的限制,如开发语言、使用的数据库等。

对于软件需求之间的关系,我们可以分层次地表示,如图 4.1 所示：

图 4.1　软件需求间的层次关系

4.1.3　需求分析的目标与原则

在技术层面上,软件工程从一系列的建模工作开始,最终生成待开发软件的需求规格说明和设计表示。软件需求分析是软件生存期中重要的一步,也是决定性的一步,它是软件定义时期的最后一个阶段,通过需求分析,可产生所开发软件的规格说明,指明软件和其他系统元素的接口,规定软件必须满足的约束,并且让软件工程师(或软件分析师、软件架构师)

细化在前期需求工程的起始、导出和谈判任务中建立的基础需求。只有通过软件的需求分析活动才能把软件的功能和性能的总体概念描述为具体的软件需求规格说明,从而奠定软件开发的基础。

软件需求分析过程是一个发现、求精、建模和规约的过程。这一过程包括:详细精化最初由系统分析员建立并在软件项目计划中确定的软件范围,创建所需数据流、控制流以及操作行为的模型,并在此基础上选择解决方案。

软件需求分析的目标是通过详细调查现实世界要处理的对象,充分了解原系统工作概况,明确用户的各种需求然后在此基础上确定新系统的功能。它包括对问题域的理解、表达和验证,自顶向下的分解方式,系统的逻辑视图。

在软件需求分析过程中,必须满足以下几个基本原则:

(1) 能够表达和理解问题的信息域

信息域反映的是用户业务系统中数据的流向和对数据进行加工的处理过程,因此信息域是解决"做什么"的关键因素。根据信息域描述的信息流、信息内容和信息结构,可以较全面地(完整地)了解系统的功能。

(2) 能够按照一定方式对问题进行分解和不断细化

分解是为了降低问题的复杂性,增加问题的可解性和可描述性。分解可以在同一个层次上进行(横向分解),也可以在多层次上进行(纵向分解)。其中,结构化分析方法就是一种面向数据流自顶向下逐步求精进行需求分析的方法。

(3) 能够建立起描述系统信息、功能和行为的模型

建立模型的过程是"由粗到精"的综合分析的过程。通过对模型的不断深化认识,来达到对实际问题的深刻认识。

(4) 能够分清系统的逻辑视图和物理视图

软件需求的逻辑视图描述的是系统要达到的功能和要处理的信息之间的关系,这与实现细节无关,而物理视图描述的是处理功能和信息结构的实际表现形式,这与实现细节是有关的。需求分析只研究软件系统"做什么",而不考虑"怎样做"。

4.1.4 需求分析的任务

软件需求分析的基本任务就是分析和综合已收集到的需求信息,即透过现象看本质,通过去掉那些非本质的信息,找出解决矛盾的方法并建立起系统的逻辑模型。具体而言,需求分析的基本任务就是提炼、分析和仔细审查已收集到的需求信息,找出真正的和具体的需求,以确保所有项目相关人员都明白其含义,此外,在分析过程中,通过建立软件系统的逻辑模型,发现或找出需求信息中存在的冲突、遗漏、错误或含糊问题等。

在软件需求分析中,其任务是借助于当前系统的物理模型(待开发系统的系统元素)导出目标系统的逻辑模型(只描述系统要完成的功能和要处理的数据),解决目标系统"做什么"的问题,所要做的工作是深入描述软件的功能和性能,确定软件设计的限制和软件同其他系统元素的接口细节,定义软件的其他有效性需求,通过逐步细化对软件的要求,描述软件要处理的数据,并给软件开发提供一种可以转化为数据设计、结构设计和过程设计的数据与功能表示。必须全面理解用户的各项要求,但这些要求不能全盘接受,只能接受合理的要求;对其中模糊的要求做进一步澄清,然后决定是否采纳;对于无法实现的要求要向用户做

充分的解释。最后,将软件的需求准确地表达出来,形成软件需求说明书。其实现步骤如图 4.2所示。

（1）获得当前系统的物理模型：首先,分析、理解当前系统是如何运行的,了解当前系统的组织机构、输入/输出、资源利用情况和日常数据处理过程,并用一个具体的模型来反映自己对当前系统的理解。此步骤也可以称为"业务建模",其主要任务是对用户的组织机构或企业进行评估,理解他们的需要及未来系统要解决的问题,并用一个具体模型来反映自己对当前系统的理解。这一模型应客观地反映现实世界的实际情况。当然,如果系统相对简单,也没必要大动干戈地进行业务建模,只要做一些简单的业务分析即可。

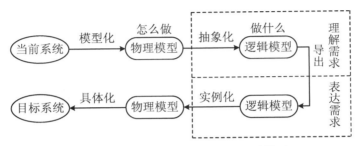

图 4.2　参考当前系统建立目标系统模型

（2）抽象出当前系统的逻辑模型：在理解当前系统"怎样做"的基础上,取出非本质因素,抽取出"做什么"的本质。

（3）建立目标系统的逻辑模型：分析目标系统与当前系统逻辑上的差别,明确目标系统要"做什么",从而从当前系统的逻辑模型中导出目标系统的逻辑模型。

（4）对目标系统逻辑模型进行补充,具体内容如用户界面、启动和结束、出错处理、系统输入输出、系统性能、其他限制等。

4.2　需 求 获 取

4.2.1　需求获取的任务及原则

需求获取是需求工程的早期活动,也是十分重要的一步。需求获取的主要任务是与客户或用户沟通,了解系统或产品的目标是什么,客户或用户想要实现什么,系统或产品如何满足业务的要求,最终系统或产品如何用于日常工作等。这些看起来非常简单,但实际上并非如此。没有真正从事过需求获取及分析工作的人很难相信获取并理解用户的需求是软件工程师所面临的最困难的任务之一。

需求获取涉及客户、用户及开发方。客户是投资软件的单位或个人,也可能是经销商,用户是最终使用软件的人。现代软件大多不是单机软件,软件的用户数量及种类往往很多。客户或用户往往说不清楚自己到底需要什么,不同用户的需求相互矛盾或单个用户前后表达相矛盾的情况时有发生。如果负责需求获取的软件工程师对用户的工作领域不熟悉,情况就会更糟糕,与用户交流的时候甚至不知道该说什么,该问什么,不能起到引导用户表达需求的作用,不能判别用户的哪些需求是正确的、合理的,当用户的需求出现矛盾时,更没有能力判断和解决矛盾。因此,只有对用户所从事的工作领域具有深入了解的专业系统分析员才能胜任需求获取及分析工作。

需求获取之所以困难,主要原因在于以下几个方面:

(1) 系统的目标或范围问题:系统的边界不清楚,也就是说,不明确哪些问题应由计算机系统解决、哪些问题应由手工方式解决。有的时候,客户或用户的说明中带有多余的技术细节,这些细节可能会扰乱而不是澄清系统的整体目标。

(2) 需求不准确性问题:客户或用户不能够完全确定需要什么,对其计算环境的能力和限制所知甚少,对问题域没有完整的认识,与软件专业人员在沟通问题上有问题,同一客户或用户的不同人员提出的需求相冲突,需求说明有歧义性。

(3) 需求的易变问题:在整个软件的生存期内,软件的需求会随着时间的推移而发生变化。一方面是由于人们对事物的认识会随着时间的推移而不断全面和深入;另一方面,随着时间的推移,用户的组织结构、业务流程及外部业务环境可能发生变化,这些都会导致需求的变化。

因此,需求获取除了需要有专业的系统分析师,还需要客户/开发者有效的合作才能成功。

需求获取活动需要解决的问题,即需求获取的任务,概括起来主要有以下几项:

(1) 发现和分析问题,并分析问题的原因/结果关系。

(2) 与用户进行各种方式的交流,并使用调查研究方法收集信息。

(3) 按照 3 个部分,即数据、过程和接口观察问题的不同侧面。

(4) 将获取的需求文档化,形成有用例、决策表、决策树等。

在软件需求获取过程中,应遵循以下原则:

(1) 深入浅出的原则。也就是说,需求获取要尽可能全面、细致。获取的需求是个全集,目标系统真正实现的是个子集。分析时的调研内容并不一定都纳入到新系统中,这样做既有利于弄清系统全局,又有利于以后的扩充。

(2) 以流程为主线的原则。在与用户交流的过程中,应该用流程将所有的内容串起来,如信息、组织结构、处理规则等,这样便于沟通交流。流程的描述既有宏观描述,也有微观描述。

4.2.2 需求获取的过程

对于不同规模及不同类型的项目,需求获取的过程不会完全一样,这里给出需求获取过程的参考步骤。

1. 开发高层的业务模型

所谓应用领域,即目标系统的应用环境,如银行、电信公司、书店等。如果系统分析员对该领域有了充分的了解,就可以建立一个业务模型,描述用户的业务过程,确定用户的初始需求。然后通过迭代,更深入地了解应用领域,之后再对业务模型进行改进。

2. 定义项目范围和高层需求

要想项目成功,离不开项目利益相关方的支持。在项目开始之前,应当在所有利益相关方中建立一个共同的愿景,即定义项目范围和高层需求。项目范围描述系统的边界以及与外部事物(包括组织、人、硬件设备、其他软件等)的关系。高层需求不涉及过多的细节,主要表示系统需求的概貌。

3. 识别用户类和用户代表

需求获取的主要目标是理解用户需求,因而客户的参与是生产出优质软件的关键因素。能否让系统分析人员更准确地了解用户需求,将决定软件需求获取工作能否取得成功。为此,应首先确定目标系统的不同用户类型;然后挑选出每一类用户和其他利益相关方的代表,并与他们一起工作;最后确定谁是项目需求的决策者。

系统的不同用户之间在很多方面存在差异,例如:① 使用产品的频率;② 用户在应用领域的经验和使用计算机系统的技能;③ 所用到的产品功能;④ 为支持业务过程所进行的工作;⑤ 访问权限和安全级别(如普通用户、来宾用户或系统管理员)等。根据这些差异,我们可以将用户分为若干不同的用户类。每类用户都会根据其成员要执行的工作提出一组自己的需求。不同用户类可能还有不同的非功能性需求,例如,没有经验或只是偶尔使用系统的用户关心的是系统操作的易学性;而对于熟悉系统的用户,他们就会更关心使用的方便性与效率。不同用户类的需求甚至可能发生冲突,例如,同样一个网络系统,某些用户希望网络传输速度快一些,容量大一些;但另一些用户希望做到安全性第一,而运算速度则不做要求。因此,对于发生冲突的需求必须做出权衡与折中。

每个项目,包括企业信息系统、商业应用软件、嵌入式系统、Internet 应用程序等,都需要有合适的用户来提供用户需求。用户代表应当自始至终参与项目的整个开发过程,而不是仅参与最初的需求阶段。每类用户都应该有自己的代表或代理。

可以考虑在待开发产品或竞争对手产品的当前用户中组建核心小组。核心小组必须能够左右产品的开发方向,既要包括专家级的用户,也要包括经验较少的用户。这些小组就是用户代表。

需要注意的是,用户类可以是人,也可以是与系统打交道的其他应用程序或硬件部件。如果是其他应用程序或硬件部件,则需要以熟悉这些系统或硬件的人员作为用户代表。

4. 获取具体的需求

确定了项目范围和高层需求,并确定了用户类及用户代表后,就需要获取更具体、完整和详细的需求。获取具体需求的途径主要有以下几种:

(1) 与用户进行交谈

访谈采用最直接的向用户调查的方式来获取需求。它是最早开始使用的,也是迄今为止仍然广泛使用的需求获取技术。

访谈有两种基本形式,分别是正式的和非正式的访谈。正式访谈时,系统分析员将提出一些事先准备好的具体问题,例如,询问客户公司销售的产品种类、雇佣的销售人员数目以及信息反馈时间需要多久等。在非正式访谈中,分析员将提出一些用户可以自由回答的开放性问题,以鼓励被访问人员说出自己的想法,例如,询问用户对目前正在使用的系统有哪些不满意的地方等。

当需要调查大量人员的意见时,向被调查人分发调查表是一个十分有效的做法。经过仔细考虑写出来的书面回答可能比被访问者对问题的口头回答更准确。分析员仔细阅读收回的调查表,然后再有针对性地访问一些用户,以便向他们询问在分析调查表时发现的新问题。

在访问用户的过程中使用情景分析技术往往非常有效。所谓情景分析就是对用户将来使用目标系统解决某个具体问题的方法和结果进行分析。例如,假设目标系统是一个制订减肥计划的软件,当给出某个肥胖症患者的年龄、性别、身高、体重、腰围及其他数据时,就出现了一个可能的情境描述。系统分析员根据自己对目标系统应具备的功能的理解,给出适用于该患者的菜单。客户公司的饮食专家可能指出,那些菜单对于有特殊饮食需求的患者(如,糖尿病患者、素食者)是不合适的。这就使分析员认识到,目标系统在制订菜单之前还应该先询问患者的特殊饮食需求。系统分析员利用情景分析技术,往往能够获知用户的具体需求。

情景分析技术的用处主要体现在下述两个方面:① 它能在某种程度上演示目标系统的行为,从而便于用户理解,而且还可能进一步揭示出一些分析员目前还不知道的需求。② 由于情景分析较易为用户所理解,使用这种技术能保证用户在需求分析过程中始终扮演一个积极主动的角色。需求分析的目标是获知用户的真实需求,而这一信息的唯一来源是用户,因此,让用户起积极主动的作用对需求分析工作获得成功是至关重要的。

(2)现有产品或竞争产品的描述文档

这类文档对业务流程的描述很有帮助,也可以参考这些文档找出要解决的问题和缺陷,为新系统赢得竞争优势。

(3)系统需求规格说明

系统需求规格说明是包含硬件和软件部分的高层系统的需求规格说明,用于描述整个产品。分析员可以从这些部分需求中推导出软件的功能性需求。

(4)当前系统的问题报告和改进要求

根据问题报告了解用户使用当前系统时遇到的问题,并从用户那里了解改进系统的意见,有助于目标系统的开发。

(5)市场调查和用户问卷调查

事先向有关专家咨询如何进行调查,确保向匹配的对象提出正确的问题。分析员通过调查,检验自己对需求的理解。

(6)观察用户如何工作

通过观察用户在实际工作环境下的工作流程,需求分析员能够验证先前交谈中收集到的需求,确定交谈的新主题,发现当前系统的缺陷,找到让目标系统更好地支持工作流程的事物方法。需求分析人员必须对观察对象的活动进行归纳和概括,保证得到的需求适用于整个用户群,而不是仅仅适合个别被观察的用户。

5. 确定目标系统的业务工作流

针对当前待开发的应用系统,确定系统的业务工作流和主要的业务规则,采取需求调研的方法获取所需的信息。例如,针对信息系统的需求调研方法如下:① 调研用户的组织结构、岗位设置、职责定义,从功能上区分子系统数量,划分系统的大致范围,明确系统的目标。② 调研每个子系统的工作流程、功能与处理规则,收集原始信息资料,用数据流图来表示物流、资金流、信息流三者的关系。③ 对调研内容事先准备,针对不同管理层次的用户询问不同的问题,列出问题清单,将操作层、管理层、决策层的需求既联系又区分开来,形成一个具有层次的需求。

6. 需求整理与总结

必须对上面步骤所得到的需求资料进行整理和总结,确定对软件系统的综合要求,即软件的需求。并提出这些需求的实现条件,以及需求应达到的标准。这些需求包括功能需求、性能需求、环境需求、可靠性需求、安全保密要求、用户界面需求、资源使用需求、软件成本消耗与开发进度需求等。

4.3 需 求 建 模

4.3.1 分析建模

需求分析建模的工作就是导出待开发软件系统的逻辑模型(或需求模型),以明确待开发软件系统"做什么"。在已知需求的可行性以及各个需求明确以后,为了更好地理解需求,特别是复杂系统的需求,软件开发人员应从不同的角度抽象出目标系统的特性,使用精确的方法构造系统的模型,直至最终用程序实现模型。对于相当复杂又难于理解的系统,特别需要进行分析建模。

所谓模型,就是为了理解事物而对事物做出的一种抽象,是对事物的一种无歧义的书面描述。通常模型可由文本、图形符号或数学符号以及组织这些符号的规则组成。需求分析建模就是把由文本表示的需求和由图形或数字符号表示的需求结合起来,绘制出对待开发软件系统的完整描述,以检测软件系统的一致性、完整性和错误等。利用图形表示需求有助于增强项目相关人员对需求的理解,对于某些类型的信息,图形表示方式可以使项目相关人员之间减轻语言和词汇方面的负担。不过建立分析模型的目的是为了增强对用自然语言描述的需求规格说明的理解,而不是替换它。

至今为止,需求分析的方法种类繁多。在分析建模中使用什么方法取决于建模的目的、时间和应用领域(即对象)等。在众多的需求分析方法中,早期(20世纪70年代中期)具有代表性的分析方法有:① PSA/PSL:由美国密歇根大学在 ISDOS 项目中开发的需求定义语言 PSL 和分析工具 PSA。② SREM:由美国 TRW 公司开发,使用了需求描述语言 RSL、表示处理流的 R-Net、分析工具 REVS,主要是面向实时系统。③ SADT:由 SoftTech 公司开发,主要用方框表示动作和处理,并在方框的上下、左右用有向弧分别表示输入、输出、控制数据和使用的资源。

在上述方法的基础上,人们通过大量的研究和实践,又开发和推出了至今仍在使用的所谓"结构化分析方法(Structured Analysis,SA)",该方法简单且易于使用,一直受到软件开发人员的厚爱。到了20世纪90年代初期,随着面向对象方法的逐渐完善,面向对象的需求分析作为新的需求分析方法成为需求工程中的重要方法之一。基于面向对象的分析和设计方法,人们近几年来又提出了综合多种图像表示的 UML 语言以及一些与特殊方法相结合的需求分析方法,如:面向问题域的需求分析方法、面向特征的需求分析方法、基于本体的需求分析方法和面向多视点的需求分析方法等。这些方法各具特色,有些尚在研究过程中,有些则处于完善阶段。

最有代表性的传统的分析建模方法为结构化分析方法,本书便以该方法为例进行详细介绍。结构化分析方法是一种面向数据流进行需求分析的方法,最初于20世纪70年代由 D. Ross 提出,后来又经过扩充,形成了今天的结构化分析方法的框架。作为一种建模技术,结构化分析方法所建立起来的分析模型如图4.3所示。

该模型的核心是数据字典,包括在待开发系统中使用和生成的所有数据对象。围绕这个核心有3种图:数据流图(DFD)描述数据在系统中如何被传送或变换,以及描述如何对数据流进行变换的功能(子功能),用于功能建模;实体—关系图(ER图)描述数据对象及数据对象之间的关系,用于数据建模;状态—迁移图(STD)描述系统对外部事件如何响应、如何动作,用于行为建模。

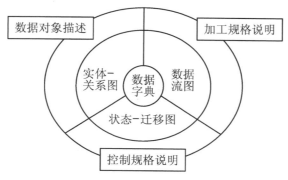

图4.3 结构化分析模型

4.3.2 功能模型

功能建模的思想就是用抽象模型的概念,按照软件内部数据传递、变换的关系,自顶向下逐层分解,直到找到满足功能要求的所有可实现的软件为止。功能模型用数据流图来描述。

数据流图是软件工程史上最流行的建模技术之一,它从数据传递和加工的角度,以图形的方式刻画数据流从输入到输出的移动变化过程,其基础是功能分解。功能分解是一种为系统定义功能过程的方法。这种自顶向下的活动开始于环境图,结束于模块规格说明。

1. 数据流图的基本图形符号

数据流图的基本图形符号如表4.2所示。

表4.2 数据流图的基本图形符号

符 号	解 释
◯ 或 ▢	加工。对输入数据进行变换以产生输出数据,其中要注明加工的名字
▢ 或 ⬛	外部实体,即数据输入源(Source)或数据输出汇点(Sink)。其中要注明数据源或数据汇点的名字
═══ 或 ▭	数据存储。要用名词或名词性短语为数据存储命名
⟶	数据流。描述被加工数据及传递方向。箭头旁边要注明数据流的名字,可用名词或名词性短语命名

数据源或数据汇点表示图中要处理数据的输入来源或处理结果要送往何处。数据源或者数据汇点不是目标系统的一部分,只是目标系统的外围环境中的实体部分,因此称为外部实体。在实际问题中它可能是组织、部门、人、相关的软件系统或硬件设备。

数据流表示数据沿箭头方向的流动。数据流可表示在加工之间被传送的有名数据,也可表示在数据存储和加工之间传送的未命名数据,这些数据流虽然没有命名,但因其所连接的是有名加工和有名数据存储,所以其含义也是清楚的。

加工是对数据对象的处理或变换。加工的名字是动词短语,以表明所完成的加工。一个加工可能需要多个数据流,也可能会产生多个数据流。

数据存储在数据流图中起保存数据的作用,可以是数据库文件或任何形式的数据组织。从数据存储中引出的数据流可理解为从数据存储读取数据或得到查询结果,指向数据存储的数据流可理解为向数据存储中写入数据。

在数据流图中,如果有两个以上数据流流向一个加工,或一个加工产生两个以上的数据流,这些数据流之间往往存在一定的关系,如图 4.4 所示。

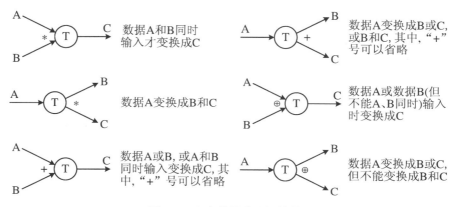

图 4.4　多个数据流之间的关系

2. 环境图

环境图(Context Diagram)也称为顶层数据流图(或 0 层数据流图),它仅包括一个数据处理过程,也就是要开发的目标系统。环境图的作用是确定系统在其环境中的位置,通过确定系统的输入和输出与外部实体的关系确定其边界。

典型的环境图如图 4.5 所示。

图 4.5　环境图

例如,招生系统的需求描述如下:学校首先公布招生条件,考生根据自己的条件报名,之后系统进行资格审查,并给出资格审查信息;对于资格审查合格的考生可以参加答卷,系统根据学校提供的试题及答案进行自动判卷,并给出分数及答题信息,供考生查询;最后系统根据学校的录取分数线进行录取,并将录取信息发送给考生。招生系统的环境图如图 4.6所示。

图 4.6　招生系统的环境图

3. 数据流图的分层

稍微复杂一些的实际问题,在数据流图上常常出现十几个甚至几十个加工,这样的数据流图看起来不直观,不易理解。分层的数据流图能很好地解决这一问题。按照系统的层次结构进行逐步分解,并以分层的数据流图反映这种结构关系,能清楚地表达整个系统,也容易理解。

例如,可将招生系统 S_0 分解为 $S_1 \sim S_4$,如图 4.7 所示。

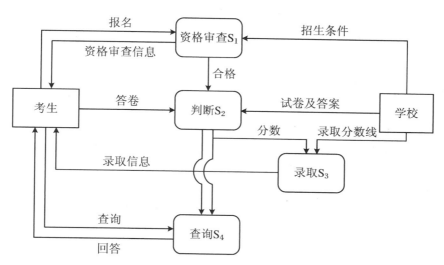

图 4.7　招生系统的分层数据流图

数据流图的分层示意图如图 4.8 所示。对顶层数据流图中所表示的系统进行功能分解得到一层数据流图,对一层数据流图中的功能进一步分解得到二层数据流图,依此类推。

在图 4.8 中,S 系统被分解为 3 个子系统 1、2、3。顶层下面的第一层数据流图为 DFD/L1。第二层数据流图 DFD/L2.1、DFD/L2.2 及 DFD/L2.3 分别是子系统 1、2、3 的细化。对任何一层数据流图来说,我们称它的上层图为父图,在它下一层的图则称为子图。

画数据流图的基本步骤概括地说就是自外向内、自顶向下、逐层细化、完善求精。

在分层的数据流图中,各层数据流图之间应保持"平衡"关系。例如,在图 4.8 中,DFD/L1 中子系统 3 有两个输入数据流和一个输出数据流,那么它的子图 DFD/L2.3 也要有同样多的输入数据流和输出数据流,才能符合子图细化的实际情况。

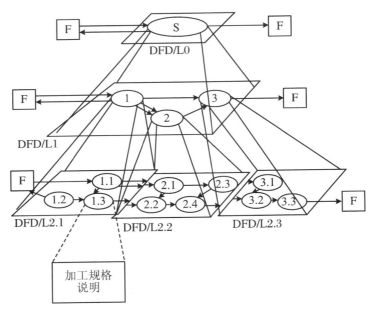

图 4.8 数据流图的分层

4.3.3 数据词典

数据字典以词条方式定义在数据模型、功能模型和行为模型中出现的数据对象及控制信息的特性,给出它们的准确定义,包括数据流、加工、数据文件、数据元素,以及数据源点、数据汇点等。因此,数据字典成为把3种分析模型黏合在一起的"黏合剂",是分析模型的"核心"。数据字典精确地、严格地定义了每一个与系统相关的数据元素,并以字典顺序将它们组织起来,使得用户和分析员对所有的输入、输出、存储成分和中间计算有共同的理解。

1. 词条描述

对于在数据流图中每一个被命名的图形元素均加以定义,其内容包括图形元素的名字、图形元素的别名或编号、图形元素类别(如加工、数据流、数据文件、数据元素、数据源点或数据汇点等)、描述、定义、位置等。下面具体说明不同词条的内容。

(1)数据流词条

数据流是数据结构在系统内传播的路径。一个数据流词条应包括以下几项内容:① 数据流名:要求与数据流图中该图形元素的名字一致。② 简述:简要介绍它产生的原因和结果。③ 组成:数据流的数据结构。④ 来源:数据流来自哪个加工或作为哪个数据源的外部实体。⑤ 去向:数据流流向哪个加工或作为哪个数据汇点的外部实体。⑥ 流通量:单位时间数据的流通量。⑦ 峰值:流通量的极限值。

(2)数据元素词条

数据流图中的每一个数据结构都是由数据元素构成的,数据元素是数据处理中最小的、不可再分的单位,它直接反映事物的某一特征。组成数据结构的这些数据元素也必须在数据字典中给出描述。其描述需要以下信息:① 类型:数据元素分为数字型与文字型。数字型又分为离散值和连续值,文字的类型用编码类型和长度区分。② 取值范围:离散值的取值或是枚举的(如3,17,21),或是介于上下界的一组数(如2..100);连续值一般是有取值范围的实数集(如0.0..100.0)。对于文字型,文字的取值需加以定义。③ 相关的数据元素及数据结构。

（3）数据存储文件词条

数据存储文件是数据保存的地方。一个数据存储文件词条应有以下几项内容:① 文件名:要求与数据流图中该图形元素的名字一致。② 简述:简要介绍存放的是什么数据。③ 组成:文件的数据结构。④ 输入:从哪些加工获取数据。⑤ 输出:由哪些加工使用数据。⑥ 存取方式:分为顺序、直接、关键码等不同存取方式。⑦ 存取频率:单位时间的存取次数。

（4）加工词条

加工可以使用诸如判定表、判定树、结构化语言等形式表达,主要描述如下:① 加工名:要求与数据流图中该图形元素的名字一致。② 编号:用以反映该加工的层次和父子关系。③ 简述:加工逻辑及功能简述。④ 输入:加工的输入数据流。⑤ 输出:加工的输出数据流。⑥ 加工逻辑:简述加工程序和加工顺序。

（5）数据源点及数据汇点词条

对于一个数据处理系统来说,数据源点和数据汇点应比较少。如果过多则表明独立性差,人机界面复杂。定义数据源点和数据汇点时,应包括:① 名称:要求与数据流图中该外部实体的名字一致。② 简述:简要描述是什么外部实体。③ 有关数据流:该实体与系统交互时涉及哪些数据流。④ 数目:该实体与系统交互的次数。

2. 数据结构描述

在数据字典的编制中,分析员最常用的描述数据结构的方式有定义式、Warnier 图等。

（1）定义式

在数据流图中,数据流和数据文件都具有一定的数据结构。因此,必须以一种清晰、准确、无二义性的方式来描述数据结构。表 4.3 所列出的定义方式类似于描述高级语言结构的巴克斯-诺尔(Backus-Naur Form,BNF)范式,是一种严格的描述方式。这种方法采取自顶向下方式,逐级给出定义式,直到最后给出基本数据元素为止。

表 4.3　数据结构定义式中的符号

符　号	含　义	解　　释
=	被定义为	
+	与	例如,$x = a + b$,表示 x 由 a 和 b 组成
[···,···]	或	例如,$x = [a, b]$,$x = [a \mid b]$,表示 x 由 a 或由 b 组成
[···|···]	或	
{···}	重复	例如,$x = \{a\}$,表示 x 由 0 个或多个 a 组成
$m\{···\}n$	重复	例如,$x = 3\{a\}8$,表示 x 中至少出现 3 次 a,至多出现 8 次 a
(···)	可选	例如,$x = \{a\}$,表示 a 可在 x 中出现,也可不出现
"···"	基本数据元素	例如,$x = "a"$,表示 x 为取值为 a 的数据元素
..	连接符	例如,$x = 1..9$,表示 x 可取 1 到 9 之中的任一值

例如,在银行储蓄系统中,可以把"存折"视为数据存储文件,数据存储"存折"的格式如

图 4.9 所示。

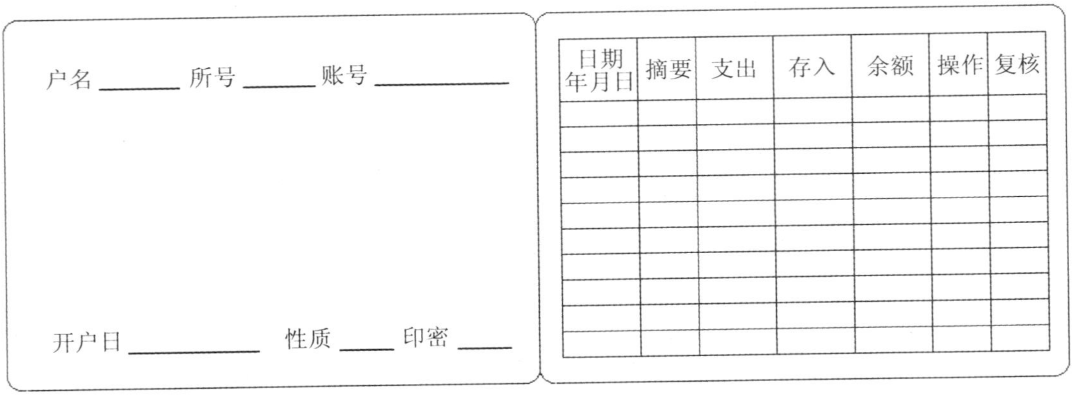

图 4.9　存折格式

在数据字典中对存折的定义格式如下：

存折＝户名＋所号＋账号＋开户日＋性质＋（印密）＋1{存取行}50

所号＝"001".."999"　　　　　　　　　　　　注:储蓄所编码,规定三位数字

户名＝2{字母}24

账号＝"00000000001".."99999999999"　　　　注:账户规定由 11 位数字组成

开户日期＝年＋月＋日

性质＝"1".."6"　　　　　　　　　　　　　　注:"1"表示普通户,"5"表示工资户等

印密＝（"0"|"000001".."999999"）　　　　　注:"0"表示印密在存折上不显示

存取行＝日期＋（摘要）＋支出＋存入＋余额＋操作＋复核

日期＝年＋月＋日

年＝"0001".."9999"

月＝"01".."12"

日＝"01".."31"

摘要＝1{字母}4　　　　　　　　　　　　　注:说明该事务是存款、取款,还是其他

支出＝金额　　　　　　　　　　　　　　　注:金额规定不超过 9999999.99 元

存入＝金额

余额＝金额

金额＝"0000000.01".."9999999.99"

操作＝"00001".."99999"

复核＝"00001".."99999"

字母＝["a".."z"|"A".."Z"]

从上面的定义可以看到,存折最多由 7 部分组成。其中,"印密"加了圆括号,表明它是可有可无的。第 7 部分的"存取行"要重复出现多次。一般要估计一下重复的最大次数,如果重复的最大次数是 50,则可表示为"1{存取行}50"。

（2）Warnier 图

Warnier 图是表示数据结构的另一种图形工具,它用树形结构来描绘数据结构。它还能指出某一类数据或某一数据元素重复出现的次数,并能够指明某一特定数据在某一类数据中的出现是否是有条件的。由于重复和条件约束是说明软件处理过程的基础,所以在进行软件设计时,从 Warnier 图入手,能够很容易转换为软件的设计描述。

图 4.10 给出了"存折"的 Warnier 图。在图中,用花括号"{"表示层次关系,在同一括号下,自上至下是顺序排列的数据项。在有些数据项的名字后面附加了圆括号,给出该数据项重复的次数。如"字母(2,24)"表示字母有 2~24 个;"整数(11)"表示数字占 11 位;"浮点数(9,2)"表示浮点数整数部分占 7 位,小数部分占 2 位;"摘要(0,1)"表示摘要可有可无,若有就占一栏。此外,用符号⊕表示两者选一的选择关系。

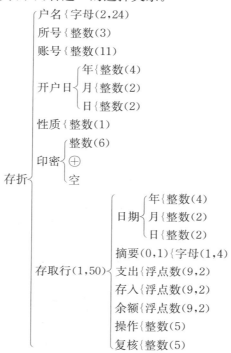

图 4.10　用 Warnier 图表示存折的数据结构

4.3.4　数据模型

在结构化分析方法中,使用实体—关系建模技术来建立数据模型。这种技术是在较高的抽象层次(概念层)上对数据库结构进行建模的流行技术。实体—关系模型表示为可视化的实体—关系图(Entity-Relationship Diagram,ERD),也称为 ER 图。在 ER 图中仅包含 3 种相互关联的元素:数据对象(实体)、描述数据对象的属性及数据对象彼此间相互连接的关系。

1. 数据对象

数据对象是目标系统所需要的复合信息的表示。所谓复合信息是具有若干不同属性的信息。在 ER 图中用矩形表示数据对象。与面向对象方法中的类/对象不同的是,结构化方法中的数据对象(实体)只封装了数据,没有包含作用于这些数据上的操作。在实际问题中,数据对象(实体)可以是外部实体(如显示器)、事物(如报表或显示)、角色(如教师或学生)、行为(如一个电话呼叫)或事件(如商品入库或出库)、组织单位(如研究生院)、地点(如注册室)或结构(如文件)等。

2. 属性

属性定义数据对象的特征,如数据对象"学生"的学号、姓名、性别、专业等是"学生"的属性,课程的课程编号、课程名称、学分等是"课程"对象的属性。在 ER 图中用椭圆或圆角矩形表示属性,并用无向边将属性与相关的数据对象连接在一起。属性的表示方法如图 4.11 所示。

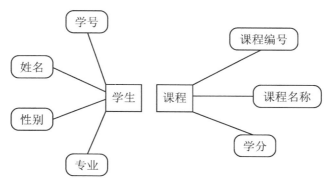

图 4.11 属性的表示

3. 关系

不同数据对象的实例之间是有关联关系的,在 ER 图上用无向边表示,在无向边上可以标明关系的名字,也可以不标名字。但在无向边的两端应标识出关联实例的数量,也称为关联的多重性。从关联数量的角度,可以将关联分为 3 种:

(1)一对一(1∶1)关联,如学校中的系和系主任、大学和大学校长。

(2)一对多(1∶m)关联,如班级和班干部,一个班级可以有多名班干部。

(3)多对多(m∶n)关联,如学生和课程,一个学生可以选多门课程,一门课程被多名学生选。

实例关联还有"必须"和"可选"之分,如大学和校长之间的关系是"必须"的,一所大学必须有一名校长;学生和课程之间的关系是"可选"的,如在一个学期里有的课程可能没有学生选,而个别的学生可能由于特殊原因没有选任何课程。

ER 图中表示关联数量的符号如图 4.12 所示。在 ER 图中用圆圈表示所关联的实例是可选的,隐含表示"0",没有出现圆圈就意味着是必需的。而出现在连线上的短竖线可以看成是"1"。如图 4.13 给出了几种关系的示例。

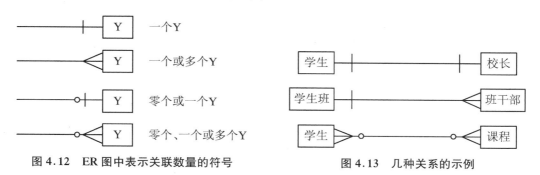

图 4.12 ER 图中表示关联数量的符号   图 4.13 几种关系的示例

另外,关系本身也可能有属性,这在多对多的关系中尤其常见。如学生和课程之间的关系可起名为"选课",其属性应该有学期、成绩等。

在 ER 图中,如果关系本身有属性,则往往需要在表示关系的无向边上再加一个菱形框,并在菱形框中标明关系的名字,关系的属性同样用椭圆形或圆角矩形表示,并用无向边将关系与其属性连接起来。如图 4.14 给出了关系及其属性的表示。

对于银行储蓄系统,涉及的数据对象(实体)有储户、账户、存款单、取款单。对于一个账户最常发生的事件就是存款和取款事件。储户到银行存款或取款时,通常要填写存款单或取款单。目前很多银行将填写存款单或取款单手续省掉了。实际上,无论储户是否真正填写了存款单或取款单,每次存取款时,系统都有一条记录来保存所发生的事件。因此,一张存款单可以理解为一条存款记录,一张取款单可以理解为一条取款记录。

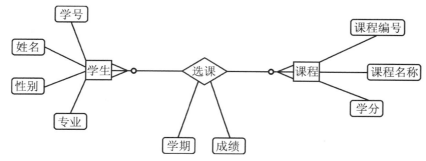

图 4.14 关系及其属性的表示

显然,一个储户可以拥有多个账户,而一个账户只有一个户主;一个账户可对应多个存款单,而每张存款单必须对应一个账户;一个账户可对应多个取款单,当然,也可能还没有取款记录,而每张取款单必须对应一个账户。银行储蓄系统的 ER 图如图 4.15 所示。

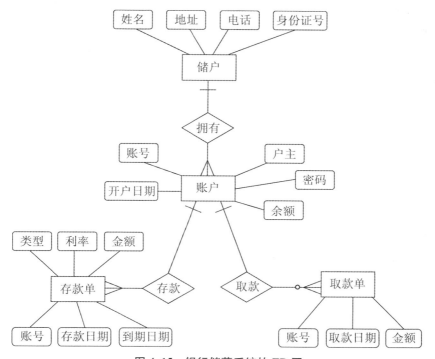

图 4.15 银行储蓄系统的 ER 图

为减少数据冗余,避免出现插入异常或删除异常的情况,简化修改数据的过程,通常需要把数据结构规范化。通常用"范式"定义消除数据冗余。

4.3.5　行为模型

在需求分析过程中,应该建立起软件的行为模型。状态转换图(简称为状态图)通过描绘系统的状态及引起系统状态转换的事件来表示系统的行为。状态图中使用的主要符号如图 4.16 所示。

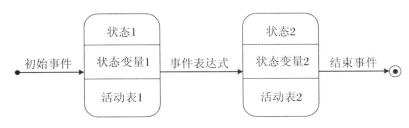

图 4.16　状态图中使用的主要符号

1. 状态

状态是任何可以被观察到的系统行为模式,一个状态代表系统的一种行为模式。状态规定了系统对事件的响应方式。系统对事件的响应,既可以是做一个(或一系列)动作,也可以是仅仅改变系统本身的状态,还可以是既改变状态又做动作。

在状态图中定义的状态可能有:初态(初始状态)、终态(最终状态)、中间态。初态用实心圆表示,终态用牛眼图形表示,中间态用圆角矩形表示。在一张状态图中只能有一个初态,而终态则可以有多个,也可以没有。图 4.17 给出了 3 种状态的图形表示。

图 4.17　3 种状态的图形表示

从图 4.17 可以看出,中间态可能包含 3 个部分,第一部分为状态的名称;第二部分为状态变量的名字和值,第三部分是活动表。其中,第二部分和第三部分都是可选的。

活动部分的语法:事件名(参数表)/动作表达式。其中,"事件名"可以是任何事件的名称,需要时可为事件指定参数表,动作表达式指定应做的动作。

2. 状态转换

状态图中两个状态之间带箭头的连线称为状态转换。

状态的变迁通常是由事件触发的,在这种情况下应在表示状态转换的箭头线上标出触发转换的事件表达式;如果在箭头线上未标明事件,则表示在源状态的内部活动执行完之后自动触发转换。图 4.18 为计算机应用软件的启动过程，在这个过程中没有外部事件触发，每个状态下的活动完成时，状态发生转换。

图 4.18 没有事件触发的状态转换

3. 事件

事件是在某个特定时刻发生的事情，它是对引起系统做动作或从一个状态转换到另一个状态的外部事件的抽象。

事件表达式的语法：事件说明(守卫条件)/动作表达式。

(1) 事件说明的语法为：事件名(参数表)。

(2) 守卫条件是一个布尔表达式。如果同时使用守卫条件和事件说明，则当且仅当事件发生且布尔表达式成立时，状态转换才发生。如果只有守卫条件没有事件说明，则只要守卫条件为真，状态转换就发生。

(3) 动作表达式是一个过程表达式，当状态转换开始时执行该表达式。

对于银行储蓄系统，功能建模中没有考虑开户功能，可以在存款时将新开户的情况考虑进去。存款过程的状态图如图 4.19 所示。

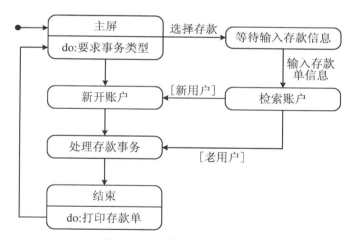

图 4.19 存款过程的状态图

取款过程的状态图如图 4.20 所示。

4.3.6 辅助图形

描述复杂的事物时，图形远比文字叙述优越得多，它形象直观容易理解。前面已经介绍了用于建立功能模型的数据流图、用于建立数据模型的实体—关系图，以及用于建立行为模型的状态—迁移图，这里再简要介绍几种在需求分析阶段可能用到的其他图形工具。

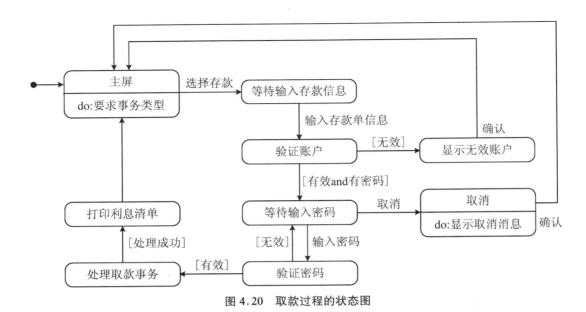

图4.20 取款过程的状态图

1. IPO 图

IPO 图是输入、处理、输出图的简称,它是由美国 IBM 公司发展完善起来的一种图形工具,能够方便地描绘输入数据、对数据的处理和输出数据之间的关系。

IPO 图使用的基本符号既少又简单,因此很容易使用这种图形工具。它的基本形式是在左边的框内列出有关的输入数据,中间的框内列出主要的处理,右边的框内列出产生的输出数据。处理框中列出处理的次序暗示了执行的顺序,但是用这些基本符号还不足以精确描述执行处理的详细情况。在 IPO 图中,还需用类似向量符号的粗大箭头清楚地指出数据通信的情况。例如,图4.21 即为一个主文件更新的例子。

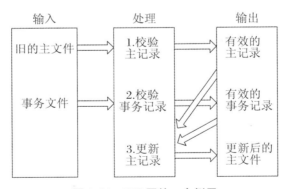

图4.21 IPO 图的一个例子

基于 IPO 图的一种改进图,我们也称其为 IPO 表,改进的 IPO 图中包含了某些附加的信息,在软件设计过程中将比原始的 IPO 图更有用。如图4.22 所示,改进的 IPO 图中包含的附加信息主要有系统名称、图的作者、完成的日期,本图描述的模块的名字,模块在层次图中的编号,调用本模块的清单,本模块调用的模块的清单,注释,以及本模块使用的局部数据元素等。在需求分析阶段可以使用 IPO 图简略地描述系统的主要算法(即数据流图中各个处理的基本算法)。当然,在需求分析阶段,IPO 图中的许多附加信息暂时还不具备,但是在软件设计阶段可以进一步补充修正这些图,作为设计阶段的文档。这正是在需求分析阶段用 IPO 图作为描述算法的工具的重要优点。

图 4.22　改进的 IPO 图

2. 层次方框图

层次方框图用树形结构的一系列多层次的矩形框描绘数据的层次结构。树形结构顶层的矩形框代表完整的数据结构,下面的各层矩形框代表这个数据的子集,最底层的各个框代表组成这个数据的实际数据元素(不能再分割的元素)。

例如,描绘一家计算机公司全部产品的数据结构可以用图 4.23 所示的层次方框图表示。由图 4.23 可知,该公司的产品由硬件、软件和服务 3 类产品组成,软件产品又分为系统软件和应用软件,系统软件又进一步分为操作系统、编译程序和软件工具等。

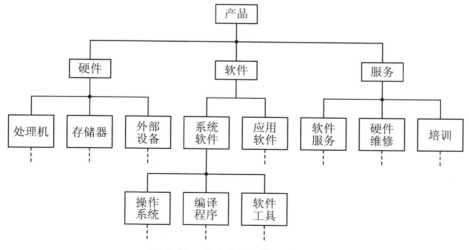

图 4.23　层次方框图的一个例子

随着结构的精细化,层次方框图对数据结构也描绘得越来越详细,这种模式非常适合于需求分析阶段的需要。系统分析员从对顶层信息的分类开始,沿图中每条路径反复细化,直到确定了数据结构的全部细节为止。

4.4 需求规格说明与需求验证

4.4.1 需求规格说明

需求规格说明是整个需求工程活动的最终输出,并以文档的形式给出在需求获取和需求分析阶段所获得的所有用户需求和需求模型。需求定义阶段的基本任务就是根据用户需求编写出需求规格说明。

1. 需求规格说明的作用

需求规格说明的作用主要体现在如下几个方面:① 需求规格说明是软件设计和实现的基础。② 需求规格说明是测试和用户验收软件系统的重要依据。③ 需求规格说明能为软件维护提供重要的信息。

作用①和②是需求规格说明在软件开发中所起的重要作用,作用③是在软件维护中所起的作用。当然,需求规格说明对其他方面也产生一定的影响,如对软件开发项目的规划、软件价格的估算等。

通常,一个软件系统能否满足用户要求,主要是看用户的需求能否全部反映在需求规格说明中。因此,需求规格说明作为需求工程的最终成果必须具有综合性,必须包括所有的需求,开发人员与客户不能做任何假设。如果任何所期望的功能或非功能需求未写入需求规格说明中,则不能要求开发出的软件必须满足这些需求。此外,除了设计和实现的限制,需求规格说明不应包括设计、构造、测试或维护阶段的细节。

需求规格说明是用户与软件开发方对将要开发的软件达成的一致协议的文档,或称"技术合同"。当需求规格说明经过严格的审查,在用户与软件开发方均认可后,就形成了"基准"的需求规格说明。在理想的情况下,"基准"的需求规格说明双方必须遵守,不允许修改。不过,由于完整和精确地描述用户需求并不是一件容易的事情,再加上用户需求可能由于某些特殊原因而发生变化,这就需要双方通过协商后,修改"基准"的需求规格说明,从而形成新的需求规格说明。

2. 需求规格说明的特性

由于软件的开发是以需求规格说明为基础的,需求规格说明中出现错误或需求不可能实现等都将导致软件开发工作的返工或失败,因此,需求规格说明必须满足各种各样的特性,才能得到质量较高的需求规格说明。这些特性也成为判断需求规格说明是否有问题的标准。下面,将根据 IEEE 的需求规格说明的标准规范来说明这些特性。

(1)正确性

所谓需求规格说明是正确的,意指在需求规格说明中陈述的所有需求都应在开发出的软件中得到满足,开发的软件不能满足的需求出现在需求规格说明中应是不正确的。这就要求在需求规格说明中对每一项需求都必须准确地陈述。

(2)无含糊性

对所有需求规格说明只能有一种明确和统一的解释。当某个需求存在不同的解释时,则这个需求是含糊的或有二义性。

由于自然语言容易导致含糊性，所以尽量把每项需求用简洁明了的用户性语言表达出来。避免含糊性的有效方法包括对需求文档的正规审查、编写测试用例、开发原型以及设计特定的方案脚本等。

（3）完整性

每一项需求都必须将所要实现的功能描述清楚，以便软件开发人员获得设计和实现这些功能所需的必要信息。例如，如果以下需求能全部陈述出来，该需求规格说明应是完整的：① 关于功能、性能、设计约束、属性和外部接口的重要需求。② 对于某状态下的输入数据，软件应怎样响应的定义，特别是对正确的或不正确的输入数据值，如何做出响应的具体说明是相当重要的。③ 对于需求规格说明中的图和表的编号和说明，以及用语的定义和数学单位的定义。

包含有待定需求（TBD）的需求规格说明当然不是完整的，但可以附加如下说明使其变得完整：① 为什么成为待定需求；② 怎样处理待定的需求；③ 谁、什么时候处理待定的需求等。

（4）一致性

需求规格说明内部要一致，与其他的需求规格说明不发生矛盾。当与其他需求规格说明（如系统需求规格说明）发生矛盾时，可视为是不一致的。也就是说，需求规格说明中的每两项需求间不会发生矛盾。以下是不一致的例子：① 被说明的客观世界中对象特性间发生矛盾；② 逻辑或时间的矛盾；③ 客观世界中对同一对象有不同的说明或解释。

（5）可验证性

当需求规格说明中所有的需求都可检测时，则该需求规格说明是可验证的。需求的验证主要是通过人工或计算机在有限费用下检测软件产品能否满足其需求。

具有二义性和含糊的需求是不可验证的。例如"具有良好的用户界面""有时发生"等需求是不可验证的，因为"良好的"或"有时"是定性的表示，无法具体化。因此，需求规格说明中应给出定量的和具体的表示，尽量避免定性的表示。另外，"不要进入死循环"的需求在理论上也是不可验证的。

（6）可行性

每一项需求都必须在已知系统和环境的限制范围内是可以实施的。前面说过，为避免不可行的需求，最好在获取需求过程中始终有一位软件工程小组的组员与需求分析人员或负责市场的人员一起工作，由他负责技术可行性。

（7）必要性

每一项需求都会把用户真正所需要的和最终系统所需遵从的标准记录下来。必要性也可理解为每一项需求都是用来授权编写文档的"根据"，要使每项需求都能回溯至某个或某些需求来源，如某用户、某用例等。

3. 需求规格说明的内容

有关需求规格说明的标准版本到目前为止已有许多，其中又可分为国际标准、国家标准和军队标准等。许多人使用由 IEEE 推出的"IEEE 标准 Std830 - 1998"这一需求规格说明模板。这是一个结构好并适用于许多种类软件项目的灵活的模板。该模板的结构及其详细内容可见参考文献。图 4.24 表示从 IEEE830 标准改写并扩充的软件需求规格说明模板的结构内容，其详细内容见本章的阅读材料。

1. 引言	4. 系统特性
1.1 目的	4.1 说明和优先级
1.2 文档约定	4.2 激励/响应序列
1.3 预期的读者和阅读建议	4.3 功能需求
1.4 产品的范围	5. 其他非功能需求
1.5 参考文献	5.1 性能需求
2. 综合描述	5.2 安全设施需求
2.1 产品的前景	5.3 安全性需求
2.2 产品的功能	5.4 软件质量属性
2.3 用户类和特征	5.5 业务规则
2.4 运行环境	5.6 用户文档
2.5 设计和实现的限制	6. 其他需求
2.6 假设和依赖	附录 A 词汇表
3. 外部接口需求	附录 B 分析模型
3.1 用户界面	附录 C 待确定问题的列表
3.2 硬件接口	
3.3 软件接口	
3.4 通信接口	

图 4.24 软件需求规格说明模板

在学习该模板时,应注意以下几点:

(1) 根据项目的需要来修改该模板,即可以对该模板的结构进行增加和保留。所谓保留是指当模板中的某一特定部分不适合项目需要时,可以在原处保留标题,并注明该项不适用。这主要是为了防止模板中的某部分内容被遗漏。

(2) 可通过具体项目的需求规格说明,结合模板的结构和相应内容,将该模板的内容具体化,以形成完整的需求规格说明文档。这样能更好地学习和掌握如何编写项目的需求规格说明。

(3) 切忌死记硬背和生搬硬套模板。

(4) 与其他软件项目类似,该模板包括一个修正的历史记录,记录对软件需求规格说明所做的修改,以及修改时间、修改人员和修改原因等。

4.4.2 需求验证的内容

为了确保软件开发成功和降低开发成本,就必须严格验证软件需求。验证软件需求所包括的活动主要是为了确认以下几个方面的内容:① 软件需求规格说明是否正确描述了目标系统的行为和特征;② 从其他来源(包括硬件的系统需求规格说明文档)中得到软件需求;③ 需求是完整的和高质量的;④ 所有人对需求的看法是一致的;⑤ 需求为进一步的软件开发和测试提供了足够的基础。

这些内容使得需求验证的目的就是要确保需求规格说明具有良好的特性(如完整性、正确性等)。一般来说,对软件需求进行验证应该从以下 4 个方面进行:

(1) 一致性:所有需求必须是一致的,任何一条需求都不能和其他需求相矛盾。

(2) 完整性:需求必须是完整的,软件需求规格说明应包括用户需要的每一个功能和性能。

（3）现实性：指定的需求在现有的硬件技术或软件技术的基础上应该是基本上可行的。

（4）有效性：必须证明需求是正确有效的，确实能解决用户需求间的矛盾。

当然，对于所有不同类型的软件系统来说，需要验证的内容远不止这4个方面。一般还可根据软件系统的特点和用户的要求（如嵌入式系统等）增加一些检验内容，如软件的可信性，即安全性、可靠性、正确性以及系统的活性等。

4.4.3 需求验证的方法

目前验证软件需求的方法很多，但主要分为3类：形式化方法、人工技术评审和验证软件需求规格说明。形式化的验证方法主要使用数学方法将软件系统抽象为用数学符号表示的形式系统，然后通过推理和证明的方式来验证软件系统中的一些性质，如完整性、一致性、可信性等。这种方法的好处是严格和自动化，但不足之处是对数学基础的要求太高，难度较大。靠人工技术评审和验证的方式有很多，例如需求评审就是其中之一。这种方式就是让与项目相关的所有人员参加，并根据验证的内容人工评审软件需求规格说明文档。另外，还可结合现有的一些软件技术如设计测试用例的方法等，对软件需求进行多方面的、有效的检验和测试。在此仅介绍几种常用的方法。

1. 自查法

自查法由需求分析人员对自己完成的软件需求进行审核和验证，纠正需求中存在的问题。自查法又可以分为多种具体方法：

（1）小组审查法：由一名分析人员向开发小组中其他人员介绍软件需求，小组中的成员进行提问，由介绍人员进行解答。在介绍过程中，可能会发现并澄清许多潜在的需求问题，实践证明这是一种十分有效的方法。

（2）参照法：对系统中存在的有些可疑性的需求，在系统内部无法验证其可行性时，可以参考其他系统，如果发现在其他系统中有相同或相似的需求，并且已经实现，那么就可以证明这种需求是可行的。

（3）逻辑分析法：由分析人员按照需求与业务、需求与目标、需求相互之间的逻辑关系进行逻辑论证，找出在逻辑上存在矛盾或不一致的需求进行重点分析。

2. 用户审查法

用户是需求的提出者，也是软件系统的最终使用者，因此，由用户来审查需求是最有权威性的。分析人员把需求分析文档提交给用户，有条件时可以同时编写一份针对需求的用户使用说明一并提交给用户。用户通过对需求文档的阅读，找出不符合用户意图或用户认为不能实现的需求，双方再对这些有争议的需求进行讨论，最后达成一致意见。

3. 专家审查法

聘请业务领域、软件领域、政策、法律等方面的专家对软件系统需求进行审查。专家能够对用户或分析人员存在争议的需求以及隐藏着重大问题的需求进行识别和判断。

4. 原型法

对存在争议或拿不准的需求，通过建立原型进行验证，以确定需求的正确性。原型法是验证需求的一种十分有效的方法，同时也是帮助用户理解需求的一种好方法，但要求有原型生成环境的支持。

4.5　本　章　小　结

　　软件需求分析也称为需求工程,是一个非常重要而复杂的需要交替进行、反复迭代的过程。整个需求分析过程可以划分为发现、求精、建模、规格说明、复审 5 个子过程。需求分析的第一步是进一步了解用户当前所处的情况,发现用户所面临的问题和对目标系统的基本需求;接下来应该与用户深入交流,对用户的基本需求反复细化逐步求精,以得出对目标系统的完整、准确和具体的需求。具体地说,应该确定系统必须具有的功能、性能、可靠性和可用性,必须实现的出错处理需求、接口需求和逆向需求,必须满足的约束条件以及数据需求,并且预测系统的发展前景。

　　为了详细地了解并正确地理解用户的需求,必须使用适当方法与用户沟通。访谈是与用户通信的历史悠久的技术,至今仍被许多系统分析员采用。从可行性研究阶段得到的数据流图出发,在用户的协助下,面向数据流自顶向下逐步求精,也是与用户沟通获取需求的一个有效的方法。为了促使用户与分析员齐心协力共同分析需求,人们研究出一种面向团队的需求收集法,称为简易的应用规格说明技术,现在这种技术已经成为信息系统领域使用的主流技术。实践表明,快速建立软件原型是最准确、最有效和最强大的需求分析技术。快速原型应该具备的基本特性是“快速”和“容易修改”,因此,必须用适当的软件工具支持快速原型技术。通常使用第四代技术、可重用的软件构件及形式化规格说明与原型环境,快速地构建和修改原型。

　　为了更好地理解问题,人们常常采用建立模型的方法,结构化分析实质上就是一种建模活动,在需求分析阶段通常建立数据模型、功能模型和行为模型。

　　除了创建分析模型之外,在需求分析阶段还应该写出软件需求规格说明书,经过严格评审并得到用户确认之后,作为这个阶段的最终成果。通常主要从一致性、完整性、现实性和有效性 4 个方面复审软件需求规格说明书。

　　多数人习惯于使用实体—联系图建立数据模型,使用数据流图建立功能模型,使用状态图建立行为模型。读者应该掌握这些图形的基本符号,并能正确地使用这些符号建立软件系统的模型。

　　数据字典描述在数据模型、功能模型和行为模型中出现的数据对象及控制信息的特性,给出它们的准确定义。因此,数据字典成为把这 3 种分析模型黏合在一起的“黏合剂”,是分析模型的“核心”。为了提高可理解性,还可以用层次方框图或 Warnier 图等图形工具辅助描绘系统中的数据结构。为了减少冗余、简化修改步骤,往往需要规范数据的存储结构。

　　算法也是重要的,分析的基本目的是确定系统必须做什么。概括地说,任何一个计算机系统的基本功能都是把输入数据转变成输出信息,算法定义了转变的规则。因此,没有对算法的了解就不能确切知道系统的功能。IPO 图是描述算法的有效工具。

功能建模的方法和过程

例 银行储蓄系统的业务流程如下:储户填写的存款单或取款单由业务员键入系统,如果是存款则系统记录存款人姓名、住址(或电话号码)、身份证号码、存款类型、存款日期、到期日期、利率、密码(可选)等信息,并印出存单给储户;如果是取款而且开户时留有密码,则系统首先核对储户密码,若密码正确或存款时未留密码,则系统计算利息并打印出利息清单给储户。

要求画出分层的数据流图,并细化到二层数据流图。

按以下几步进行:

(1)识别外部实体及输入/输出数据流

首先识别外部实体有哪些,并确定输入数据流及输出数据流。

银行储蓄系统的外部实体有储户、业务员。在数据输入方面,在储户输入密码后,储户才直接与系统进行交互。储户填写的存款或取款信息通过业务员键入系统,可以将存款及取款信息抽象为事务。系统的输出数据很显然是存款单和利息清单。

(2)画出环境图(顶层数据流图)

一旦识别出外部实体及输入/输出数据流,就可以画出环境图(顶层数据流图)。银行储蓄系统的环境图如图4.25所示。

图4.25 银行储蓄系统的环境图

(3)画出一层数据流图

对图4.25中的银行储蓄系统进行分解,从大的方面可分解为接收事务、处理存款、处理取款3部分,得到一层数据流图,如图4.26所示。

其中,接收事务的主要功能是判断一个事务(输入数据流)的类型,其结果或者是存款业务,或者是取款业务,不可能既是存款业务又是取款业务。如果是存款业务,则流入加工"处理存款",很显然,存款信息需要使用外部文件或数据库的方式来存储,最后打印出存款单给储户。如果是取款业务,则流入加工"处理取款",很显然,在处理取款时,需要从数据存储"存款信息"中检索相关账户的信息,包括账户余额、密码信息等。如果账户在开户时留有密码,则需要储户输入密码,再进行相应的处理后,最后打印出利息清单给储户。

(4)画出二层数据流图

对一层数据流图中的"处理存款"及"处理取款"进行进一步分解,得到二层数据流图,即处理存款的数据流图和处理取款的数据流图,分别如图4.27、图4.28所示。

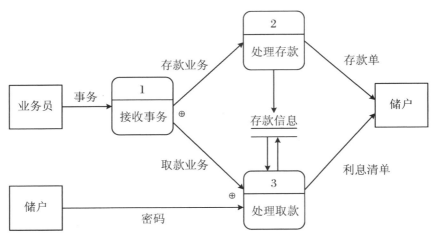

图 4.26　银行储蓄系统的一层数据流图

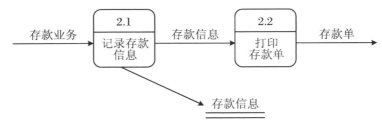

图 4.27　处理存款的数据流图

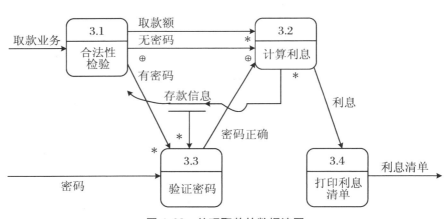

图 4.28　处理取款的数据流图

阅读材料

1. 形式化说明技术

所谓形式化规格说明就是使用受语法和语义限制的、被形式定义的形式语言描述的规格说明,亦即由严格的数学符号及由符号组成的规则形成的规格说明。为了形式地定义描述语言,通常需要严格的数学和逻辑学知识。形式化规格说明的优点如下:

（1）能减少规格说明完成后的错误。

（2）利用数学的方法进行分析，可以证明规格说明的正确性，或判断多个规格说明间的等价性。

（3）相对自然语言，规格说明的编制和支撑工具比较易于研制。此外，形式化规格说明的解释执行以及将其转换为源程序是可能的。

形式化规格说明不是一种技术，而是不同技术的集合。将各种技术组织到一起，是因为它们能使用数学知识和符号来描述系统的行为和特性。所谓形式化规格说明方法，是一种特定的、用于编写形式化规格说明的方法。形式化方法通常用作形式化规格说明方法的同义词，但严格地说，形式化方法的范围比形式化规格说明方法的范围大，而且形式化方法是一个通用的术语，主要指基于数学的任何一种软件开发技术。因此，请读者一定注意这两个概念的区别。

形式化规格说明方法中主要使用的数学基础是集合论、逻辑学和代数学。形式化规格说明方法不同于基于图形符号的需求建模方法，主要是建模系统行为，特别是功能性和并发的行为，通常分为以下 3 类：

（1）基于系统特性的方法

这类方法可细分为两类：一类是将从系统外部可见的性质定义为公理，然后用推导出的定理规定规格说明应满足的条件。另一类是作为系统应满足的特性，根据代数理论描述不同类型数据间的操作以及操作间应满足的限制。代数方法经常用于为抽象数据建模，对于指定系统组件间的接口情况特别有用。基于系统特性方法的规格说明语言的代表是 OBJ 和 ACTONE 等。

（2）基于模型的方法

这类方法基于集合论和一阶逻辑。系统的状态空间根据系统组件进行建模，这些系统组件模型化为集合和函数等，状态空间的不变条件建模为组件上的谓词。控制状态空间的操作指定为与组件不同状态相关的谓词。作为这类方法的规格说明语言的代表是 Z、VDM 和 B 方法等。其中，Z 是最容易学习的，它在建立规格说明方面也相对健壮些；VDM 和 B 则纯粹是一种规格说明方法，但 VDM 和 B 方法支持后续的设计和实现工作。

Z 是牛津大学提出的一种基于集合论与一阶谓词逻辑的形式化规约语言，也称 Z 语言。Abrial 首先提出 Z 语言，20 世纪 80 年代中后期牛津大学程序研究小组（PRG）完善了 Z 语言的相关研究工作并定义出 Z 语言的相关标准文本。

Z 的表示符号主要为数学符号与图表（Schema）符号。数学符号由一组称为 Z Toolkit 的操作集所支持，操作集中的绝大多数成员形式化地定义在 Z 中，可以用于 Z 规约的分析与推理。图表符号将数学符号组装为包的形式，从而提高 Z 规约的模块性，有利于大型系统的规约与分析。在一些文献中，Z 的"图表"又翻译为"模式"。

在 Z 所描述的系统中，系统的状态由一些抽象的变量所刻画。这些变量取值的变化表示系统状态的变迁，这样的变化是由对系统施加的操作所造成的。为了表示这样的变化规律，Z 为每个操作定义了操作运行前后的状态，分别称为前状态（Before State）与后状态（After State）。一个操作就描述了前状态与后状态之间的约束关系。每个操作可以有前置条件，当前置条件满足时，该操作才发生。Z 不关心系统从前状态迁移到后状态的过程，这个过程的描述留给系统的求精或者后续的设计完成。

在 Z 的语义解释中，系统从初始状态出发，非确定地选择一个满足前置条件的操作执行,使得系统状态发生变化。系统状态的变化序列就是 Z 规约的语义解释。

（3）基于进程代数的方法

前面两类方法主要关注系统的功能属性和顺序行为,从而限制了这些方法在某些应用系统中的使用。在某些系统中,并行行为成为重点。进程代数关注的是并发过程之间交互的模型。这类方法的规格说明语言的代表是 CSP(Communicating Sequential Process)、CCS(Calculus of Communicating System)和 LOTOS(Language Of Temporal Ordering Specification)。

2. 需求规格说明书

本章图 4.7 招生系统的环境图所给出的软件需求规格说明模板,其具体内容可参考:软件需求规格说明书(IEEE 830 - 1998);软件需求规格说明书(GB 567 - 88)。

习 题 4

1. 选择题

(1) 结构化设计是一种面向(　　)的设计方法。

A. 数据流　　　　　B. 模块　　　　　C. 数据结构　　　　D. 程序

(2) 需求分析中开发人员要从用户那里了解(　　)。

A. 软件做什么　　　B. 用户使用界面　　C. 输入的信息　　　D. 软件的规模

(3) 软件开发的需求活动,其主要任务是(　　)。

A. 给出软件解决方案　　　　　　　B. 给出系统模块结构

C. 定义模块算法　　　　　　　　　D. 定义需求并建立系统模型

(4) 在结构化分析方法中,(　　)表达系统内部数据运动的图形化技术。

A. 数据字典　　　B. 实体关系图　　　C. 数据流图　　　D. 状态转换图

(5) 数据字典是用来定义(　　)中的各个成分的具体含义的。

A. 流程图　　　　B. 功能结构图　　　C. 系统结构图　　　D. 数据流图

(6) DFD 中的每个加工至少需要(　　)。

A. 一个输入流　　　　　　　　　　B. 一个输出流

C. 一个输入流或输出流　　　　　　D. 一个输入流和一个输出流

(7) 在考察系统的一些涉及时序和改变的状况时,要用动态模型来表示。动态模型着重于系统的控制逻辑,它包括两个图:一个是事件追踪图,另一个是(　　)。

A. 数据流图　　　B. 状态图　　　　C. 系统结构图　　　D. 用例图

(8) 在各种不同的软件需求中,(　　)描述了用户使用产品必须要完成的任务,可以在用例模型或方案脚本中予以说明。

A. 业务需求　　　B. 功能需求　　　C. 非功能需求　　　D. 用户需求

(9) 在各种不同的软件需求中,功能需求描述了用户使用产品必须要完成的任务,可以在用例模型或方案脚本中予以说明,(　　)是从各个角度对系统的约束和限制,反映了应用对软件系统质量和特性的额外要求。

A. 业务需求　　　B. 功能要求　　　C. 非功能需求　　　D. 用户需求

（10）需求分析最终结果是产生（　　）。

A. 项目开发计划　　　　　　　　B. 需求规格说明书

C. 设计说明书　　　　　　　　　D. 可行性分析报告

（11）需求规格说明书的作用不包括（　　）。

A. 软件验收的依据

B. 用户与开发人员对软件要做什么的共同理解

C. 软件可行性研究的依据

D. 软件设计的依据

2. 问答题

（1）某学校需要开发一个学生成绩管理系统，教务人员可以通过该系统维护学生信息、课程信息和成绩信息，学生可以随时查询自己的成绩单，该系统的实体关系如图4.29所示：

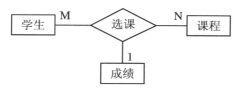

图4.29　实体关系图

请问图中是否应该增加"教务人员"？试说明理由。

（2）什么是软件需求分析？软件需求分析的目标是什么？其基本任务是什么？

（3）什么是数据流图？其作用是什么？其中的基本符号各表示什么含义？

（4）什么是数据字典？其作用是什么？它有哪些条目？

（5）数据字典与数据流程图和状态变迁图相比较有什么特点？它的基本元素有哪些？

3. 分析建模题

（1）工资计算系统中的一个子系统有如下功能：

① 计算扣除部分——由基本工资计算出应扣除（比如水电费、缺勤）的部分。

② 计算奖金部分——根据职工的出勤情况计算出奖金。

③ 计算工资总额部分——根据输入的扣除额及奖金计算出总额。

④ 计算税金部分——由工资总额中计算出应扣除各种税金。

⑤ 生成工资表——根据计算总额部分和计算税金部分传递来的有关职工工资的详细信息生成工资表。

试根据要求画出该问题的数据流程图。

（2）一个考试录取统计分数子系统有如下功能：

① 计算标准分：根据考生原始分计算得到标准分，存入考生分数文件。

② 计算录取线分：根据标准分、招生计划文件中的招生人数，计算录取线，存入录取线文件。

试根据要求画出该系统的数据流程图。

（3）某银行的计算机储蓄系统功能是：将储户填写的存款单或取款单输入系统，如果是存款，系统记录存款人姓名、住址、存款类型、存款日期、利率等信息，并打印出存款单给储户；如果是取款，系统计算清单给储户。请用DFD描绘该功能的需求，并建立相应数据字典。

(4) 某图书管理系统有以下功能：

① 借书：输入读者借书证。系统首先检查借书证是否有效，若有效，对于第一次借书的读者，在借书证上建立档案。否则，查阅借书文件，检查该读者所借图书是否超过 10 本，若已达 10 本，拒借，未达 10 本，办理借书（检查库存，修改库存目录并将读者借书情况录入借书文件）。

② 还书：从借书文件中读出与读者有关的记录，查阅所借日期，如超期（3 个月）做罚款处理。否则，修改库存目录与借书文件。

③ 查询：通过借书文件，库存目录文件查询读者情况、图书借阅及库存情况，打印统计表。

实验 2 Rose 环境及建立用例图和活动图

1. 环境简介

1.1 Rational Rose 可视化环境组成

Rose 界面的 5 大部分是浏览器、文档工具、工具栏、框图窗口和日志。

1. 浏览器：用于在模型中迅速漫游。

2. 文档工具：用于查看或更新模型元素的文档。

3. 工具栏：用于迅速访问常用命令。

4. 框图窗口：用于显示和编辑一个或几个 UML 框图。

5. 日志：用于查看错误信息和报告各个命令的结果。

1.2 浏览器和视图

浏览器是层次结构，用于在 Rose 模型中迅速漫游。在浏览器中显示了模型中增加的一切，如参与者、用例、类、组件等。

浏览器中包含 4 个视图：Use Case 视图、Logical 视图、Component 视图和 Deployment 视图。点击每个视图的右键，选择 new 就可以看到这个视图所包含的一些模型元素。

1.3 框图窗口

我们可以浏览模型中的一个或几个 UML 框图。改变框图中的元素时，Rose 自动更新浏览器。同样用浏览器改变元素时，Rose 自动更新相应框图。这样，Rose 就可以保证模型的一致性。

2. 建立用例图(Use Case Diagram)

从用例图中我们可以看到系统干什么，与谁交互。用例是系统提供的功能，参与者是系统与谁交互，参与者可以是人、系统或其他实体。一个系统可以创建一个或多个用例图。

2.1 创建用例图

1. 在浏览器内的 Use Case 视图中，双击 Main，让新的用例图显示在框图窗口中。

2. 新建一个包（右击 Use Case 视图，选择 new→package 并命名），然后右击这个新建的包，选择 new→use case diagram。

3. 对系统总的用例一般画在 Use Case 视图中的 Main 里，如果一个系统可以创建多个用例图，则可以用包的形式来组织。

2.2　创建参与者

1. 在工具栏中选择"Actor"，光标的形状变成加号。

2. 在用例图中要放置参与者符号的地方单击鼠标左键，键入新参与者的名称，如"客户"。

若要简要的说明参与者，可以执行以下步骤：

（1）在用例图或浏览器中双击参与者符号，打开对话框，而且已将原型（Stereotype）设置定义为"Actor"。

（2）打开"General"选项卡，在 documentation 字段中写入该参与者的简要说明。

（3）单击 OK 按钮，即可接受输入的简要说明并关闭对话框。

2.3　创建用例

1. 在工具栏中选择"Use Case"，光标的形状变成加号。

2. 在用例图中要放置用例符号的地方单击鼠标左键，键入新用例的名称，如"存款"。

若要简要的说明用例，可以执行以下步骤：

（1）在用例图或浏览器中双击用例符号，打开对话框，接着打开"General"选项卡。

（2）在 documentation 字段中写入该用例的简要说明。

（3）单击 OK 按钮，即可接受输入的简要说明并关闭对话框。

2.4　记录参与者和用例之间的关系

箭头的含义：

① Unidirection Association　单向关联；② Dependency or Instantiates　依赖和实例化；③ Generalization　泛化　继承；④ Association　关联；⑤ Association Class　关联类；⑥ Realize　实现；⑦ Aggregation　聚合；⑧ Unidirectional Aggregation　单向聚合；⑨ Class　类；⑩ Parameterized Class　参数化类；⑪ Class Utility　类的实用程序；⑫ Parameterized Class Utility　参数化类实用程序。

2.5　增加泛化关系

（1）从工具栏中选择泛化关系箭头。

（2）从子用例拖向父用例，也可从子参与者拖向父参与者。

简要说明关系执行的步骤同上类似。

对于银行的客户来说，可以通过 ATM 机启动几个用例：存款、取款、查阅结余、付款、转账和改变 PIN（密码）。

银行官员也可以启动改变 PIN 这个用例。参与者可能是一个系统，这里信用系统就是一个参与者，因为它是在 ATM 系统之外的。箭头从用例到参与者表示用例产生一些参与者要使用的信息。

3. 建立活动图（activity diagram）

活动图显示了从活动到活动的流。活动图可以在分析系统业务时用来演示业务流，也可以在收集系统需求的时候显示一个用例中的事件流。活动图显示了系统中某个业务或者某个用例中要经历哪些活动，这些活动按什么顺序发生。

3.1　创建活动图

（1）用于分析系统业务：在浏览器中右击 Use Case 视图，选择 new→activity diagram。

（2）用于显示用例中的事件流：在浏览器中选中某个用例，然后右击这个用例，选择 new→activity diagram。

3.2 增加泳道

泳道是框图里的竖段,包含特定人员或组织要进行的所有活动。可以把框图分为多个泳道,每个泳道对应每个人员或组织。在工具栏选择 swimlane 按钮,然后单击框图增加泳道,最后用人员或组织给泳道命名。注意:先创建一个活动图,才会有 swimlane。

3.3 增加活动并设置活动的顺序

(1) 在工具栏中选择 Activity 按钮,单击活动图增加活动,命名活动。

(2) 在工具栏中选择 Transition 按钮,把箭头从一个活动拖向另一个活动。

3.4 增加同步

(1) 选择 synchronization 工具栏按钮,单击框图来增加同步棒。

(2) 画出从活动到同步棒的交接箭头,表示在这个活动之后开始并行处理。

(3) 画出从同步棒到可以并行发生的活动之间的交接箭头。

(4) 创建另一同步棒,表示并行处理结束。

(5) 画出从同步活动到最后同步棒之间的交接箭头,表示完成所有这些活动之后停止并行处理。

3.5 增加决策点

决策点表示可以采取两个或多个不同的路径。从决策到活动的交接箭头要给出保证条件,控制在决策之后采取什么路径。保证条件应该是互斥的。

(1) 选择 decision 工具栏按钮,单击框图增加决策点。

(2) 拖动从决策到决策之后可能发生的活动之间的交接,双击交接,打开"detail"选项卡,在 Guard Condition 字段中写入保证条件。

画 ATM 系统中"客户插入卡"的活动图:客户插入信用卡之后,可以看到 ATM 系统运行了 3 个并发的活动:验证卡、验证 PIN(密码)和验证余额。这 3 个验证都结束之后,ATM 系统根据这 3 个验证的结果来执行下一步的活动。如果卡正常、密码正确且通过余额验证,则 ATM 系统接下来询问客户有哪些要求也就是要执行什么操作。如果验证卡、验证 PIN(密码)和验证余额这 3 个验证有任何一个不通过的话,ATM 系统就把相应的出错信息在 ATM 屏幕上显示给客户。

第5章 总体设计

软件的质量是由设计决定的。

经过前面的需求分析,确定下来了系统需要"做什么"之后,接下来就将进入软件设计阶段。在软件的设计阶段我们所要解决的则是"怎么做"的问题。

任何一个项目在其施工之前都会先完成设计,通常人们会把设计定义为"应用各种技术和原理,对设备、过程或系统做出足够详细的定义,使之能够在物理上得以实现"。对于软件项目而言,软件设计同样也是软件项目开发的一个重要阶段,它是把用户的需求准确转化为软件产品的唯一途径,是软件后续开发及维护等相关工作的基础,也是保证软件质量的重要步骤。

本章将围绕"软件设计"这一主题,阐述以下4个方面的内容:
(1)软件设计的概念与原则;
(2)总体设计的步骤和方法;
(3)面向数据流的结构化设计方法;
(4)总体设计的文档与评审。

5.1 软件设计概述

如果说软件是一种"缔造力"的话,那么"设计"就是让这一缔造力具体化出美的手段,因为"设计"本身就是浮现出美的方式之一。

设计是问题的解决方案。

从图5.1可以看出,软件设计的输入为需求,包括功能需求、性能需求以及其他的需求,它的输出为系统结构设计、数据设计及过程设计,这些设计成果都将作用于后续的编码、测试等工作。由此可见,我们在设计中所做出的决策将最终影响到软件实现的成功与否,同样也会影响到软件产品维护的难易程度。所以说软件设计是软件开发中非常重要的一个阶段,是整个软件工程和软件维护步骤的基础。这正好比盖房子需要打地基一样,一个没有地基的房子必然是不稳固的,经不起任何的风吹雨打,一旦倒塌重建,必将费时费力,又费钱。如图5.2所示。

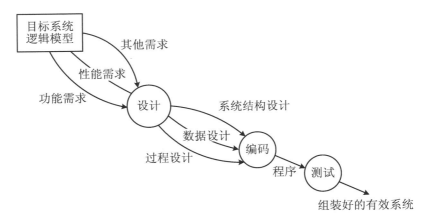

图 5.1　软件开发阶段的信息流

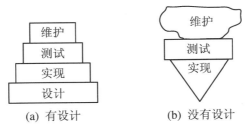

(a)　有设计　　　　　　(b)　没有设计

图 5.2　设计的重要性

5.1.1　设计任务

软件设计是将需求描述的"做什么"问题变为一个具体实施方案的创造性过程,其主要任务是使用某种设计方法,将在软件分析中通过数据、功能和行为模型所展示的软件需求信息传递给设计,生成数据或者类设计、架构设计、接口设计及组件设计等,如图 5.3 所示。

数据/类设计将类分析模型变换成类的实现和软件实现所需要的数据结构。CRC 索引卡定义的类和关系、类属性和其他表示法所刻画的详细数据内容为数据设计活动提供了基础。在与软件架构设计连接中可能会有部分的类设计,更详细的类设计则在设计每个软件组件时进行。

架构设计定义了软件主要结构元素之间的联系、可用于达到系统所定义需求的架构风格和设计模式以及影响架构实现方式的约束。架构设计表示的是基于计算机系统的框架,可以从系统规格说明、分析模型和分析模型中定义的子系统的交互导出。

接口设计描述了软件内部、软件和协作系统之间以及软件和使用人员之间是如何通信的。接口就意味着信息流(如数据流和/或控制流)和特定的行为模型。因此,使用场景和行为模型为接口设计提供了所需的大量信息。

组件级设计将软件架构的结构性元素变换为对软件组件的过程性描述。从基于类的模型、流模型和行为模型获得的信息可作为组件设计的基础。

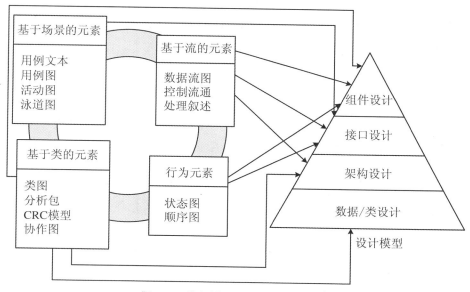

图 5.3　分析模型到设计模型的转换

5.1.2　设计目标

软件设计是一个迭代的过程,通过设计,需求被变换为构建软件的"蓝图"。初始时,蓝图描述了软件的整体视图,也就是说,设计是在高抽象层次上的表达——在该层次上可以直接跟踪到特定的系统目标和更详细的数据、功能和行为需求。随着设计迭代的开始,后续精化导致更低抽象层次的设计表示。

在进行软件设计的过程中,我们要密切关注软件的质量因素。McGlanghlin 给出软件设计过程的目标:

(1) 设计必须实现分析模型中描述的所有显式需求,必须满足用户希望的所有隐式需求;

(2) 设计必须是可读、可理解的,使得将来易于编程、易于测试、易于维护;

(3) 设计应从实现角度出发,给出与数据、功能、行为相关的软件全貌。

通过软件设计,我们将实现以下 3 个主要目标:① 为系统制订总的蓝图;② 权衡出各种技术和实施方法的利弊;③ 合理利用各种资源,精心规划出系统的一个总的设计方案。

一份优秀的设计方案必须满足以下技术标准:

(1) 设计应展示出这样一种结构:① 已经使用可识别的体系结构风格或模式创建;② 由展示出良好设计特征的组件构成;③ 能够以演化的方式实现,从而便于实现和测试。

(2) 设计应当模块化,从逻辑上将软件划分为完成特定功能或子功能的组件。

(3) 设计应当包含数据、体系结构、接口和组件的清楚表示。

(4) 设计应当导出数据结构,这些数据结构适于要实现的类,并由可识别的数据模式提取。

(5) 设计应当导出具有独立功能特征的模块。

（6）设计应当建立能够降低模块与外部环境之间连接的复杂性的接口。

（7）设计应当根据软件需求分析获取的信息，建立可驱动、可重复的方法。

（8）应使用能够有效传达其意义的表示法来表达设计。

5.1.3 设计过程

软件设计是一个把软件需求变换成软件表示的过程，最初这种表示只是描绘出软件的总的框架，然后进一步细化，在框架中填入细节，把它加工成在程序细节上非常接近于源程序的软件表示。从工程管理的角度来看，软件设计分两步完成：首先做总体设计，将软件需求转化为软件的系统结构和数据结构；然后是详细设计，即过程设计，通过对软件结构细化，得到软件的详细算法和数据结构。从管理和技术两个不同的角度对设计的认识，可以用图5.4来表示。

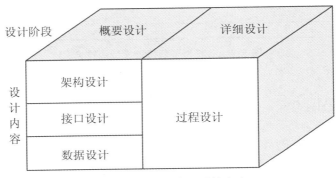

图 5.4　设计阶段及设计内容

总体设计又称为初步设计或概要设计，其基本目的是概要地说明系统应该怎样实现，在总体设计过程中需要完成的工作具体有以下几个方面：

1. 制定规范

在进入软件开发阶段之初，首先应为软件开发组制定在设计时应该共同遵守的标准，以便协调组内各成员的工作，包括：

（1）阅读和理解软件需求说明书，在给定的预算范围内和技术现状下，确认用户的要求能否实现。若不能实现，则需明确实现的条件，从而确定设计的目标，以及它们的优先顺序。

（2）根据目标确定最适合的设计方法。

（3）规定设计文档的编制标准，包括文档体系、用纸及样式、记述详细的程度、图形的画法等。

（4）规定编码的信息形式（代码体系），与硬件、操作系统的接口规约，命名规则等。

2. 软件系统结构的总体设计

在需求分析阶段，已经从系统开发的角度出发，把系统按功能逐次分割成层次结构，使每一部分完成简单的功能且各个部分之间又保持一定的联系，这就是总体设计。在设计阶段，基于这个功能的层次结构把各个部分组合起来成为系统。它包括：

（1）采用某种设计方法，将一个复杂的系统按功能划分模块的层次结构。

（2）确定每个模块的功能，建立与已确定的软件需求的对应关系。

（3）决定模块之间的调用关系。

（4）决定模块间的接口，即模块间传递的数据，设计接口的信息结构。

（5）评估模块划分的质量及导出模块结构的规则。

3. 模块设计

（1）确定为实现软件系统的功能需求必需的算法，评估算法性能。

（2）确定为满足软件系统的性能需求必需的算法和模块间的控制方式（性能设计）。

（3）确定外部信号的接收发送形式。

4. 数据结构设计

确定软件涉及的文件系统的结构以及数据库的模式、子模式，进行数据完整性和安全性的设计。它包括：

（1）确定输入、输出文件的详细数据结构。

（2）结合算法设计，确定算法所必需的逻辑数据结构及其操作。

（3）确定逻辑数据结构所必需的那些操作的程序模块（软件包）。限制和确定各个数据设计决策的影响范围。

（4）若需要操作系统或调度程序接口所必需的控制表等数据，确定其详细的数据结构和使用规则；

（5）数据的保护性设计：

① 防卫性设计：在软件设计中就插入自动检错、报错和纠错功能。

② 一致性设计：有两个方面。其一是保证软件运行过程中所使用的数据类型和取值范围不变；其二是在并发处理过程中使用封锁和解除封锁机制保持数据不被破坏。

③ 冗余性设计：针对同一问题，由两个开发者采用不同的程序设计风格、不同的算法设计软件，当两者运行结果之差不在允许范围内时，利用检错系统予以纠正，或使用表决技术决定一个正确的结果，以保证软件容错。

5. 可靠性设计

可靠性设计也叫作质量设计。在使用计算机的过程中，可靠性是很重要的。可靠性不高的软件会使得运行结果不能使用而造成严重损失。从某种意义上讲软件可靠性是指程序和文档中的错误少。与硬件不同，软件越使用可靠性越高。但是在运行过程中，为了适应环境的变化和用户新的要求，需要经常对软件进行改造和修改，这就是软件维护。由于软件的维护往往会产生新的故障，所以要求在软件开发期间应当尽早找出差错，并在软件开发的一开始就要确定软件的可靠性和其他质量指标，考虑相应措施，以使得软件易于修改和易于维护。

6. 编写总体设计阶段的文档

总体设计阶段完成时应编写以下文档：

（1）总体设计说明书。给出系统目标、总体设计、数据设计、处理方式设计、运行设计、出错设计等。

（2）数据库说明书，给出所使用的数据库简介、数据模式设计、物理设计等。

（3）用户手册。对需求分析阶段所编写的初步的用户手册进行评审。

（4）制订初步的测试计划。对测试的策略、方法和步骤提出明确的要求。

7. 总体设计评审

在完成以上几项工作之后，应当组织对总体设计工作的评审。评审的内容包括：

（1）可追溯性：即分析该软件的系统结构、子系统结构，确认该软件设计是否覆盖了所有已确定的软件需求,软件每一成分是否可追溯到某一项需求。

(2) 接口:即分析软件各部分之间的联系。确认该软件的内部接口与外部接口是否已经明确定义。模块是否满足高内聚低耦合的要求。模块作用范围是否在其控制范围之内。

(3) 风险:即确认该软件设计在现有技术条件下和预算范围内是否能按时实现。

(4) 实用性:即确认该软件设计对于需求的解决方案是否实用。

(5) 技术清晰性:即确认该软件设计是否以一种易于翻译成代码的形式表达。

(6) 可维护性:从软件维护的角度出发,确认该软件设计是否考虑了方便未来的维护。

(7) 质量:即确认该软件设计是否表现出良好的质量特征。

(8) 各种选择方案:看是否考虑过其他方案,比较各种选择方案的标准是什么。

(9) 限制:评估对该软件的限制是否现实,是否与需求一致。

(10) 其他具体问题:对于文档、可测试性、设计过程等进行评估。

这里需要特别注意:软件系统的一些外部特征的设计,例如软件的功能、一部分性能以及用户的使用特性等,在软件需求分析阶段就已经开始。这些问题的解决多少带有一些"怎么做"的性质,因此有人称之为软件的外部设计。

在详细设计阶段需要完成的工作:(1)确定软件各个组成部分内的算法以及各部分的内部数据组织;(2)选定某种过程的表达形式来描述各种算法;(3)进行详细设计评审。

软件设计的最终目标是要取得最佳方案。"最佳"是指在所有候选方案中,就节省开发费用、降低资源消耗,缩短开发时间的条件,选择能够赢得较高的生产率、较高的可靠性和可维护性的方案。在整个设计过程中,各个时期的设计结果需要经过一系列的设计质量的评审,以便及时发现和及时解决在软件设计中出现的问题,防止把问题遗留到开发的后期阶段,造成后患。在评审以后,必须针对评审中发现的问题,对设计的结果进行必要的修改。整个软件设计的流程如图5.5所示。

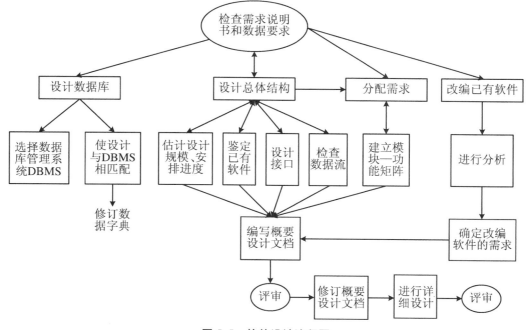

图 5.5 软件设计流程图

5.2 设 计 原 则

简约为美。

在软件开发过程中,遵循一定的设计原则,并灵活地采用一些设计模式,可以提高软件的易维护性、可扩展性以及重用的概率。

5.2.1 简单原则

简单原则(Keep It Simple and Stupid,简称 Kiss)也称为懒人原则,是指在设计中要坚持简约原则,避免不必要的复杂化。

"Kiss"原则要求我们在设计复杂系统时尽可能地简化方案的范围、设计与实施。比如:采用帕累托法则来简化项目范围;从成本效率和可扩展性的角度对项目设计方案进行简化;利用他人的经验来简化项目的实施等。

"Kiss"原则引申开来就是只考虑和设计必需的功能,避免过度设计。

过度设计意味着设计出来的系统比恰到好处的要复杂臃肿得多,比如:过度的封装、一堆继承、接口和无用的方法、超复杂的 xml 配置文件等。过度设计往往要付出大量的额外代价,例如:成本上升、缺陷可能性加大、提升维护成本,甚至降低系统性能。

避免过度设计的同时当然也要避免设计不足。设计不足意味着设计出来的系统复用性差,扩展性不强,灵活性不高。设计不足往往使得系统僵化,不能应对将来的变化,或者使得系统将来修改与维护的代价和成本很高。

从某种程度上说,过度设计和设计不足都是"设计错误"的一种形式,正确的设计应该是适合的。简单的才是最好的,大巧若拙,大道至简,如无必要,勿增复杂性。

简单的设计也许不是最好的解决方案,但却是最适合的方案,它所带来的简洁性、易维护性、可扩展性都将使我们受益匪浅,已经成为目前设计上最被推崇的设计原则之一。比如:微软(Microsoft)"所见即所得"的理念;谷歌(Google)"简约、直接"的商业风格,无一例外的遵循了"Kiss"原则,也正是"Kiss"原则,成就了这些看似神奇的商业经典。

5.2.2 模块化

模块是数据说明、可执行语句等程序对象的集合,它是构成程序的基本构件。每个模块均有标识符标识。如:过程、函数、子程序和宏等,都可作为模块。

模块化就是把程序划分成独立命名且可独立访问的模块,每个模块完成一个子功能,若干个模块构成一个整体,共同完成用户需求。

模块化的目的是使一个复杂的大型软件简单化。如果一个大型软件仅由一个模块组成,它将很难理解,因此,经过细分(模块化)之后,将变得容易理解。根据人类解决问题的一般规律,可论证这一结论:

设函数 $C(x)$ 定义问题 x 的复杂程度,函数 $E(x)$ 确定解决问题 x 需要的工作量(时间）。对于两个问题 P1 和 P2,如果 $C(P1) > C(P2)$,显然 $E(P1) > E(P2)$。

根据经验,一个有趣的规律是 $C(P1 + P2) > C(P1) + C(P2)$,即:如果一个问题由 P1 和 P2 两个问题组合而成,那么它的复杂程度大于分别考虑每个问题时的复杂程度之和。

综上所述,得到结论:$E(P1 + P2) > E(P1) + E(P2)$。

这就是模块化的根据。由该不等式可知:当模块数目增加时每个模块的规模将减小,开发单个模块所需要的成本(工作量)必然减少;但是,随着模块数目增加,设计模块间接口所需要的工作量也将增加。因此,存在模块数量 M,使得总开发成本达到最小,如图 5.6 所示。

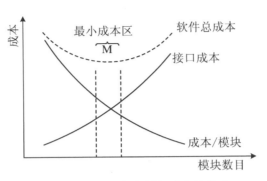

图 5.6　模块规模、数量与成本的关系

每个程序都相应地有一个最适当的模块数目 M,使得系统的开发成本最小。虽然目前还不能精确地确定 M 的数值,但是在考虑模块化的时候总成本曲线确实是有用的指南。对模块的评价可以采用如下标准:

（1）模块的可分解性:把问题分解为子问题的系统化机制。

（2）模块的可组装性:把现有的可重用模块组装成新系统。

（3）模块的可理解性:一个模块作为独立单元,不需要参考其他模块来理解。

（4）模块的连续性:系统需要的微小修改只导致对个别模块,而不是对整个系统的修改。

（5）模块的保护性:当一个模块内出现异常情况时,它的影响局限在该模块内部。

采用模块化原理设计软件,可以使软件结构清晰,既容易设计,又容易阅读和修改。程序的错误一般容易出现在模块之间的接口中,模块化使得软件容易测试和调试,有助于提高软件的可靠性。

5.2.3　信息隐藏和局部化

信息隐藏(Information Hiding)是 D. L. Parnas 于 1972 年提出的把系统分解为模块时应遵循的指导思想。应用模块化原理时,自然会产生一个问题:"为了得到最好的一组模块,应该怎样分解软件?"信息隐藏原理指出:在设计和确定模块时,应该让该模块内包含的信息(如过程和数据)对于不需要这些信息的模块来说,是不能访问的,即模块内部的信息对于别的模块来说是隐藏的。当程序要调用某个模块时,只需要知道该模块的功能和接口,不需要了解它的内部结构。这就好比我们使用空调,只需要知道如何使用它,而不需要理解空调内部那些复杂的制冷、制热原理和电路图一样。

信息隐藏意味着有效的模块化可以通过定义一组独立的模块来实现,这些独立模块彼此间交换的仅仅是那些为了完成系统功能而必须交换的信息。与抽象相比,抽象有利于定义组成软件的过程实体,而隐蔽则定义并加强了对模块内部过程细节或模块使用的任何局部数据结构的访问约束。

局部化的概念和信息隐蔽概念是密切相关的,所谓局部化是指把关系密切的软件元素物理地放在一起,要求在划分模块时采用局部数据结构,使大多数过程和数据对软件的其他部分是隐藏的。

显然,局部化有助于实现信息隐蔽,而信息隐蔽又能为软件系统的修改、测试及以后的维护带来好处。

5.2.4　模块独立性

模块独立性是指每个模块只完成系统要求的独立子功能,并且与其他模块的联系最少且接口简单。模块独立是模块化、抽象、信息隐蔽和局部化概念的直接结果。

在软件开发过程中,保持模块独立的原因主要有两条:

(1) 有效模块化(即具有独立的模块)的软件比较容易开发出来。

(2) 独立的模块比较容易测试和维护。

关于模块的独立程度,我们可以利用两个定性标准来度量:耦合、内聚。耦合是衡量不同模块间彼此互相依赖(连接)的紧密程度;而内聚则是衡量一个模块内部各个元素彼此结合的紧密程度。以下分别详细阐述。

1. 耦合

耦合是对一个软件结构内不同模块之间互连程度的度量。耦合强弱取决于模块间接口的复杂程度,进入或访问一个模块的点,以及通过接口的数据。

在软件设计中应该尽可能地采用松散耦合。在松散耦合的系统中测试或维护任何一个模块都不影响系统的其他模块。由于模块间的联系简单,在一处发生错误就很少有可能传播到整个系统。因此,模块间的耦合程度强烈影响系统的可理解性、可测试性、可靠性和可维护性。

按照模块耦合程度的高低,耦合度可以分为 7 种,由低到高依次为:无直接耦合、数据耦合、标记耦合、控制耦合、外部耦合、公共耦合和内容耦合。

(1) 无直接耦合:指模块间没有直接关系,它们之间的联系完全通过主模块的控制和调用来实现。

(2) 数据耦合:指模块之间有调用关系,但传递的仅仅是简单的数据值。相当于高级语言中的值传递。

(3) 标记耦合:指模块之间传递的是数据结构。如高级语言中的数组名、记录名、文件名等即为标记,传递的是这个数据结构的地址。

(4) 控制耦合:指一个模块调用另一个模块时,传递的是控制变量(如开关、标志)。

(5) 外部耦合:指模块间通过外部环境相互联系。

(6) 公共耦合:指通过一个公共数据环境相互作用的模块间的耦合。公共数据环境可以是全局变量或数据结构,共享的通信区、内存、文件、物理设备等。如果只有两个模块有公共环境,那么这种耦合有两种可能:① 一个模块向公共环境送数据,另一个模块从公共环境取数据。这是数据耦合的一种形式,是比较松散的耦合;② 两个模块既往公共环境送数据,又从公共环境取数据。这种耦合比较紧密,介于数据耦合和控制耦合之间。

(7)内容耦合:是最高程度的耦合,当一个模块直接使用另一个模块的内部数据或通过非正常的入口而转入另一模块内部或两模块间,有一部分程序代码重叠(仅在汇编语言中)时,就是内容耦合。

模块独立要求在软件设计中满足"低耦合高内聚",为了降低模块间的耦合度,可采取以下措施:① 在耦合方式上降低模块间接口的复杂性。包括:接口方式、接口信息的结构和数据;② 在传递信息类型上尽量使用数据耦合,避免控制耦合,限制公共环境耦合,不使用内容耦合。

2. 内聚

内聚指模块功能强度的度量,即一个模块内部各个元素彼此结合的紧密程序的度量。若一个模块内各元素(语句之间、程序段之间)联系的越紧密,则它的内聚性就越高。

内聚性由低到高可分为 7 种:偶然内聚、逻辑内聚、时间内聚、过程内聚、信息内聚、顺序内聚、功能内聚。

(1)偶然内聚:指一个模块内的各处理元素之间没有任何联系,即使有联系也是非常松散的。

(2)逻辑内聚:指模块内执行几个逻辑上相同或相似的功能,通过参数确定该模块完成哪一功能。

(3)时间内聚:一个模块包含的任务必须在同一段时间内执行,就称时间内聚。如初始化一组变量,同时打开或关闭若干个文件等。

(4)过程内聚:指各工作单元间有一定联系,且必须按规定次序执行。

(5)信息内聚:指模块内所有处理元素都在同一数据结构上操作,或指各处理使用相同的输入数据或产生相同的输出数据。如完成"建表""查表"等。

(6)顺序内聚:指一个模块中各处理元素都密切相关于同一功能且必须顺序执行,前一功能元素的输出就是下一功能元素的输入。

(7)功能内聚:指模块内所有元素共同完成一个功能,缺一不可。因此模块不可再分。如"打印日报表"。

耦合和内聚是模块独立性的两个定性标准,在软件系统划分模块时,尽量做到高内聚低耦合(即:同一模块内的各个元素之间要高度紧密,而各个模块之间的相互依存度却不要过于紧密),提高模块的独立性。而要做到高内聚低耦合,关键是要实现功能内聚,也就是一个方法实现一个功能。它要求按照功能逻辑组织代码,采用分而治之的策略,一个功能逻辑对应一个方法,读起来清晰易懂,既增加了方法的内聚,又减少了方法间的耦合,有利于提高代码的通用性、复用性以及可维护性。

5.3 设 计 方 法

5.3.1 关注点分离

关注点分离(Separation Of Concerns,简称 SOC)是计算机科学中最重要的努力目标之一。SOC 是指在软件开发中通过各种手段将问题的各个关注点分离开。如果一个问题能够被分解为一些相对独立且规模较小的子问题，那么该问题就是相对容易解决的。问题过于复杂时，要解决该问题所需要关注的点就太多，对于能力有限的程序员来讲，一方面不可能同时关注于问题的各个方面，另一方面把所有东西都放在一起讨论分析的结果只有一个——乱。

实现关注点分离的方法主要有两种：一种是标准化，另一种是抽象与包装。标准化就是制定一套让所有使用者都要遵守的标准，将人们的行为统一起来，这样使用标准的人就不用担心别人会有很多种不同的实现，使自己的程序不能和别人的配合。Java EE 就是一个标准的大集合。每个开发者只需要关注于标准本身和他所在做的事情就行了。就像是开发螺丝钉的人只需专注于开发螺丝钉就行了，而不用关注螺帽是怎么生产的，反正螺帽和螺丝钉按标准来就一定能合得上。抽象与包装是指对程序中的某些部分进行抽象并包装起来，从而实现关注点的分离。一旦一个函数被抽象出来并实现了，那么使用函数的人就不用关心这个函数是如何实现的，同样地，一旦一个类被抽象并实现了，类的使用者也不用再关注于这个类的内部是如何实现的。诸如组件、分层、面向服务等这些概念都是在不同的层次上做抽象与包装，让使用者不用关心它的内部实现细节。

5.3.2 抽象

抽象是人类在认识世界和描述世界过程中常用的思维方法。人们在实践中认识到：现实世界中的一定事物、状态或过程之间总存在着某些相似的方面（即共性）。抽象就是把这些相似的方面集中和概括起来，暂时忽略它们之间的差异，也就是说，抽象就是抽出事物的本质特性而暂时不考虑它们的细节，即提取共性，忽略差异。

软件的模块化设计可以有不同的抽象层次。最高抽象层次上，可以使用问题所处环境的语言描述方法；较低抽象层次上，则可以采用过程化方法。在软件设计过程中，常用的抽象方法有过程抽象、数据抽象和控制抽象 3 种。

（1）过程抽象是对软件要执行的动作进行抽象。软件工程过程的每一步都是对软件解决方法中某个抽象层次的一次精化。例如：在可行性研究阶段，软件抽象为系统的一个完整部件；在需求分析期间，软件解法抽象为描述问题的数据流图、数据字典等；在总体设计阶段抽象为功能模块、软件结构等；在详细设计阶段抽象为算法流程、数据的物理结构等；在编码阶段抽象为程序代码。随着抽象的深入，抽象的程度也就随之减少了，最后，当源程序写出来以后，也就达到了抽象的最低层。

（2）数据抽象是通过选择特定的数据类型及其相关功能特性的办法，仅仅保持抽取数据的本质特性所得到的结果，从而使其与细节部分的表现方式分开或把它们隐藏起来。数据抽象与过程抽象一样，允许设计人员在不同层次上描述数据对象的细节。例如：可以定义一个 shape 数据对象，并将它规定为一个抽象数据类型，用它的构成元素（triangle、circle、rectangle、polygon 等）来定义内部细节。此时，数据抽象 shape 本身由另外一些数据抽象构成。在定义了 shape 对象的数据类型之后，就可以引用它来定义其他数据对象，而不必涉及 shape 的内部细节。

（3）控制抽象与过程抽象和数据抽象一样，可以包含一个程序控制机制而无需规定内部细节。控制抽象的一个例子是在操作系统中用来协调某些活动的同步信号。

抽象是控制复杂性的方法,它有助于重用和稳定。

5.3.3　面向接口

一个良好的设计应该是接口与实现相分离的。对用户来讲,实现的细节应该是隐藏的,用户只需要给接口传递相应的参数即可获得该接口所提供的服务,而无需知道其内部是如何实现的。

接口主要用于模块间的交互,实现是接口的具体处理逻辑,接口与实现的分离使得系统各模块之间可以仅通过严格控制的接口进行交互,这样就大大减少了模块之间的耦合与交叉,使得某个功能模块的变化不会或者很少会影响到其他模块,从而降低了开发过程的复杂性,提高了软件开发的效率和质量,减少了可能的错误,同时也保证了程序中数据的完整性与安全性。

5.4　软件架构基础

建立软件架构的关键在于能够提供软件系统未来实用而稳固的发展基础。

软件系统架构的复杂性直接导致了软件实现和维护技术的复杂,以及软件项目管理的困难。因此,对软件系统架构问题的研究成为软件工程的必然。现代软件工程的核心正是在软件架构领域开发出朝着以架构和构件为核心的软件的开发方法,使得软件生产走向工业化的流水线作业。

5.4.1　软件架构的概念

英文"Software Architecture",在学界一般称之为"软件体系结构",但是业界则称之为"软件架构",两者没有什么区别,因此,本书不再区分"软件体系结构"和"软件架构"。而"架构"和"构架"两词的区别,一般理解为:"架构"是名词,比如:完成了一个什么样的架构的开发;而"构架"是动词,比如:要构架(构建)一个什么样的社会(结构)。

那到底什么是软件架构呢? 我们不妨先来看一下建筑物的架构。当我们谈论建筑物的体系结构时,脑海中会出现很多不同的属性。在最简单的层面上,我们会考虑物理结构的整体形状。但是在实际中,体系结构还包括更多的方面,它是各种建筑构件集成一个有机整体的方式,是建筑适合其所在环境并与其邻近的其他建筑相互协调的方式,它反映了建筑满足规定的用途和满足主人要求的程度。类似地,软件架构是指软件的整体结构和这种结构为系统提供概念上完整性的方式。从简单的形式来看,软件的体系结构是程序构件(模块)的结构或组织、这些构件交互的形式以及这些构件所用数据的结构。然而在更广泛的意义上,构件可以被推广,用于代表主要的系统元素及其交互。

许多专家学者从不同角度和不同侧面对软件架构进行了刻画,较为典型的有:

1. Booch、Rumbaugh 和 Jacobson 的定义

架构是一系列重要决策的集合,这些决策与以下内容有关:软件的组织,构成系统的结

构元素及其接口的选择,这些元素在相互协作中明确表现出的行为,这些结构元素和行为元素进一步组合所构成的更大规模的子系统,以及指导这一组织(包括这些元素及其接口、它们的协作和它们的组合)的架构风格。

2. Woods 的观点

Eoin Woods 是这样认为的:软件架构是一系列设计决策,如果做了不正确的决策,你的项目最终可能会被取消。

3. Garlan 和 Shaw 的定义

Garlan 和 Shaw 认为:架构包括组件(Component)、连接件(Connector)和约束(Constrain)3 大要素。组件可以是一组代码(例如程序模块),也可以是独立的程序(例如数据库服务器)。连接件可以是过程调用、管道和消息等,用于表示组件之间的相互关系。"约束"一般为组件连接时的条件。

4. Perry 和 Wolf 的定义

Perry 和 Wolf 提出:软件架构是一组具有特定形式的架构元素,这些元素分为 3 类:负责完成数据加工的处理元素(Processing Elements)、作为被加工信息的数据元素(Data Elements)及用于把架构的不同部分组合在一起的连接元素(Connecting Elements)。

5. Boehm 的定义

Barry Boehm 和他的学生提出:软件架构包括系统组件、连接件和约束的集合,反映不同涉众需求的集合以及原理(Rationale)的集合。其中的原理用于说明由组件、连接件和约束所定义的系统在实现时,是如何满足不同涉众需求的。

6. IEEE 的定义

IEEE 610.12-1990 软件工程标准词汇中是这样定义架构的:架构是以组件、组件之间的关系、组件与环境之间的关系为内容的某一系统的基本组织结构,以及指导上述内容设计与演化的原理(Principle)。

7. Bass 的定义

美国卡内基梅隆大学软件研究所(Software Engineering Institute,SEI)的 Len Bass 等人给架构的定义是:某个软件或计算机系统的软件架构是该系统的一个或多个结构,每个结构均由软件元素、这些元素的外部可见属性、这些元素之间的关系组成。

在温昱的《软件架构设计(第 2 版)》一书中对软件架构的这些概念进行了分类整理,将软件架构概念划分为两大流派——组成派和决策派。组成派认为软件系统的架构将系统描述为计算组件及组件之间的交互,如上述定义中的 3,4,5,6,7,其主要特点有两个:① 关注架构实践中的客体——软件,以软件本身为描述对象;② 分析了软件的组成,即软件由承担不同计算任务的组件组成,这些组件通过相互交互完成更高层次的计算。而决策派则认为软件架构是在一些重要方面所做出的决策的集合,其特点为:① 关注架构实践中的主体——人,以人的决策为描述对象;② 归纳了架构决策的类型,指出架构决策不仅包括关于软件系统的组织、元素、子系统和架构风格等几类决策,还包括关于众多非功能需求的决策。

不管是组成派还是决策派,从软件架构的上述诸多概念可以看出,软件架构并非可运行软件。确切地说,它是一种表达,使软件工程师能够:① 分析设计在满足规定需求方面的有效性;② 在设计变更相对容易的阶段,考虑架构可能的选择方案;③ 降低与软件构造相关联的风险。

为了便于理解架构概念,我们可以从软件系统的组织角度将其浓缩为以下 3 个要素:

① 组成架构的元素:构件;② 构件的相互联系:连接;③ 构件之间的相互联系关系:连接关系。而所有这一切都是为了一个目标——满足关键需求。

更进一步地,我们可以认为:架构是一个或多个结构的抽象,是由抽象的构件来表示的,构件之间相互具有联系,相互之间的联系具有某些行为特征(连接关系)。系统的这种抽象表示方式屏蔽了构件内部特有的细节,使得在讨论系统构成的时候只需关注与系统构成有关的上述 3 个要素的信息,而不必细看构成元素内部的内容。

5.4.2　软件架构方法

Eric Brechner 在《代码之道》一书中提到:"架构最重要的一点,就是它能把难以处理的大问题分解成便于管理的小问题。"Daniel D. Gajski 在《嵌入式系统的描述与设计》一书中也说过:"系统设计中一个最重要的和最具有挑战性的任务就是……将系统所要执行的功能分到各个组件上。"由此可知:架构分解是架构设计过程中非常关键的一步。对于架构的分解,如图 5.7 所示,主要有以下几种方法:

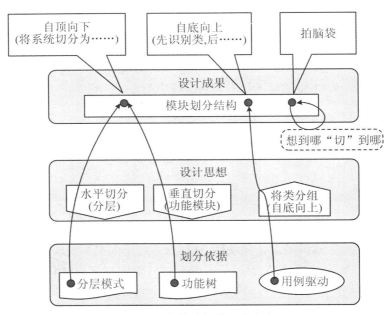

图 5.7　架构分解的 3 种方法

(1) 自顶向下

按照自顶向下的策略,采用"水平"切分的思路,则构成了"分层架构",而如果采用"垂直"切分的思路,则构成系统的"功能模块"。

(2) 自底向上

由下而上,先识别类、后归纳出模块的思路,也就是"用例驱动"的模块划分方法。

(3) 拍脑袋

纯粹靠经验和灵感——想到哪"切"到哪。

在实际的设计中,有人习惯划分功能模块,有人则喜欢分层(Layer)。如图 5.8 所示,实际上这两种设计方法并不矛盾:一个关注垂直维度切分,一个关注水平维度切分。

更进一步地,我们可以依照某个架构分解的过程模型(图5.9)来指导分解过程,启发和探索架构分解的维度和线索,提高架构分解的效率。

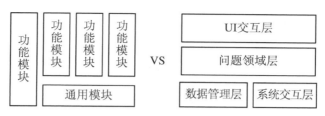

图 5.8　垂直切分(功能模块)VS 水平切分(层)

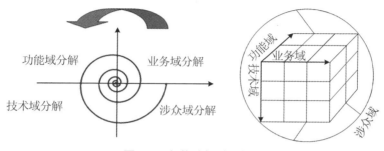

图 5.9　架构分解过程模型

　　图 5.9 所示的架构分解过程模型按照先业务后技术的顺序,采用多维度多层次的分解方式依次在 4 个域中进行架构分解,实现了关注点的分离。该模型是一个迭代的模型。通过这个迭代的分解,从无到有、从粗到细、从模糊到清晰,一步步精化、丰富架构。迭代的过程也是一个否定之否定的过程,随着分解的逐步推进或系统的架构演化,后面的分解除了会识别出新的架构元素外,也可能会对先前识别出的架构做出调整。

　　架构师在设计架构的过程中,可以采用"5 视图"方法,分别站在 5 个不同的"思维立足点"上,利用"分而治之"的策略逐一进行设计,如图 5.10、图 5.11 所示。

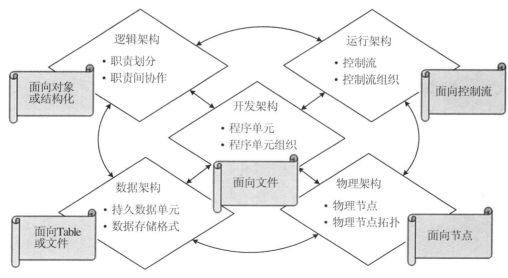

图 5.10　"5 视图"方法:每个视图,一个思维角度

软件工程

架构设计的 5 视图
- 逻辑架构
  - 着重考虑功能需求
  - 系统应该向用户提供什么样的服务
  - 关注点是行为或职责的划分
  - 关注用户可见的功能
  - 提供辅助功能模块
  - 它们可能是逻辑层,功能模块和类
- 开发架构
  - 着重考虑开发期质量属性
    - 可拓展性
    - 可重用性
    - 可移植性
    - 易理解性
    - 易测试性
  - 关注点软件模块实际组织方式
    - 源程序文件
    - 配置文件
    - 源程序包
    - 现成框架,类库
    - 提供中间件
    - 编译后目标文件
    - 第三方库文件
  - 逻辑层会映射到程序包
- 运行架构
  - 着重考虑运行期重量属性
    - 性能
    - 可伸缩性
    - 持续可用性
    - 安全性
  - 关注点是系统的并发同步问题
  - 关注进程,线程,对象等运行时概念
  - 考虑并发,同步,通信等问题
  - 偏重程序包在编译时期的静态依赖关系
  - 解决运行时各单元的交互问题
- 物理架构
  - 关注软件如何安装或部署到物理机器
  - 部署机器和网络配合软件系统的可靠性,可伸缩性等要求
  - 重视目标程序的静态位置问题
  - 考虑整个软件系统之间是如何互相影响的
  - 着重考虑安装和部署需求
  - 关注点是软件的目标单元如何映射到硬件
  - 关注相关的质量属性
    - 可靠性
    - 可伸缩性
    - 持续可用性
    - 性能
    - 安全性
- 数据架构
  - 着重考虑数据需求
  - 关注点
    - 持久化数据的存储方案
    - 数据存储格式
    - 数据传递
    - 数据复制
    - 数据同步
  - 用 E-R 图和数据流图表示

图 5.11 "5 视图"方法:每个视图,一组技术关注点

5.4.3 软件架构表示

总体设计通常用结构图、层次图、HIPO图等图形工具描述软件的组成结构。

1. 结构图

结构图是由 Yourdon 提出的,用于描绘软件结构的一种图形工具。在结构图中一个方框代表一个模块,框内注明模块的名字或主要功能;方框之间的箭头(或直线)表示模块的调用关系。习惯上,总是让图中位于上方的方框所代表的模块调用下方的方框所代表的模块,因此,为了简单起见,可以只用直线而不用箭头表示模块之间的调用关系,如图5.12 所示。

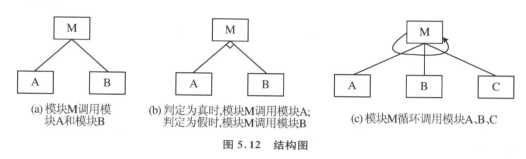

(a) 模块M调用模块A和模块B

(b) 判定为真时,模块M调用模块A;判定为假时,模块M调用模块B

(c) 模块M循环调用模块A、B、C

图 5.12 结构图

在结构图中通常还用带注释的箭头表示模块调用过程中来回传递的信息。如果希望进一步标明传递的信息是数据还是控制信息,则可以利用注释箭头尾部的形状来区分:尾部是空心圆表示传递的是数据;尾部是实心圆表示传递的是控制信息。如图 5.13 所示的为产生最佳解的一般结构图。

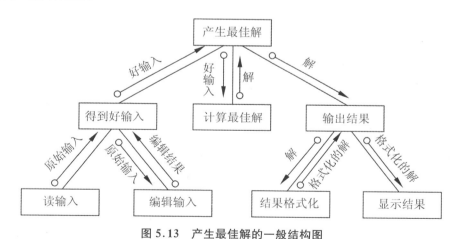

图 5.13 产生最佳解的一般结构图

2. 层次图

层次图是用来描绘软件层次结构的一种图形工具,适于自顶向下设计软件的过程。层次图中一个矩形框代表一个模块,矩形框之间的连线表示调用关系位于上方的矩形框所代表的模块调用下方的矩形框所代表的模块。图 5.14 所描述的就是正文加工系统的层次图,图中最顶层的矩形框代表正文加工系统的主控模块,它调用下层模块完成正文加工的全部功能;第二层的每个模块控制完成正文加工系统的一个主要功能,而每个主要功能又可以通过其下属的多个子功能模块来实现,如"编辑"这一模块,就可以通过调用它的下属模块来完成6种编辑功能中的任何一种。

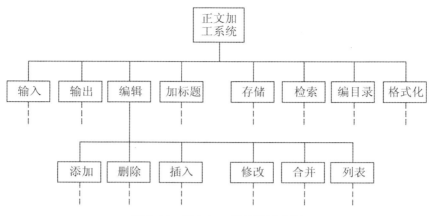

图 5.14　正文加工系统的层次图

3. HIPO 图

HIPO(Hieraychy Input Process Output)图是由美国 IBM 公司发明的"层次图＋输入/处理/输出图"的英文缩写,也称为层次输入处理输出图。为了使层次图具有可追踪性,在 H图(层次图)里除了最顶层的矩形框外,每个矩形框都加入了编号(如图 5.15 所示)。编号按照"X. Y. Z. N"的形式表示,X 表示最高层模块,"X. Y"表示模块 X 中的第 Y 个子模块,以此类推。H 图中的每个矩形框都对应着一张 IPO 图,用来描绘这个矩形框所代表模块的处理过程。

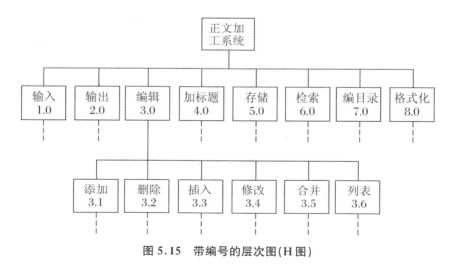

图 5.15　带编号的层次图(H 图)

通常用层次图作为描绘软件结构的文档。结构图作为文档并不很合适,因为图上包含的信息太多,有时反而降低了清晰程度。利用 IPO 图或数据字典中的信息得到模块调用时传递的信息,再由层次图导出结构图的过程,可以作为检查设计正确性和评价模块独立性的好方法。

5.4.4 软件架构步骤

软件架构设计阶段依赖于分析阶段并以软件需求规约为主要输入。整个架构设计过程包含6大步骤(图5.16):需求分析、领域建模、确定关键需求、概念架构设计、细化架构设计、架构验证,而这6大步骤之间的关系如图5.17所示。

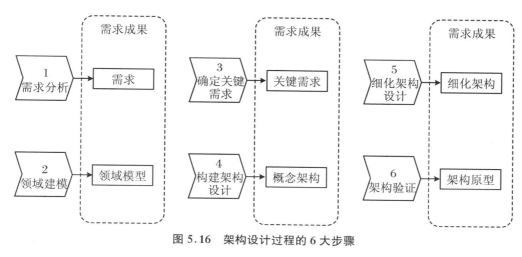

图5.16 架构设计过程的6大步骤

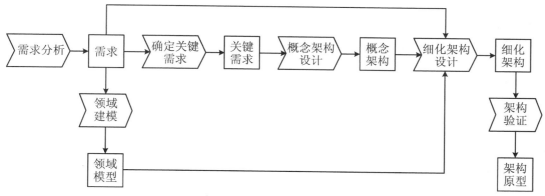

图5.17 6大步骤之间的关系

由图5.17可以看出:架构设计的开展非常依赖其上游活动。总体而言,这些上游活动包括需求分析和领域建模。

因此软件架构设计过程的第一步是全面认识需求。在需求分析阶段,软件架构工程师与软件需求人员一起将所有需求从不同的级别(组织级、用户级、开发级)进行分层梳理,并列表归纳总结,建立起跟踪矩阵,同时从不同的类型(功能需求或用例、质量属性、约束与限制)进行梳理,并列表归纳总结,建立起影响分析表,找出不同需求类型之间的相互支持、相互制约关系。

架构设计的第二步是领域建模。领域建模的目的是透过问题领域的重重现象,捕捉其背后最为稳固的领域概念及这些概念之间的关系。在项目前期,所建立的领域模型将为所有团队成员之间、团队成员和客户之间的交流提供共同认可的语言核心。随着项目的进展,领域模型不断被精化,最终成为整个软件的问题领域层,该层决定了软件系统能力的范围。

架构设计的第三步是确定对架构关键的需求。软件架构工程师将所有需求进行筛选,在深思熟虑之后做出合适的需求权衡和取舍,最终确定对软件架构起关键作用的需求子集,控制架构设计时需要详细分析用例的个数,找到影响架构的重点非功能需求。

在此基础上,架构设计的第四步是进行概念性架构设计。设计概念性架构,首先是分析关键用例,利用用例规约、鲁棒图等方法构造系统理想化的职责模型(如分层);其次是明确架构模式(如 MVC),确定交互机制,形成初步的概念性架构;最后通过质量属性分析,制定出满足非功能需求的高层设计决策,并根据这些决策对之前的工作成果进行增强、调整,以保证概念性架构体现这些设计决策。

架构设计的第五步是细化软件架构,考虑具体技术的运用,设计出实际架构。概念性架构所关注的关键设计要素、交互机制、高层设计决策与具体技术无关,而最终的软件架构设计方案必须和具体技术结合,为开发人员提供足够的指导和限制。为此,必须从系统如何规划、如何开发、如何运行等角度揭示软件系统的结构和机制。一般分别从逻辑架构、开发架构、运行架构、物理架构、数据架构等不同架构视图进行设计。

架构设计的最后一步是架构验证。对后续工作产生重大影响和返工代价很高的任何工作都应该进行验证,软件需求如此,架构设计方案也是如此。至于验证架构的手段,对软件项目而言,往往需要通过开发出架构原型,并对原型进行测试和评审来达到;而对软件产品而言,可以开发一个框架(Framework)来贯彻架构设计方案,再通过在框架之上开发特定的垂直原型来验证特定的功能或质量属性。因此,通过架构验证工作后所得到的不应该仅仅是"软件架构是否有效"的回答,还必须有可实际运行的程序:体现软件架构的垂直抛弃原型或垂直演进原型,或者是更利于重用的框架。这些成果将为后续开发提供实在的支持。

在做架构选择的时候,关键需求决定架构,其余需求验证架构。

5.5　架　构　风　格

软件架构风格是描述某一特定应用领域中系统组织方式的惯用模式。它反映了领域中众多系统所共有的结构和语义特性,并指导如何将各个模块和子系统有效地组织成一个完整的系统。按照这种方式理解,软件架构风格定义了用于描述系统的术语表和一组指导构件系统的规则。

每一种风格描述了一种系统类别,包括:① 一组构件(比如:数据库、计算模块)完成系统需要的某种功能;② 一组连接器,它们能使构件间实现"通信、合作和协调";③ 约束,定义构件如何集成为一个系统;④ 语义模型,它能使设计者通过分析系统的构成成分的性质来理解系统的整体性质。

5.5.1　层次风格

1. 层次系统风格
层次系统组织成一个层次结构,每一层为上层服务,并作为下层客户。在一些层次系统中,除了一些精心挑选的输出函数外,内部的层只对相邻的层可见。这样的系统中构件在一些层实现了虚拟机(在另一些层次系统中层是部分不透明的)。连接件通过决定层间如何交互的协议来定义,拓扑约束包括对相邻层间交互的约束。

层次系统风格支持基于可增加抽象层的设计。这样,允许将一个复杂问题分解成一个增量步骤序列的实现。由于每一层最多只影响两层,同时只要给相邻层提供相同的接口,允许每层用不同的方法实现,同样为软件重用提供了强大的支持。

该风格最广泛的应用就是分层通信协议。在这一应用领域中,每一层提供一个抽象的功能,作为上层通信的基础。较低的层次定义低层的交互,最低层通常只定义硬件物理连接。OSI 参考模型如图 5.18 所示。

应用层
表示层
会话层
传输层
网络层
数据链路层
物理层

图 5.18 OSI 参考模型

层次系统有许多可取的属性:① 支持基于抽象程度递增的系统设计,使设计者可以把一个复杂系统按递增的步骤进行分解;② 支持功能增强,因为每一层至多和相邻的上下层交互,因此功能的改变最多影响相邻的上下层;③ 支持重用。只要提供的服务接口定义不变,同一层的不同实现可以交换使用。这样,就可以定义一组标准的接口,而允许各种不同的实现方法。

同样地,层次系统也有其不足之处:① 并不是每个系统都可以很容易地划分为分层的模式,甚至即使一个系统的逻辑结构是层次化的,出于对系统性能的考虑,系统设计师不得不把一些低级或高级的功能综合起来;② 很难找到一个合适的、正确的层次抽象方法。

2. C/S & B/S

(1) C/S 结构

C/S 结构(Client/Server,客户机/服务器结构)充分利用两端硬件环境的优势,将任务合理分配到 Client 端和 Server 端来实现,降低了系统的通信开销。目前大多数应用软件系统都是 C/S 形式的两层结构,由于现在的软件应用系统正在向分布式的 Web 应用发展,Web 和 C/S 应用都可以进行同样的业务处理,应用不同的模块共享逻辑组件,因此,内部的和外部的用户都可以访问新的和现有的应用系统,通过现有应用系统中的逻辑可以扩展出新的应用系统。这也就是目前应用系统的发展方向。

C/S 结构的基本原则是将计算机应用任务分解成多个子任务,由多台计算机分工完成,即采用"功能分布"原则。客户端完成数据处理,数据表示以及用户接口功能;服务器端完成DBMS(数据库管理系统)的核心功能。这种客户请求服务、服务器提供服务的处理方式是一种使用广泛的计算机应用模式。

Client 和 Server 常常分别处在相距很远的两台计算机上,Client 程序的任务是将用户的要求提交给 Server 程序,再将 Server 程序返回的结果以特定的形式显示给用户;Server程序的任务是接收客户程序提出的服务请求,进行相应的处理,再将结果返回给客户程序。

(2) B/S 结构

B/S 结构(Browser/Server,浏览器/服务器模式)是伴随着因特网的兴起,对 Client/Server 结构的一种改进。从本质上说,B/S 结构也是一种 C/S 结构,它可以看作是一种由传统的二层模式 C/S 结构发展而来的三层模式 C/S 结构在 Web 上应用的特例,Web 浏览器是客户端最主要的应用软件。这种模式统一了客户端,将系统功能实现的核心部分集中到服务器上,简化了系统的开发、维护和使用。客户机上只要安装一个浏览器(Browser),如 Netscape Navigator 或 Internet Explorer,服务器安装 SQL Server、Oracle、MYSQL 等数据库。浏览器通过 Web Server 同数据库进行数据交互。

B/S 结构主要是利用了不断成熟的 Web 浏览器技术,结合浏览器的多种脚本语言和 ActiveX 技术,用通用浏览器实现原来需要复杂专用软件才能实现的强大功能,同时节约了开发成本。B/S 最大的优点就是可以在任何地方进行操作而不用安装任何专门的软件,只要有一台能上网的电脑就能使用,客户端零安装、零维护。系统的扩展非常容易。B/S 结构的使用越来越多,特别是由需求推动了 AJAX 技术的发展,它的程序也能在客户端电脑上进行部分处理,从而大大地减轻了服务器的负担;并增加了交互性,能进行局部实时刷新。

3. 三层架构

所谓三层架构,是在客户端与数据库之间加入了一个"中间层",也叫组件层。这里所说的三层架构,不是指物理上的三层,不是简单地放置三台机器就是三层架构,也不仅仅有B/S 应用才是三层架构,三层是指逻辑上的三层,即把这三个层放置到一台机器上。

通常意义上的三层架构就是将整个业务应用划分为界面层(User Interface layer)、业务逻辑层(Business Logic Layer)、数据访问层(Data Access Layer)。区分层次的目的即为了"高内聚低耦合"。三个层次中,系统主要功能和业务逻辑都在业务逻辑层进行处理。三层的具体情况如下:

(1) 数据访问层:主要是对非原始数据(数据库或者文本文件等存放数据的形式)的操作层,而不是指原始数据,也就是说,是对数据库的操作,而不是数据,具体为业务逻辑层或表示层提供数据服务.

(2) 业务逻辑层:主要是针对具体的问题的操作,也可以理解成对数据层的操作,对数据业务的逻辑处理,如果说数据层是积木,那逻辑层就是对这些积木的搭建。

(3) 界面层:主要表示 Web 方式,也可以表示成 WINFORM 方式,Web 方式也可以表示成 aspx,如果逻辑层相当强大和完善,无论表现层如何定义和更改,逻辑层都能完善地提供服务。

三层体系的应用程序将业务规则、数据访问、合法性校验等工作放到了中间层进行处理。通常情况下,客户端不直接与数据库进行交互,而是通过 COM/DCOM 通信与中间层建立连接,再经由中间层与数据库进行交互。

4. MVC

MVC 全名是 Model View Controller,是模型(Model)—视图(View)—控制器(Controller)的缩写,一种软件设计典范,用一种业务逻辑、数据、界面显示分离的方法组织代码,将业务逻辑聚集到一个部件里面,在改进和个性化定制界面及用户交互的同时,不需要重新编写业务逻辑。MVC 被独特地发展起来用于映射传统的输入、处理和输出功能在一个逻辑的图形化用户界面的结构中。

MVC 开始是存在于桌面程序中的,M 是指业务模型,V 是指用户界面,C 则是控制器,使用 MVC 的目的是将 M 和 V 的实现代码分离,从而使同一个程序可以使用不同的表现形式。比如,一批统计数据可以分别用柱状图、饼图来表示。C 存在的目的则是确保 M 和 V 的同步,一旦 M 改变,V 应该同步更新。

Model(模型)是应用程序中用于处理应用程序数据逻辑的部分。通常模型对象负责在数据库中存取数据。

View(视图)是应用程序中处理数据显示的部分。通常视图是依据模型数据创建的。

Controller(控制器)是应用程序中处理用户交互的部分。通常控制器负责从视图读取数据,控制用户输入,并向模型发送数据。

MVC 分层有助于管理复杂的应用程序,因为你可以在一段时间内专门关注一个方面。例如,你可以在不依赖业务逻辑的情况下专注于视图设计。同时也让应用程序的测试更加容易。MVC 分层同时也简化了分组开发。不同的开发人员可同时开发视图、控制器逻辑和业务逻辑。

5.5.2　管道和过滤器风格

当输入数据经过一系列的计算和操作构件的变换形成输出数据时,可以应用该风格。

1. 批处理序列

批处理序列的每一步处理都是独立的,并且每一步是顺序执行的,只有当前一步处理完后,后一步处理才能开始。数据传送在步与步之间是作为一个整体进行的。即:该模式中,组件为一系列固定顺序的计算单元,组件间只通过数据传递进行交互,并且每个处理步骤是一个独立的程序,每一步必须在前一步结束后才能开始,数据必须是完整的,以整体的方式进行传递。典型的批处理应用包括:经典数据处理、程序开发以及 Windows 下的 BAT 程序等。

2. 管道/过滤器

在管道/过滤器风格的软件架构中,每个构件都有一组输入和输出,构件读输入的数据流,经过内部处理后产生输出数据流。这个过程通常通过对输入流的变换及增量计算来完成,所以在输入被完全消费之前,输出便产生了。因此,这里的构件被称为过滤器,这种风格的连接件就像是数据流传输的管道,将一个过滤器的输出传到另一过滤器的输入。此风格要求过滤器必须是独立的实体,它不能与其他的过滤器共享数据,而且一个过滤器不知道它上游和下游的标识。一个管道/过滤器网络输出的正确性并不依赖于过滤器进行增量计算过程的顺序。

图 5.19 为管道/过滤器架构的示意图。一个典型的管道/过滤器架构的例子是以 Unix shell 编写的程序。Unix 既提供一种符号,以连接各组成部分(Unix 的进程),又提供某种进程运行时机制以实现管道。另一个典型的例子是传统的编译器。传统的编译器一直被认为是一种管道系统,在该系统中,一个阶段(包括词法分析、语法分析、语义分析和代码生成)的输出是另一个阶段的输入。

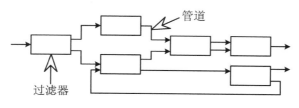

图 5.19　管道/过滤器架构

管道/过滤器架构具有许多很好的特点:

(1) 使得软构件具有良好的隐蔽性和高内聚、低耦合的特点;

（2）允许设计者将整个系统的输入/输出行为看成是多个过滤器的行为的简单合成；

（3）支持软件重用。只要提供适合在两个过滤器之间传送的数据，任何两个过滤器都可被连接起来；

（4）系统维护和性能增强简单。新的过滤器可以添加到现有系统中来；或者利用改进的过滤器替换旧的过滤器；

（5）方便系统分析。允许对一些如吞吐量、死锁等属性的分析；

（6）支持并行执行。每个过滤器是作为一个单独的任务完成的，因此可与其他任务并行执行。

但是，采用该架构设计的系统也存在着若干不利因素：

（1）通常导致进程成为批处理的结构。这是因为虽然过滤器可增量式地处理数据，但它们是独立的，所以设计者必须将每个过滤器看成一个完整的从输入到输出的转换。

（2）不适合处理交互的应用。当需要增量地显示改变时，这个问题尤为严重。

（3）因为在数据传输上没有通用的标准，每个过滤器都增加了解析和合成数据的工作，这样就导致了系统性能下降，并增加了编写过滤器的复杂性。

（4）通过长的管道时会导致延迟的增加。

（5）在维护或响应两个分离但相关的数据流时，利用管道/过滤器方式不易。

批处理与管道/过滤器相比，两者的共同点为，都把任务分成一系列固定顺序的计算单元（组件），组件之间只通过数据传递进行交互；两者的区别在于，批处理是全部的、高潜伏性的，输入时可随机存取，无合作性、无交互性，而管道/过滤器是递增的，数据结果延迟小，输入时处理局部化，有反馈、可交互。

5.5.3　仓库风格

在仓库风格中，有两种不同的构件：中央数据结构与独立构件。中央数据结构用来说明系统的当前状态，而独立构件则负责在中央数据存储上执行操作。中央数据结构与外构件之间的相互作用会直接影响到基于仓库模式的系统类型：如果系统中进程执行的选择是依据输入流中某类时间的触发，那么该仓库模式系统是一传统型数据库；而如果系统中进程执行的选择是依据中央数据结构中当前状态的触发，那么该仓库系统将是一黑板系统。

1．数据库系统

数据库架构是仓库风格最常见的形式。构件主要有两大类，一个是中央共享数据源，保存当前系统的数据状态；另一个是多个独立处理元素，由处理元素对数据元素进行操作。

2．超文本系统

超文本系统是一种提供了复杂格式（超文本）的解释的软件系统，包括文本格式、图像、超级链接——通过文字间的跳转提供某一个主题（关键词）的相关内容。这种系统为出版、更新和搜寻工作提供了更多的便利。早期的静态网页就是比较典型的超文本系统。

3．黑板系统

黑板架构包括知识源、黑板和控制 3 个组成部分，如图 5.20 所示。知识源中包含独立的、与应用程序相关的知识，知识源之间不直接进行通信，只通过黑板来完成。黑板是一个全局数据库，包含解域的全部状态，知识源通过不断改变黑板数据来解决问题。控制完全由黑板的状态驱动，黑板状态的改变决定使用的特定知识。

黑板通常应用在对于解决问题没有确定性算法的系统中,例如信号处理、问题规划及编译器优化等软件系统的设计中。

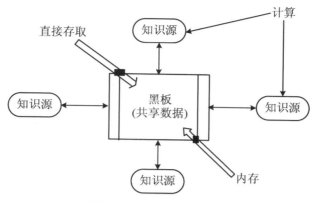

图 5.20　黑板系统的组成

5.5.4　独立构件风格

从体系结构上说,这种风格的构件是一些模块,这些模块既可以是一些过程,又可以是一些事件的集合。过程可以用通用的方式调用,也可以在系统事件中注册一些过程,当发生这些事件时,过程被调用。

1. 进程通信

在进程通信架构风格中,构件是独立的过程,连接件是消息传递。这种风格的特点是构件通常是命名过程,消息传递的方式可以是点到点、异步和同步方式以及远过程调用等。

2. 事件系统

在事件驱动架构风格中,构件之间交互的连接件往往是以过程之间的隐式调用(Implicit Invocation)来实现的。也就是说,构件不直接调用一个过程,而是通过触发或广播一个或多个事件的方式进行交互的。在这种风格的系统中,其他构件所含的过程会在一个或多个事件中注册,当一个事件被触发后,系统自动调用在这个事件中注册的所有过程。一个事件的触发将导致另一个模块中过程的调用。

该架构风格的主要优点有:

(1) 为软件重用提供了强大的支持。当需要将一个构件加入现存系统中时,只要将它注册到系统的事件中即可,具有良好的复用性与扩展性。

(2) 为改进系统带来了方便。当用一个构件代替另一个构件时,不会影响到其他构件的接口。

(3) 易于系统升级。

该架构风格的主要缺点有:

(1) 构件放弃了对系统计算的控制。一个构件触发一个事件时,不能确定其他构件是否会响应它。而且即使它知道事件注册了哪些构件的过程,它也不能保证这些过程被调用的顺序。

(2) 数据交换的问题。有时数据可被一个事件传递,但另一些情况下,基于事件的系统必须依靠一个共享的仓库进行交互。在这些情况下，全局性能和资源管理便成了问题。

（3）过程的语义必须依赖于被触发事件的上下文约束，有可能导致关于正确性的推理存在问题。

5.5.5　虚拟机风格

解释器、基于规则的系统是虚拟机架构风格的两种子风格。该风格最为典型的应用例子就是专家系统。

1. 解释器

一个解释器通常包含：完成解释工作的解释引擎、一个包含将被解释的代码的存储区、一个记录解释引擎当前工作状态的数据结构以及一个记录源代码被解释执行进度的数据结构。

具有解释器风格的软件中都含有一个虚拟机，可以仿真硬件的执行过程和一些关键应用；解释器通常被用来建立一种虚拟机以适合程序语义与硬件语义之间的差异。其缺点是执行效率较低。

2. 基于规则的系统

基于规则的系统包含：规则集、规则解释器、规则/数据选择器以及工作内存。一个基于规则的专家系统的基本结构图如图 5.21 所示。

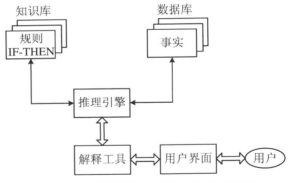

图 5.21　基于规则的专家系统的基本结构图

其中，知识库包含了解决问题用到的领域知识，采用一序列规则的形式进行表达，每个规则使用"IF（条件）THEN（动作）"结构指定，当满足规则的条件部分时，便激发规则，执行动作部分。数据库包含了一序列事实（一个对象及其取值便构成了一个事实），所有的事实都存放在数据库中，用来和知识库中存储的规则的"IF（条件）"部分相匹配。推理引擎用来执行推理，推理引擎连接知识库中的规则和数据库中的事实进行推理。解释工具主要向用户解释专家系统是如何得到某个结论，以及为何需要某些事实的。而用户界面则是用户为寻求问题的解决方案和专家系统沟通的途径，沟通要求尽可能的有意义并且足够友好。

该系统的主要优缺点如下：

优点：① 自然知识的描述；② 统一的结构（IF…THEN）；③ 知识与处理过程分离。

缺点：① 规则间的关系不透明；② 搜索策略的工作效率抵消，因为系统存在大量的穷举搜索；③ 不能自学习，没有能力从经验中学习。

5.6　面向数据流的设计

　　总体设计通常采用结构化设计(SD)方法,也称为面向数据流的设计方法,由 Yourdon 和 Constantine 等人于 1974 年提出,与需求阶段的结构化分析(SA)方法相衔接,构成了一个完整的结构化分析与设计技术,是目前使用最广泛的软件设计方法之一。

　　面向数据流的设计是基于外部数据结构进行设计的一种方法,其目标是给出设计软件结构的一个系统化途径。在软件工程的需求分析阶段,通常用数据流图(DFD)描绘信息在系统中加工和流动的情况。面向数据流的设计方法定义了一些不同的"映射",利用这些映射可以把数据流图变换成软件结构。理论上任何软件系统的结构都可以通过该方法进行设计,因为任何软件系统都可以用数据流图表示,其基本原理是系统的信息以"外部世界"的形式进入软件系统,经过处理之后再以"外部世界"的形式离开系统。

5.6.1　数据流方法的设计过程

　　要把数据流图转化为软件结构,首先必须研究数据流图的类型。对于各种软件系统,不论其数据流图如何庞大、复杂,一般可分为变换型和事务型两类,但很多时候数据流图又是由变换流和事务流组成的混合型数据流图。

　　1. **变换型数据流图**

　　变换型的数据流图由输入、变换和输出组成,如图 5.22 所示。

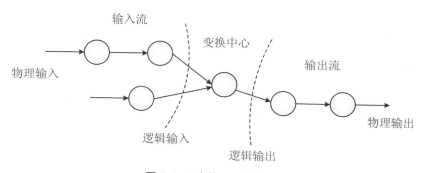

图 5.22　变换型数据流图

　　变换型数据处理的过程一般分为 3 步:取得数据、变换数据和给出数据,这 3 步体现了变换型数据流图的基本思想。变换是系统的主加工,变换输入端的数据流为系统的逻辑输入,输出端为逻辑输出。

　　2. **事务型数据流图**

　　如果某个加工处理是将它的输入流分离成许多发散的数据流,形成许多加工路径,并根据输入的值选择其中一条路径来执行,那么我们把这种数据流图称为事务型的数据流图,这个加工称为事务处理中心,如图 5.23 所示。

3．混合型数据流图

实际上所有的数据流图都是变换型的，因为事务型是变换型的一种特殊形式。在大多数系统的数据流图中，事务型和变换型往往交织在一起，构成混合型数据流图，如图 5.24 所示。

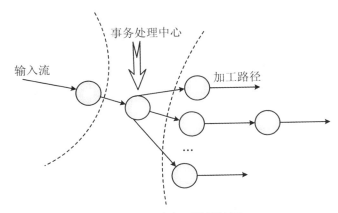

图 5.23　事务型数据流图

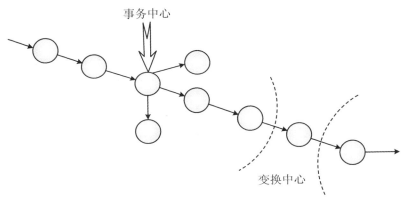

图 5.24　混合型数据流图

4．设计过程

面向数据流设计方法的设计过程如图 5.25 所示。

整个设计过程主要包括以下 6 个步骤：

（1）精化数据流图。把数据流图转换成软件结构图前，设计人员要仔细地研究分析数据流图，并参照数据字典，认真理解其中的有关元素，检查有无遗漏或不合理之处，进行必要的修改。

（2）确定数据流图的类型。如果是变换型，确定变换中心和逻辑输入、逻辑输出的界线，映射为变换结构的顶层和第一层；如果是事务型，确定事务中心和加工路径，映射为事务结构的顶层和第一层。

（3）分解上层模块，设计中下层模块结构。

（4）根据优化准则对软件结构求精。

（5）描述模块功能、接口及全局数据结构。

（6）复查，如果有错，转向步骤（2）修改完善，否则进入详细设计。

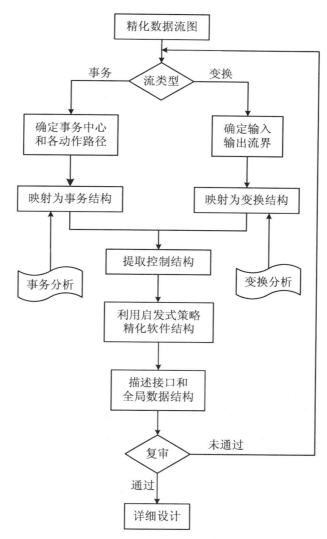

图 5.25　面向数据流的设计过程

5.6.2　变换分析

变换分析是一系列设计步骤的总称，经过这些步骤把具有变换型特点的数据流图按预先确定的模式映射成软件结构。如：将图 5.26 所示的变换型数据流图转换成相应软件结构图的过程如下：

首先可以将该数据流图划分为 3 部分：输入流、变换中心、输出流，如图中虚线所示，其中 b、e 为变换中心的输入流，构成逻辑输入数据流，f 为变换中心输出流，构成逻辑输出数据流。

其次，着手进行第一级分解，开始建立结构图的框架。初始结构图的框架通常包括最上面两层模块：顶层和第一层，顶层是一个控制模块，第一层是包括输入流、变换中心、输出流的模块。图 5.27 显示了第一级分解后的结构图。在该图中,顶层控制模块用 M_C 表示,第一层的输入模块、变换中心模块、输出模块分别用 M_A、M_T、M_E 表示,将数据流的名称标注在模块调用线旁边。

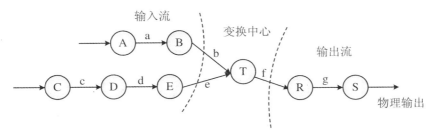

图 5.26 变换型数据流图

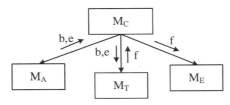

图 5.27 第一级分解后的结构图

然后进行第二级分解,对每个分支进行详细的分解,画出每个分支所需要的全部模块,从而得到初始结构图。图 5.27 中变换中心模块与输出模块较简单,我们重点介绍下输入模块的分解。变换中心的逻辑输入数据流 b、e 分别来自输入数据流的模块 B 与模块 E,而模块 B 的输入又来自于模块 A 的输出;模块 E 的输入来自于模块 D 的输出,而模块 D 的输入又来自于模块 C 的输出,故而可以画出每个分支的详细模块结构。图 5.28 分别画出了输入模块 M_A 与输出模块 M_E 的分解结构图。

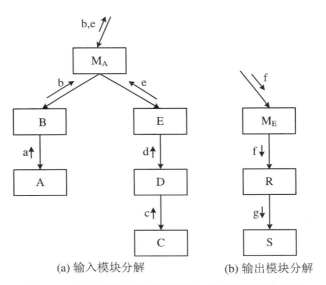

(a) 输入模块分解 (b) 输出模块分解

图 5.28 输入模块与输出模块第二级分解后的结构图

通过对输入模块、变换中心及输出模块的分解,就可以得到初始的结构图,如图 5.29

所示。

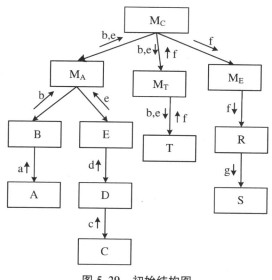

图 5.29   初始结构图

5.6.3   事务分析

对于具有事务型特征的数据流图,则需采用事务分析的设计方法来完成,事务分析方法与变换分析方法在很多方面是相似的。事务分析首先要做的就是确定事务中心,因为事务中心是多条动作路径的公共源头。确定事务中心后,就可以划分接收路径和发送路径。然后分解和细化每个接收分支和发送分支,完成初始的结构图(如图 5.30 所示)。

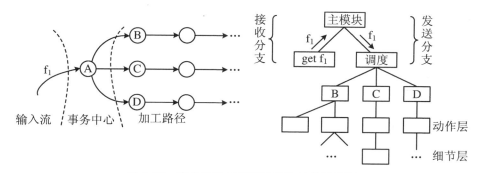

图 5.30   事务型数据流图映射为软件结构图

事务型结构主要是对动作分支的分解,典型的动作分支通常包括 P、T、A、D 4 层,其中,P 是处理层,相当于发送模块;T 是事务层,每一动作路径可映射为一个事务模块;A 是操作层,D 是细节层,都是对事务层的分解。动作分支的典型结构如图 5.31 所示。

例如,将一考试管理系统的数据流图转换成软件结构图的过程如下:

首先,分析出该系统的主要功能是完成学生考试:老师通过出试卷让学生考试,学生考试结束后,老师阅卷给出成绩,最后学生可以查询其成绩。从系统的数据处理流程可以看出,该系统输入数据为试题,中心加工为考试和阅卷,输出的数据为考试成绩。对于试题的加工有两种选择:题库抽题和编辑试题,这显然是属于事务型的,而系统的整体也属于变换结构。通过分析后,可以画出系统第一级分解后的结构图,如图5.32所示。

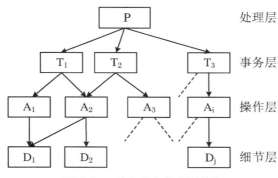

图 5.31　动作分支的典型结构

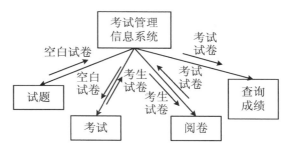

图 5.32　考试管理系统第一级分解后的结构图

其次,对各分支模块进行第二级分解。对于接收分支的试题模块,可以采用系统抽题或者编辑试题的方式产生空白试卷,是典型的事务型结构,其第二级分解后的结果如图5.33所示;对于阅读模块进行第二级分解,如图5.34所示;其他两个模块比较简单,可以不用分解。最终便可以得到考试管理系统的初始结构图。

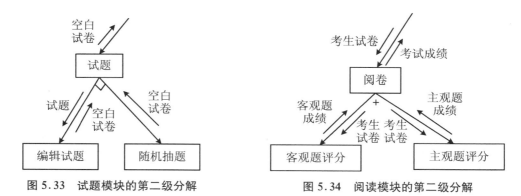

图 5.33　试题模块的第二级分解　　　　图 5.34　阅读模块的第二级分解

混合型数据流图的设计是将变换型和事务型相结合,设计方法与变换型与事务型的设计相同,故而这里不再做介绍,需要注意的是:其设计的关键是变换型和事务型的划分。

一般来说,如果数据流不具有显著的事务特点,最好使用变换分析;反之,如果具有明显的事务中心,则应该采用事务分析技术。但是,机械地遵循变换分析或事务分析的映射规则,很可能会得到一些不必要的控制模块,如果它们确实用处不大,那么可以而且应该把它们合并。反之,如果一个控制模块功能过分复杂,则应该分解为两个或多个控制模块,或者增加中间层次的控制模块。

5.7　数　据　设　计

总体设计阶段的数据设计可以理解为对需求阶段产生的数据字典的细化,即需求阶段数据域模型的精化。在功能域中,所有的操作与处理都是作用于数据域中的数据上的,所以良好的数据设计对软件质量的影响是很重要的。

数据设计,首先需要在高层(用户角度)建立一个数据(信息)模型,然后再逐步将这个数据模型变为将来进行编码的模型。目前的数据模型主要有两种:数据库管理系统(DBMS)和文件存储模式。其中,数据库管理系统已经是比较成熟的技术,尤其是关系数据库管理系统,是很多软件设计者采用的数据存储和管理工具。

5.7.1　文件设计

文件设计是指根据文件的使用要求、处理方式、存储容量、数据的灵活性以及所提供硬件设备的条件等,合理地确定文件类型,选择文件媒体,决定文件的组织方式和存取方法。对于文件的组织方式,往往需要根据文件的特征来确定,常见的文件组织方式有:

1. 顺序文件

顺序文件主要分为两种类型:连续文件和串联文件。连续文件是指文件的全部记录顺序地存储在外存的一片连续区域中,该文件组织方式存取速度快、处理简单,且存储利用率高。但是需要事先定义存储区域的大小,且不能扩充。串联文件是指文件记录成块地存放在外存中,对于每一块,记录都顺序地连续存放,但是块与块之间可以不邻接,利用一个块拉链指针将这些块顺序地链接起来。这种文件组织方式使得文件可以按需求扩充,存储利用率高,但是影响了存取和修改的效率。

2. 直接存取文件

直接存取文件中的记录在逻辑顺序与物理顺序上不一定相同,但是记录的关键字值直接指定了记录的地址,我们可以根据记录的关键字值,通过计算直接得到记录的存放地址。

3. 索引顺序文件

其基本的数据记录按照顺序文件方式组织,记录排列顺序必须按照关键字值升序或者降序安排,同时具有索引部分,且索引部分也按照同一关键字进行索引。在查找记录时,可以先在索引中按照该记录的关键字值查找有关的索引项,找到后,从该索引项取到记录的存储地址,再按照该地址检索记录。

4. 分区文件

这类文件主要是存放程序,由若干称为成员的顺序组织的记录组和索引组成。每一个成员是一个程序,利用索引给出各个成员的程序名、开始存放位置和长度,只要给出一个程序名,就可以在索引中查找到该程序的存放地址和程序长度,从而取出该程序。

5. 虚拟存储文件

这是基于操作系统的请求页式存储管理功能而建立的索引顺序文件,它的建立使用户能够统一处理整个内存和外存空间,从而方便了用户使用。

常见的文件格式包括 conf、xml、json 等。

5.7.2　数据库设计

按照规范化设计方法,数据库的设计可以分为 6 个阶段:需求分析、概念设计、逻辑设计、物理设计、数据库实施、数据库运行与维护。

1. 需求分析

进行数据库设计首先必须准确了解和分析用户需求,包括数据与处理需求。作为整个设计过程的基础,需求分析做的是否充分与准确,决定了在其上构建的“数据库大厦”的速度与质量。需求分析做得不好,可能会导致整个数据库的重新设计,因此,需求分析务必引起高度重视。

2. 概念设计

概念设计是整个数据库设计的关键,它通过对用户需求进行综合、归纳与抽象,形成了一个独立于具体 DBMS 的概念模型。如果采用基于 E-R 模型的数据库设计方法,该阶段就将所设计的对象抽象成 E-R 模型;如果采用用户视图法,则应设计出不同的用户视图。

3. 逻辑设计

逻辑设计阶段的任务是将概念设计阶段得到的基本概念模型,转换成与选用的 DBMS 产品所支持的数据模型相符合的逻辑结构。如果采用基于 E-R 模型的数据库设计方法,则该阶段就是将所设计的 E-R 模型转换为某个 DBMS 所支持的数据模型;如果采用用户视图法,则应该进行表的规范化,列出所有关键字以及用数据结构图描述表集合中的约束与联系,汇总各用户视图的设计结果,将所有的用户视图合成一个复杂的数据库系统。

4. 物理设计

数据库的物理设计是为逻辑数据模型选取一个最适合应用环境的物理结构,包括存储结构和存取方法。通常,物理设计可分 4 步完成:

(1) 存取记录结构设计。包括记录的组成、数据项的类型、长度以及逻辑记录到存储记录的映射。

(2) 确定数据存放位置。可以采用“记录聚簇”技术把经常同时访问的数据组合在一起。

(3) 存取方法的设计。存取路径分为主存取路径及辅存取路径,前者用于主键检索,后者用于辅助键检索。

(4) 完整性和安全性考虑。设计者应在完整性、安全性、有效性和效率方面进行分析,做出权衡。

5. 数据库实施

根据逻辑设计和物理设计的结果,在计算机系统上建立起实际数据库结构、装入数据、测试和试运行的过程称为数据库的实施阶段。该阶段主要包括 3 项工作:

(1) 建立实际数据库结构。

(2) 装入试验数据,对应用程序进行调试。

（3）装入实际数据，进入试运行状态。此时需要测量系统的性能指标是否符合设计目标，如果不符合，则应返回到前面，修改数据库的物理设计甚至逻辑设计。

6. 数据库运行与维护

数据库系统正式运行，标志着数据库设计与应用开发工作的结束和维护阶段的开始。运行维护阶段的主要任务有 4 项：

（1）维护数据库的安全性与完整性。检查系统安全性是否受到侵犯，及时调整授权和密码，实施系统转储与备份，以便发生故障后及时恢复。

（2）检测并改善数据库运行性能。对数据库的存储空间状况及响应时间进行分析评价，并结合用户反馈确定改进措施。

（3）根据用户要求对数据库现有功能进行扩充。

（4）及时改正运行中发现的系统错误。

5.8 本 章 小 结

总体设计的基本目的是用比较抽象概括的方式确定系统如何完成预定的任务，也就是说，该阶段需要确定系统的物理配置方案，并且由此确定组成系统的每个程序的结构。因此，我们可以将总体设计划分为两个小阶段：首先是系统设计，从数据流图出发设想完成系统功能的若干种合理的物理方案，仔细分析比较这些方案，和用户共同选出一个最佳方案。然后进行软件结构设计，确定软件由哪些模块组成以及这些模块之间的动态调用关系。对于软件结构的描述，常采用层次图、结构图、HIPO 图等图形工具。

在进行软件结构设计时应该遵循的最主要的原理是模块独立原理，也就是说，软件应该由一组完全相对独立的子功能的模块组成，这些模块彼此之间的接口关系应该尽量简单。抽象和求精是一对互补的概念，也是人类解决复杂问题时最常用、最有效的方法。在进行软件结构设计时，一种有效的方法就是，由抽象到具体地构造出软件的层次结构。

如果已经有了详细的数据流图，就可以使用面向数据流的设计方法，用形式化的方法由数据流图映射出软件结构。应该记住，这样映射出来的只是软件的初步结构，还必须根据设计原理与优化准则，认真分析和改进软件的初步结构，以得到质量更高的模块和更合理的软件结构。

在进行详细的过程设计和编写程序之前，首先进行软件架构设计，其好处正在于可以在软件开发的早期站在全局高度对软件结构进行优化。在这个时期进行优化付出的代价不高，却可以使软件质量得到重大改进。

> **阅 读 材 料**

概要设计与详细设计的衔接

概要设计就是根据目标系统的逻辑模型建立目标系统的物理模型，以及根据目标系统逻辑功能的要求，考虑实际情况，详细确定目标系统的结构和具体的实施方案。概要设计的目的是在保证实现逻辑模型的基础之上,尽可能提高目标系统的简单性、可变性、一致性、完整性、可靠性、经济性、运行效率和安全性。

一个软件系统具有层次性(系统各组成部分的管辖范围)和过程性(处理动作的顺序)特征。在概要设计阶段,主要关心系统的层次结构;到了详细设计阶段,则需要考虑系统的过程性,即"先干什么,后干什么",以及系统各组成部分是如何联系在一起的。

软件系统是一个人机系统,计算机在人的参与下高效率地完成大量的处理工作。在实际应用中,总要有某种意义上的人工干预,这种干预总是在系统的关键部分,即控制与决策部分。如果这部分也让计算机自动处理,就会降低效率,提高费用,甚至不可能处理。因此,在软件系统的关键部分,少量的手工操作是不可避免的。在进行软件系统的详细设计时首先就要分清哪些工作由计算机来做,哪些工作由手工完成,从而确定模块的实现方式,并据此把模块分成不同的类型,再按照不同类型用不同方法来设计实现方案。

每个模块均有各自要完成的任务。这个任务是适于用计算机处理还是适于用人工处理,在设计时就必须做出选择。由于计算机处理和人工处理各有特点,如何合理分工,扬长避短,充分发挥组织现有的人、机资源的作用,使软件系统的功能得到最好的实现,这是设计人员必须要解决的问题。因此,在进行模块实现的计算机处理与人工处理划分时应了解这两种处理过程的不同特点,结合模块实现的人机处理划分原则进行选择。

模块实现计算机处理与人工处理划分的一般原则是:

(1) 复杂的计算、大量重复的数学运算(如统计、汇总、分配等)以及结构化程度高的数据处理(如数据传送、存储、分类、检索、编制单证报表等),适合计算机处理。

(2) 各种管理模型、高层次的数学模型,如运筹学、数理统计、预测等处理,数据量大、算法复杂,适合于计算机处理。

(3) 数据格式不固定,例外情况较多及需要经验来判断的工作,目前没有成熟的技术可以应用或者代价太高,适合于人工处理。

(4) 决策性问题,先由计算机处理,提供尽可能多的资料,然后辅助与支持人进行最后的决策。

习　题　5

1. 选择题

(1) 概要设计是软件工程中很重要的技术活动,下列不是概要设计任务的是(　　)。

A. 设计软件系统结构　　　　　　　　B. 编写测试报告

C. 数据结构和数据库设计　　　　　　D. 编写概要设计文档

(2) 软件的结构化设计方法中,一般分为概要设计和详细设计两个阶段,其中概要设计主要是要建立(　　)。

A. 软件结构　　　B. 软件流程　　　C. 软件模型　　　D. 软件模块

(3) 软件设计是一个将(　　)转换为软件表示的过程。

A. 代码设计　　　B. 软件需求　　　C. 详细设计　　　D. 系统分析

(4) 内聚是从功能角度来度量模块内的联系,按照特定次序执行元素的模块属于(　　)。

A. 逻辑内聚　　　B. 时间内聚　　　C. 过程内聚　　　D. 顺序内聚

（5）耦合是软件各个模块间连接的一种度量。一组模块都访问同一数据结构应属于（　　）。

A. 内容耦合　　　　B. 公共耦合　　　　C. 外部耦合　　　　D. 控制耦合

（6）（　　）是指让一些关系密切的软件元素在物理上彼此靠近。

A. 信息隐蔽　　　　B. 内聚　　　　C. 局部化　　　　D. 模块独立

（7）面向数据流的软件设计方法中，一般是把数据流图中的数据流分为（　　）两种流，再将数据流图映射为软件结构。

A. 数据流和事务流　　　　　　　B. 交换流和事务流
C. 信息流和控制流　　　　　　　D. 交换流和数据流

（8）下列关于软件设计准则的描述，错误的是（　　）。

A. 提高模块的独立性　　　　　　B. 体现统一的风格
C. 使模块的作用域在该模块的控制域外　　D. 结构应该尽可能满足变更的要求

2. 问答题

（1）什么是软件概要设计？该阶段的基本任务是什么？

（2）衡量模块独立性的两个标准是什么？它们各表示什么含义？

（3）试述"变换分析""事务分析"的设计步骤。

3. 设计题

（1）已知一抽象的数据流图如图 5.35 所示，请用面向数据流的设计方法画出相应的软件结构图。

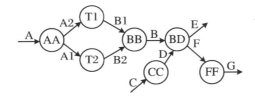

图 5.35　抽象的数据流图

（2）高考录取统分子系统有如下功能：

① 计算标准分：根据考生原始分计算得到标准分，存入考生分数文件；

② 计算录取线分：根据标准分、招生计划文件中的招生人数，计算录取线，存入录取线文件。

试根据要求画出该系统的数据流图，并将其转换为软件结构图。

（3）图书馆的预定图书子系统有如下功能：

① 由供书部门提供书目给订购组。

② 订书组从各单位取得要订的书目。

③ 根据供书目录和订书书目产生订书文档留底。

④ 将订书信息（包括书目，数量等）反馈给供书单位。

⑤ 将未订书目通知订书者。

⑥ 对于重复订购的书目由系统自动检查，并把结果反馈给订书者。

试根据要求画出该问题的数据流图，并把其转换为软件结构图。

实验 3　Rose 建立类图与交互图

1. 建立类图(Class Diagram)

1.1　创建类

在 Rational Rose 中可以通过几种途径来创建类。最简单的方法是利用模型的 Logic 视图中的类图标和绘图工具,在图中创建一个类。或者,在浏览器中选择一个包并使用快捷菜单的 new→class。一旦创建了一个类,就可以通过双击打开它的对话框并在 Documentation 字段中添加文本来对这个类进行说明。

1.2　创建方法

(1) 选择浏览器中或类图上的类。

(2) 使用快捷菜单的 new→Operation。

(3) 输入方法的名字,可在 Documentation 字段中为该方法输入描述其目的的简要说明。

1.3　创建属性

(1) 选择浏览器中或类图上的类。

(2) 使用快捷菜单的 new→Attribute。

(3) 输入属性的名字,可在 Documentation 字段中为该属性输入描述其目的的简要说明。

1.4　创建类图

右击浏览器内的 Logical 视图,选择 new→class diagram,把浏览器内的类拉到类图中即可。

1.5　创建类之间的关系

类之间的关系分为:继承、关联、聚合、依赖。

(1) 类之间的关系在工具栏中显示。

(2) 对于关联关系来说,双击关联关系,就可以在弹出的对话框中对关联的名称和角色进行编辑。

(3) 编辑关联关系的多重性:右单击所要编辑的关联的一端,从弹出的菜单中选择 Multiplicity,然后选择所要的基数。

画 ATM 系统中取款这个用例的类图:类图显示了取款这个用例中各个类之间的关系,由 4 个类完成:读卡机、账目、ATM 屏幕和取钱机。类图中每个类都是用方框表示的,分成 3 个部分。第一部分是类名;第二部分是类包含的属性,属性是类和相关的一些信息,如账目类包含了 3 个属性:账号、PIN(密码)和结余;最后一部分包含类的方法,方法是类提供的一些功能,例如账目类包含了 4 个方法:打开、取钱、扣钱和验钱数。

类之间的连线表示了类之间的通信关系。例如,账目类连接了 ATM 屏幕,因为两者之间要直接相互通信;取钱机和读卡机不相连,因为两者之间不进行通信。有些属性和方法的左边有一个小锁的图标,表示这个属性和方法是 private 的(UML 中用′−′表示),该属性和方法只在本类中可访问。没有小锁的,表示 public(UML 中用′+′表示),即该属性和方法在所有类中可访问。若是一个钥匙图标,表示 protected(UML 中用′♯′表示),即属性和方法在该类及其子类中可访问。

2. 建立交互图(Interaction Diagram)

2.1 序列图(Sequence Diagram)

序列图显示用例中的功能流程。

创建序列图:① 在浏览器内的 Logic 视图中单击鼠标右键,选择 new→sequence diagram,就新建了一张序列图。② 也可以在浏览器中的 use case 视图中选择某个用例,然后右击这个用例,选择 new→sequence diagram。

在序列图中放置参与者和对象:在序列图中的主要元素之一就是对象,相似的对象可以被抽象为一个类。序列图中的每个对象代表了某个类的某一实例。

(1)把用例图中的该用例涉及的所有参与者拖到 sequence 图中。

(2)选择工具栏中的 object 按钮,单击框图增加对象。可以选择创建已有类的对象,也可以在浏览器中新建一个类,再创建新的类的对象。双击对象,在弹出的对话框中的"class"里确定该对象所属的类。

(3)对象命名:对象可以命名也可没名字。双击对象,在弹出的对话框中的"name"里给对象取名。

说明对象之间的消息:① 选择 message 工具栏按钮。② 单击启动消息的参与者或对象,把消息拖到目标对象和参与者。③ 命名消息。双击消息,在对话框中的"General"里的"name"中输入消息名称。

画某客户 Joe 取 20 美元的序列图(如图 5.36):序列图显示了用例中的功能流程。我们对取款这个用例进行分析,它有很多可能的程序,如想取钱而没钱,想取钱而 PIN 错等,正常的情况是取到了钱,下面的序列图就对某客户 Joe 取 20 美元,分析它的序列图。

序列图的顶部一般先放置的是取款这个用例涉及的参与者,然后放置系统完成取款用例所需的对象,每个箭头表示参与者和对象或对象之间为了完成特定功能而要传递的消息。

取款这个用例从客户把卡插入读卡机开始,然后读卡机读卡号,初始化 ATM 屏幕,并打开 Joe 的账目对象。屏幕提示输入 PIN,Joe 输入 PIN(1234),然后屏幕验证 PIN 与账目对象,发出相符的信息。屏幕向 Joe 提供选项,Joe 选择取钱,然后屏幕提示 Joe 输入金额,它选择 20 美元。然后屏幕从账目中取钱,启动一系列账目对象要完成的过程。首先,验证 Joe 账目中至少有 20 美元;然后,它从中扣掉 20 美元,再让取钱机提供 20 美元的现金。Joe 的账目还让取钱机提供收据,最后它让读卡机退卡。

2.2 协作图(Collaboration Diagram)

协作图的创建以及在协作图中放置参与者和对象与序列图类似。只不过对象之间的链接有所不同。

增加对象链接:① 选择 Object Link 工具栏按钮。② 单击要链接的参与者或对象。③ 将对象链接拖动到要链接的参与者或对象。

加进消息:① 选择 Link Message 或 Reverse Link Message 工具栏按钮。② 单击要放消息的对象链接。③ 双击消息,可以在弹出的对话框里为消息命名。

2.3 序列图和协作图之间的转换

在序列图中按 F5 键就可以创建相应的协作图;同样,在协作图中按 F5 键就可以创建相应的序列图。序列图和协作图是同构的,也就是说两张图之间的转换没有任何信息的损失。

从 Joe 取 20 美元的协作图中我们可以看到读卡机和 Joe 的账目两个对象之间的交互:

读卡机指示 Joe 的账目打开,Joe 的账目让读卡机退卡。直接相互通信的对象之间有一条直线,例如 ATM 屏幕和读卡机直接相互通信,则其间画一条直线。没有画直线的对象之间不直接通信。

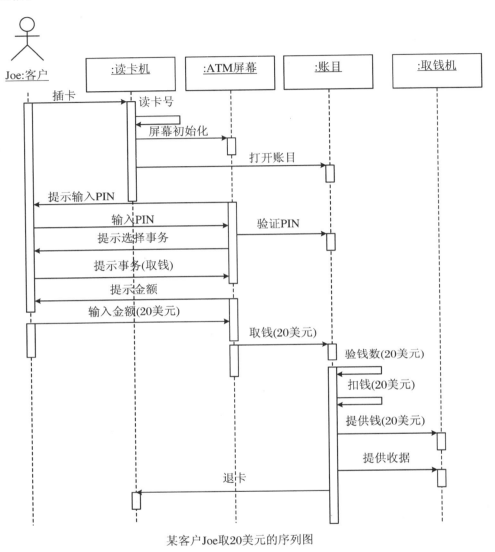

某客户Joe取20美元的序列图

图 5.36　某产品 Joe 取 20 美元的序列图

第6章 详 细 设 计

概要设计是设计软件的结构,包括组成模块、模块的层次结构、模块的调用关系、每个模块的功能等。同时,还要设计该项目的应用系统的总体数据结构和数据库结构,即应用系统要存储什么数据,这些数据是什么样的结构,它们之间有什么关系。详细设计阶段就是为每个模块完成的功能进行具体的描述,要把功能描述转变为精确的、结构化的过程描述。详细设计的根本目标是确定应该怎样具体地实现所要求的系统,从而在编码阶段可以把这个描述直接翻译成用某种程序设计语言书写的程序。

6.1 详细设计概述

6.1.1 详细设计的任务

软件详细设计的任务是为软件结构图中的每个模块确定所采用的算法和块内数据结构,用某种选定的表达工具给出清晰的描述,表达工具可以自由选择,但工具必须具有描述过程细节的能力,而且能有利于程序员在编程时直接翻译成用程序设计语言书写的源程序。

详细设计的基本任务:

(1) 为每个模块进行详细的算法设计。用某种图形、表格、语言等工具将每个模块处理过程的详细算法描述出来。

(2) 为模块内的数据结构进行设计。对需求分析、概要设计确定的概念性的数据类型进行确切的定义。

(3) 对数据结构进行物理设计,即确定数据的物理结构。物理结构主要指数据的存储记录格式、存储记录安排和存储方法。

(4) 其他设计:根据软件系统的类型,还可能要进行以下设计:① 编码设计 为了便于数据的输入、分类、存储、检索等操作,节约内存空间,对数据中的某些数据项的值要进行编码设计;② 输入/输出格式设计;③ 人机对话设计 对于一个实时系统,用户与计算机频繁对话,因此要进行对话方式、内容、格式的具体设计。

(5) 编写详细设计说明书。

(6) 评审。对处理过程的算法和数据的物理结构都要评审。

6.1.2 详细设计的内容

详细设计通常包括如下内容:

1. 模块接口设计

（1）对用于持久化的文件进行设计，设计的内容应包含：文件的存放位置、文件名称、内容编码、内容结构、读写控制机制等。

（2）对持久化内存数据进行设计，设计的内容应包含数据的存储格式、数据的缓存刷新机制、数据的读写时机和方式等。

（3）对数据库进行物理设计，设计的内容应包含：表、视图、存储过程等。

2. 模块功能设计

（1）对模块/子模块的命名空间进行设计，如对源代码的包结构进行设计；

（2）对模块/子模块的内部功能流程进行设计，将功能和职责细分到具体的类；

（3）对于核心的类进行属性和方法进行设计；

（4）对复杂的计算进行算法设计；

（5）共通功能设计；

（6）对异常、错误、消息和日志进行详细的设计；

（7）对内存管理、线程管理等进行设计；

（8）对系统性能诸如：抗压性、吞吐量、响应速度、安全性等进行设计。

6.1.3 详细设计的过程

在详细设计阶段，设计者的工作对象是一个模块，根据概要设计赋予的局部任务和对外接口，设计并表达出模块的算法、流程、状态转换等内容。这里要注意，如果发现有结构调整（如分解出子模块等）的必要，必须返回到概要设计阶段，将调整反映到概要设计文档中，不能就地解决，不打招呼。

详细设计文档最重要的部分是模块的流程图、状态图、局部变量及相应的文字说明等。一个模块一篇详细设计文档。概要设计文档相当于机械设计中的装配图，而详细设计文档相当于机械设计中的零件图。文档的编排、装订方式也可以参考机械图纸的方法。

详细设计包括5个步骤：

（1）确定每个模块所要使用的数据结构；

（2）确定每个模块采用的算法，选取适当的表达工具将这些算法清晰地表达出来；

（3）确定模块接口，包括外部软硬件接口和用户界面设计、模块间的接口实现，以及模块内部的输入输出数据及局部数据的实现；

（4）编写详细设计阶段的文档，详细设计说明书；

（5）对结构图的每一个模块设计出一组测试用例。

6.2 设 计 准 则

模块的逻辑描述要清晰易读、正确可靠，这是详细设计的基本要求，也是最高准则。

6.2.1　避免重复

避免重复(Don't repeat yourself)是一个最简单也最基本的准则。它很容易被理解,但却可能是最难被应用的一个准则,因为要做到避免重复,我们需要在泛型设计上做出相当的努力,而这并不是一件容易的事情,它意味着当我们在两个或者多个地方发现相似代码的时候,把相似代码的共性抽象出来形成一个唯一的新方法,并且改变现有地方的代码,使其能够以一些合适的参数来调用这个新的方法。

6.2.2　逐步求精

逐步求精最初是由 Niklaus Wirth 提出的一种自顶向下的设计策略。按照这种设计策略,程序结构将按照自顶向下的方式对各个层次的过程细节和数据细节逐步求精,直到能够使程序设计语言的语句实现为止。设计的初始说明只是概念性地描述了系统的功能或信息,并未提供有关功能的内部实现机制或内部结构的任何信息。设计人员对初始说明仔细推敲,进行功能细化或信息细化,给出实现细节,划分出若干成分,然后再对这些成分进行细化。随着细化工作的逐步进行,设计人员就能够得到越来越多的细节。

逐步求精是解决复杂问题时采用的基本方法,也是软件工程技术(如规格说明技术、设计和实现技术)的基础。它和抽象是两个互补的概念,抽象使设计人员忽略低层的细节,重点描述结构、过程和数据,而逐步求精则有助于设计人员在设计过程中揭示低层的细节,两者均能够帮助设计人员在设计工作中逐步建立起完整的设计模型。

程序设计遵循“自顶而下,逐步求精”的设计思想,其出发点是从问题的总体目标开始,抽象低层的细节,先专心构造高层的结构,然后再一层一层地分解和细化。这使设计者能把握主题,高屋建瓴,避免一开始就陷入复杂的细节中,使复杂的设计过程变得简单明了,过程的结果也容易做到正确可靠,其优点具体如下:

(1) 自顶向下、逐步求精的方法是人类解决复杂问题的普遍规律,可以显著提高软件开发工程的成功率和生产率。

(2) 用先全局后局部,先整体后细节,先抽象后具体的逐步求精过程开发出的程序有着清晰的层次结构,容易阅读和理解。

(3) 不使用 GOTO 语句,仅使用单入口、单出口的控制结构,使得程序的静态结构和动态执行情况比较一致。

(4) 控制结构有确定的逻辑模式,编写程序代码只限于使用很少几种直截了当的方式,因此源程序清晰流畅,易读、易懂、易于测试。

(5) 程序清晰和模块化使得在修改和重新设计一个软件时可重用的代码量很大。

(6) 程序的结构清晰,有利于程序正确性的证明。

6.2.3　结构化程序设计

结构化程序设计的原则:代码块仅通过顺序、选择和循环 3 种基本控制结构进行连接,每个代码块只有一个入口和一个出口。

结构化程序设计曾被称为软件发展中的第三个里程碑。该方法的原则是主张使用顺序、选择、循环3种基本结构来嵌套连接成具有复杂层次的"结构化程序",严格控制GOTO语句的使用。用这样的方法编出的程序在结构上具有以下效果:

（1）以控制结构为单位,只有一个入口,一个出口,所以能独立地理解这一部分。

（2）能够以控制结构为单位,自然上而下顺序地阅读程序文本。

（3）由于程序的静态描述与执行时的控制流程容易对应,所以能够方便正确地理解程序的动作。

6.3　设　计　模　式

模式是方法论。

6.3.1　调用返回模式

该模式能够让软件设计师设计出一个相对易于修改和扩展的程序结构。在该类模式中存在几种子模式:

1. 主程序/子程序

这种传统的程序结构将功能分解为一个控制层次,其中"主"程序调用一组程序构件,这些程序构件又去调用别的程序构件,如图6.1所示。

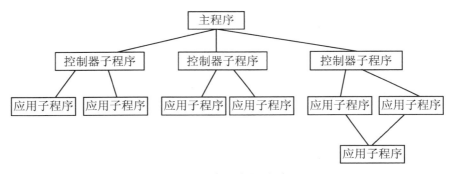

图 6.1　主程序/子程序

该模式属于单线程控制,即把问题划分为若干个处理步骤,利用主程序和子程序作为系统的构件,通过过程调用的方式进行交互。值得说明的是该模式中各子程序通常可合并成为模块,如果将该程序分布在网络的多个计算机上,就构成了远程过程调用程序。

2. 数据抽象与面向对象风格

抽象数据类型概念对软件系统有着重要作用,目前软件界已普遍转向使用面向对象系统。这种风格建立在数据抽象和面向对象的基础上,数据的表示方法和它们的相应操作封装在一个抽象数据类型或对象中。这种风格的构件是对象,或者说是抽象数据类型的实例。对象是一种被称作管理者的构件,因为它负责保持资源的完整性。对象是通过函数和过程的调用来交互的。如图6.2所示。

面向对象系统有许多优点：① 因为对象对其他对象隐藏它的表示，所以可以改变一个对象的表示，而不影响其他的对象。② 设计者可将一些数据存取操作的问题分解成一些交互的代理程序的集合。

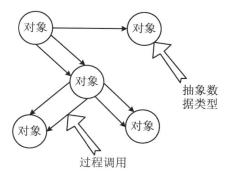

图 6.2 数据抽象和面向对象风格架构

面向对象的系统也存在着某些问题：① 为了使一个对象和另一个对象通过过程调用等方式进行交互，必须知道对象的标识。只要一个对象的标识改变了，就必须修改所有其他明确调用它的对象。② 必须修改所有显式调用它的其他对象，并消除由此带来的一些副作用。例如，如果 A 使用了对象 B，C 也使用了对象 B，那么，C 对 B 的使用所造成的对 A 的影响可能是料想不到的。

6.3.2　工厂模式

工厂模式是一种创建型模式，是我们最常用的实例化对象模式，是用工厂方法代替 new 操作的一种模式。著名的 Jive 论坛就大量使用了工厂模式，工厂模式在 Java 程序系统中可以说是随处可见。因为工厂模式就相当于创建实例对象的 new，我们经常要根据类 Class 生成实例对象，如 A a = new A( )。工厂模式也是用来创建实例对象的，所以以后用 new 时就要多加注意，可以考虑使用工厂模式，虽然这样做，可能会多做一些工作，但会给你的系统带来更大的可扩展性和较少的修改量。

如果我们要创建 Sample 的实例对象，我们常常这样做：

Sample sample = new Sample( );

而工厂模式则建立一个专门生产 Sample 实例的工厂：

```
public class Factory{
    public static ISample creator(int which){
        if（which = =1）
            return new SampleA( );
        else if（which = =2）
            return new SampleB( );
    }
}
```

那么，在你的程序中，要创建 ISample 的实例时候可以使用：

ISample sampleA = Factory. creator(1);

这样,在整个不涉及 ISample 的具体的实现类,达到封装效果,也就减少错误修改的机会。

6.3.3　适配器模式

适配器(Adapter)模式将一个类的接口转换成客户希望的另外一个接口。Adapter 模式使得原本由于接口不兼容而不能一起工作的那些类可以一起工作。Adapter 模式的宗旨是保留现有类所提供的服务,向客户提供接口,以满足客户的期望。

适配器模式是一种结构型模式,它将一个类的接口适配成用户所期待的。一个适配允许通常因为接口不兼容而不能在一起工作的类在一起工作,做法是将类自己的接口包裹在一个已存在的类中。

有两类适配器模式:对象适配器模式和类适配器模式。在对象适配器模式中,适配器容纳一个它包裹的类的实例。在这种情况下,适配器调用被包裹对象的物理实体。在类适配器模式下,适配器继承自己实现的类(一般多重继承)。

6.3.4　观察者模式

观察者模式(又被称为发布(Publish)—订阅(Subscribe)模式、模型—视图(View)模式、源—收听者(Listener)模式或从属者模式)是一种行为模式。在这种模式中,一个目标物件管理所有相依于它的观察者物件,并且在它本身的状态改变时主动发出通知。这通常通过呼叫各观察者所提供的方法来实现。此种模式通常被用来实现事件处理系统。

观察者模式(Observer)完美地将观察者和被观察的对象分离开来。举个例子,用户界面可以作为一个观察者,业务数据是被观察者,用户界面观察业务数据的变化,发现数据变化后,就显示在界面上。观察者模式在模块之间划定了清晰的界限,提高了应用程序的可维护性和重用性。观察者设计模式定义了对象间的一种一对多的依赖关系,以便一个对象的状态发生变化时,所有依赖于它的对象都得到通知并自动刷新。

观察者模式有很多实现方式,从根本上说,该模式必须包含两个角色:观察者和被观察者。在刚才的例子中,业务数据是被观察者,用户界面是观察者。观察者和被观察者之间存在"观察"的逻辑关联,当被观察者发生改变的时候,观察者就会观察到这样的变化,并且做出相应的响应。如果在用户界面、业务数据之间使用这样的观察过程,可以确保界面和数据之间划清界限,假定应用程序的需求发生变化,需要修改界面的表现,只需要重新构建一个用户界面,业务数据不需要发生变化。

实现观察者模式有很多形式,比较直观的一种是使用一种"注册—通知—撤销注册"的形式。观察者(Observer)将自己注册到被观察对象(Subject)中,被观察对象将观察者存放在一个容器(Container)里。被观察对象发生了某种变化,从容器中得到所有注册过的观察者,将变化通知观察者。观察者告诉被观察者要撤销观察,被观察者从容器中将观察者去除。观察者将自己注册到被观察者的容器中时,被观察者不应该过问观察者的具体类型,而是应该使用观察者的接口。这样的优点是:假定程序中还有别的观察者,那么只要这个观察者也是相同的接口实现即可。一个被观察者可以对应多个观察者,当被观察者发生变化的时候,它可以将消息一一通知给所有的观察者。基于接口而不是具体的实现——这一点为程序提供了更大的灵活性。

6.4 过程设计

过程设计的主要工作就是确定模块内部的结构和算法,得到模块过程描述。

6.4.1 数据结构设计

数据结构设计能够在很大程度上决定软件的质量,因为数据结构对程序结构及过程复杂性等都起着直接的影响作用,从某种意义上讲,它是设计活动中最重要的一个。无论采用哪一种软件设计技术,没有良好的数据结构设计,是不可能导出良好的软件结构的。

数据结构设计往往和算法设计分不开。数据结构与算法就是指一类数据的表示和与之相关的一些操作,描述的是各数据分量之间的逻辑关系。如:以链表方式存储的一组整数数据,以及与之相关的插入、删除、查找和排序等操作。每一种数据结构与算法都有一定的时间和空间的开销,因此,在选择数据结构时,应该明确要解决的问题,了解所采用的存储介质的特性。对于设计人员来说,应该掌握一些常用的数据结构和算法,避免重复设计。最后还要明确数据结构设计是为软件系统服务的,必须要符合系统的实际需求。

在设计程序结构时,对于数据结构的选择,要尽可能地使程序结构简单。最初可以仅仅考虑简单的静态结构,然后对其进行存储和执行时间的估算,如果效率过低,则需逐渐地将其改换为复杂的动态结构。此外,还需从软件整体的角度出发,考虑模块的存储容量与执行时间对软件整体所产生的影响。

6.4.2 算法设计

算法(Algorithm)是指解题方案的准确而完整的描述,是一系列解决问题的清晰指令,算法代表着用系统的方法描述解决问题的策略机制。也就是说,能够对一定规范的输入,在有限时间内获得所要求的输出。不同的算法可能用不同的时间、空间或效率来完成同样的任务。一个算法的优劣可以用空间复杂度与时间复杂度来衡量。

一个算法应该具有以下 5 个重要的特征:有穷性、确切性、输入项、输出项、可行性。

一个算法有两个要素:逻辑和控制结构。逻辑是指客观事物本身的规律性,而控制结构反映了各操作之间的执行顺序。

算法设计的关键就是掌握问题处理的逻辑,设计一个处理的方法或过程,然后对其进行形式化或者半形式化,以便用控制结构将处理表达出来。

6.4.3 过程设计的工具

1. PAD 图

PAD 是问题分析图(Problem Analysis Diagram)的英文缩写,是 1974 年由日本的二村良彦等人提出的一种主要用于描述软件详细设计的图形表示工具。与方框图一样,PAD 图也只能描述结构化程序允许使用的几种基本结果。自发明以来，已经得到一定程度的推广。它用二维树形结构的图表示程序的控制流，以 PAD 图为基础，遵循机械的走树（Tree Walk）规则就能方便地编写出程序，用这种图转换为程序代码比较容易。

PAD 也设置了 5 种基本控制结构的图式，并允许递归使用。如图 6.3 所示。

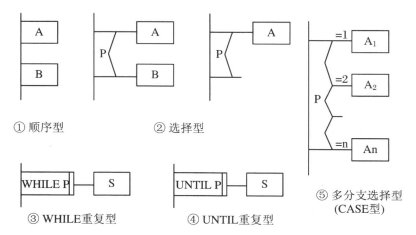

图 6.3 PAD 的基本控制结构

下面看一个实例：输入 3 个正整数作为边长，判断该三条边构成的三角形是等边、等腰还是一般三角形，其 PAD 图如图 6.4 所示。

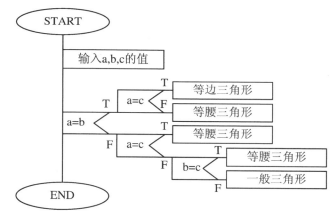

图 6.4 PAD 图

2．程序流程图

程序流程图独立于任何一种程序设计语言，比较直观、清晰、易于学习掌握。但流程图也存在一些缺点。例如流程图所使用的符号不够规范，常常使用一些习惯性用法。特别是表示程序控制流程的箭头可以不受任何约束，随意转移控制。这些现象显然是与软件工程化的要求相背离的。

为了消除这些缺点，应对流程图所使用的符号做出严格的定义，不允许人们随心所欲地画出各种不规范的流程图。例如，为使用流程图描述结构化程序，必须限制流程图只能使用图 6.5 所给出的 5 种基本控制结构。任何复杂的程序流程图都应由这 5 种基本控制结构组合或嵌套而成。

下面看一个实例:输入3个正整数作为边长,判断该三条边构成的三角形是等边、等腰还是一般三角形,其流程图如图6.6所示。

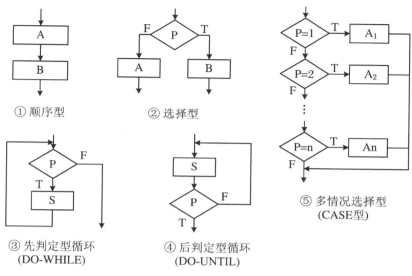

① 顺序型   ② 选择型   ⑤ 多情况选择型(CASE型)

③ 先判定型循环(DO-WHILE)   ④ 后判定型循环(DO-UNTIL)

图6.5　流程图的基本控制结构

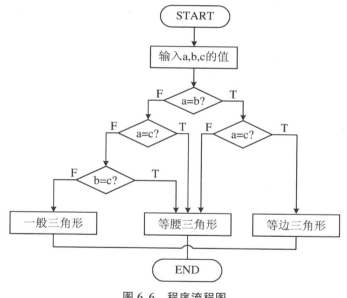

图6.6　程序流程图

3. 盒图(N-S图)

Nassi 和 Shneiderman 提出了一种符合结构化程序设计原则的图形描述工具,叫作盒图,也叫作 N-S 图。任何一个 N-S 图都是前面介绍的 5 种基本控制结构相互组合与嵌套的结果。当问题很复杂时,N-S 图可能很大。N-S 图的 5 种基本控制结构如图6.7所示。

我们看一个实例:输入3个正整数作为边长,判断该三条边构成的三角形是等边、等腰还是一般三角形。N-S 图如图6.8所示。

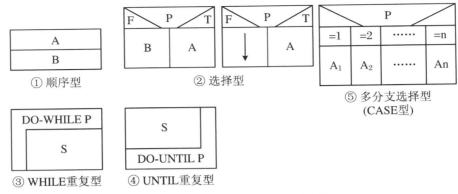

① 顺序型　　② 选择型　　⑤ 多分支选择型（CASE型）

③ WHILE重复型　　④ UNTIL重复型

图 6.7　N-S 图的 5 种基本控制结构

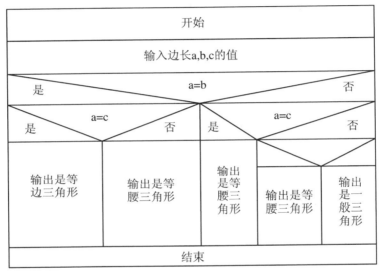

图 6.8　N-S 图

以上这些图形类工具能清晰地表示过程控制。此外，还有判定表和判定树这类表格工具，对复杂条件组合的情况下发生的动作描述得更为全面、直观，但它们单独作为算法的描述工具往往不足以清晰地表达处理的过程，而作为算法设计的辅助工具是合适的。过程设计语言 PDL 方便简单、易于理解，可以作为注释语言，有利于维护工作的展开。

6.5　人机界面设计

对最终用户而言，界面就是系统。——维纳亚克·赫格德

人机界面是对用户与系统之间进行交互所采用的方式、途径、内容、布局、结构的总称，人机界面也叫人机接口、人机交互界面等。软件是通过人机界面向用户展示其功能和内容，用户也只能通过人机界面来感知和使用软件系统。人机界面设计是系统设计的一个重要工作，人机界面设计应该遵循合理、有效和安全的原则。

用户界面设计主要依靠设计者的经验。总结众多设计者的经验而得到的设计指南,有助于设计者设计出友好、高效的人机界面。

6.5.1　人机界面的设计问题

设计任何一个人机界面,一般必须考虑系统响应时间、用户求助机制、错误信息处理和命令方式4个方面。

系统响应时间过长是交互式系统中用户抱怨最多的问题,除了响应时间的绝对长短外,用户对不同命令在响应时间上的差别也很在意,若过于悬殊用户将难以接受;用户求助机制宜采用集成式,避免叠加式系统导致用户求助某项指南而不得不浏览大量无关信息;错误和警告信息必须选用用户明了、含义准确的术语描述,同时还应尽可能提供一些有关错误恢复的建议。此外,显示出错信息时,若再辅以听觉(铃声)、视觉(专用颜色)刺激,则效果更佳;命令方式最好是菜单与键盘命令并存,供用户选用。

6.5.2　交互设计的原则

人机界面核心的设计主题有3个:

(1) 依从:UI要帮助用户对内容进行理解和互动,但绝不能与内容产生竞争关系。

(2) 清晰:任何字号的文字都要清楚易读,图标要精细且含义明确,装饰性元素要少而精,且使用得当;聚焦于功能性的实现,并以此激发设计的进行。

(3) 纵深:视觉外观的层次以及逼真的动画效果可以传达出界面的活力,使界面更容易被理解,并提升用户的愉悦度。

交互设计最重要的设计原则是:别让我思考!

别让我思考的意思是界面上的内容可以自我解释,用户在看到界面时就能明白它的含义,而不需要花费精力进行思考。设计师的目标就是让每一个界面都能自我解释、不言而喻,普通用户只要一看到它,就能明白是什么意思,以及如何使用,达到让用户瞬间识别的效果。它注重用户体验,不让用户思考,提高了可用性。以下是要做到的几个方面:

(1) 文案易懂,图形达意:文字是一种理解的力量,所以界面中的文案需要让人容易理解,快速记忆。过分修饰语以及专业用语,都会增加用户认知的复杂度。简洁易懂的文案可以有效降低页面噪声,让有用的内容更加突出。界面中的图形要向用户传达出正确的操作信息。虽然说好的图形表达会优于文字,但如果只是为了追求视觉效果,使用的图形不能很好地阐释内容,反而会给用户造成理解上的困扰。

(2) 引导用户的行为:在界面设计中,可以通过菜单、导航、面包屑等手段有效引导用户行为路径,帮助用户找到想要的东西,以及告诉他们身在何处。正如现在很多网络产品在引导用户去完成一些任务时,都会将任务的整体流程显示出来,并标记出用户的所在位置,以此来消除用户的迷茫感。

(3) 另外,还要注意对称以及将生活中的场景延伸到界面中。

除了"别让我思考"这一核心原则之外,以下几个方面也是值得注意的:减少用户的操作,符合用户习惯并超出用户预期,确保一致性即保持简单的设计风格并与界面风格保持一致,最后是编写帮助文档。

6.5.3　人机界面的交互方式

1. 一般交互

一般交互涉及信息显示、数据输入和整体系统控制，因为是全局性的，我们需要注意以下要点：

（1）保持一致性。为人机界面中的菜单选择、命令输入、数据显示以及众多的其他功能使用一致的格式。

（2）提供有意义的反馈。向用户提供视觉的和听觉的反馈，以保证在用户和界面之间建立双向通信。

（3）在执行有较大破坏性的动作之前要求用户确认。如果用户要删除一个文件，或覆盖一些重要信息，或请求终止一个程序运行，应该给出"您是否确实要……"的信息，以请求用户确认他的命令。

（4）允许取消绝大多数操作。此功能使众多终端用户避免了大量时间的浪费。每个交互式应用系统都应该能方便地取消已完成的操作。

（5）减少在两次操作之间必须记忆的信息量。不应该期望用户能记住一大串数字或名字，以便在下一步操作中使用它们。应该尽量减少记忆量。

（6）提高对话、移动和思考的效率。应该尽量减少击键次数，设计屏幕布局时应该考虑尽量减少鼠标移动的距离，应该尽量避免出现用户问"这是什么意思？"的情况。

（7）允许犯错误。系统应该保护自己不受致命错误的破坏。

（8）按功能对动作分类，并据此设计屏幕布局。

（9）提供对工作内容敏感的帮助设施。

（10）用简单动词或动词短语作为命令名。过长的命令名难于识别和记忆菜单空间。

2. 信息显示

如果人机界面显示的信息是不完整的、含糊的或难于理解的，则应用软件显然不能满足用户的需求。可以用多种不同方式显示信息：用文字、图片和声音；按位置、移动和大小；使用颜色、分辨率和省略。下面是关于信息显示的设计指南。

（1）只显示与当前工作内容有关的信息。用户在获得有关系统的特定功能的信息时不会看到与之无关的数据、菜单和图形。

（2）不要用数据淹没用户，应该用便于用户迅速吸取信息的方式来表示数据。例如，可以用图形或图表来代替巨大的表格。

（3）使用一致的标记、标准的缩写和可预知的颜色。显示的含义应该非常明确，用户不必参照其他信息源就能理解。

（4）允许用户保持可视化的语境。如果对图形显示进行缩放，原始的图像应该一直显示着（以缩小的形式放在显示屏的一角），以便用户知道当前观察的图像部分在原图所处的相对位置。

（5）产生有意义的出错信息。

（6）使用大小写、缩进和文本分组以帮助理解。人机界面显示的信息大部分是文字，文字的布局和形式对用户从中吸取信息的难易程度有很大影响。

（7）使窗口分区不同类型的信息。利用窗口，用户能够方便地"保存"多种不同类型的信息。

（8）使用"模拟"显示方式表示信息，以使信息更容易被用户吸取。

（9）高效率地使用显示屏。当使用多窗口时，应该有足够的空间使得每个窗口至少都能显示合适内容。

3. 数据输入

用户的大部分时间用在选择命令、输入数据和向系统提供输入上。在许多应用系统里，键盘仍然是主要的输入介质，但是鼠标、数字化仪和话音识别系统正迅速地成为重要的输入手段。下面是关于数据输入的设计指南。

（1）尽量减少用户的输入动作，最重要的是减少击键次数。

（2）保持信息和数据输入之间的一致性。

（3）允许用户自定义输入。专家级的用户可能希望定义自己专用的命令或略去某些类型的警告信息和动作确认，人机界面应该允许用户这样做。

（4）交互应该是灵活的，并可以调整成用户最喜欢的输入方式。用户类型与喜欢的输入方式有关，比如秘书可能非常喜欢键盘输入，而经理可能更喜欢使用鼠标之类的点击设备。

（5）使在当前动作语境中不适用的命令不起作用。这可以使用户不去做那些肯定会导致错误的动作。

（6）让用户控制交互流。用户应该能够跳过不必要的动作，改变所需做的动作的顺序（在应用环境允许的前提下），以及在不退出程序的情况下从错误的状态中恢复正常。

（7）对所有输入动作都提供帮助。

（8）消除冗余的输入。除非可能发生误解，否则不要求用户指定程序输入的单位。

6.5.4　人机界面设计的美学原则

在人机界面设计时应该注意以下常用的美学原则（Robin Williams）：

1. 对比

如果两个元素不同，就会产生对比。倘若两个元素存在某种不同，但差别并不是很大，那么你做出的效果并不是对比，而是冲突。这就是关键。Robin Williams 对比原则：如果两个项不完全相同，就应当使之不同，而且应当是截然不同（强烈）的。

对比的目的有两个：一是增强页面的表现效果，二是有助于界面信息的组织。

2. 重复

"设计的某些方面（元素）需要在整个作品中重复。"重复的元素可能是一条粗线、一种粗字体、某个项目符号、颜色、设计要素、某种格式、空间关系等。总之，读者（用户）能够看到的任何方面都可以作为重复元素。重复的目的就是统一，并增强视觉效果。

3. 对齐

"任何元素都不能在界面上随意安放。每一项都应当与界面上的某个内容存在某种视觉联系。"试着在界面上只使用一种文本对齐方式：所有文本都左对齐或右对齐，或者全部居中。当然，前提是你要找一条明确的对齐线，并坚持以它为基准进行界面的设计。

4. 亲密性

"将相关的项组织在一起，移动这些项，使它们的物理位置相互靠近。"在人们的意识里，物理位置的接近就意味着存在联系。亲密性的目的是实现界面信息的组织化,形成视觉的模块化。在你将界面中的相关元素放在一起展示的同时,也使界面的空白区域(留白)更加整洁、美观。

另外还应该注意协调、平衡和乐趣等方面的原则,以及色彩搭配的问题。

6.5.5 人机界面的设计过程

用户界面的设计结果将对用户情绪和工作效率产生重要影响。人机界面设计得好,则会使系统对用户产生吸引力,用户在使用系统的过程中感到兴奋,能够激发用户的创造力,提高工作效率。相反,人机界面设计得不好,用户在使用过程中就会感到不方便、不习惯,甚至会产生厌烦和恼怒的情绪。由于对人机界面的评价在很大程度上是由人的主观因素决定的,因此,使用由原型支持的设计策略是成功地设计人机交互子系统的关键。

人机界面的设计过程可分为以下几个步骤:

1. 创建系统功能的外部模型

设计模型主要是考虑软件的数据结构、总体结构和过程性描述,界面设计一般只作为附属品,只有对用户的情况(包括年龄、性别、心理情况、文化程度、个性、种族背景等)有所了解后,才能设计出有效的用户界面;根据终端用户对未来系统的假想(简称系统假想)设计用户模型,最终使之与系统实现后得到的系统映象(系统的外部特征)相吻合,用户才能对系统感到满意并能有效地使用它;建立用户模型时要充分考虑系统假想给出的信息,系统映象必须准确地反映系统的语法和语义信息。总之,只有了解用户、了解任务才能设计出好的人机界面。

2. 确定为完成此系统功能,人和计算机应分别完成的任务

任务分析有两种途径:一种是从实际出发,通过对原有处于手工或半手工状态下的应用系统的剖析,将其映射为在人机界面上执行的一组类似的任务;另一种是通过研究系统的需求规格说明,导出一组与用户模型和系统假想相协调的用户任务。逐步求精和面向对象分析等技术同样适用于任务分析。逐步求精技术可把任务不断划分为子任务,直至对每个任务的要求都十分清楚;而采用面向对象分析技术可识别出与应用有关的所有客观的对象以及与对象关联的动作。

3. 考虑界面设计的典型问题

设计任何一个机界面,一般必须考虑系统响应时间、用户求助机制、错误信息处理和命令方式4个方面。系统响应时间过长是交互式系统中用户抱怨最多的问题,除了响应时间的绝对长短外,用户对不同命令在响应时间上的差别也很在意,若过于悬殊用户将难以接受;用户求助机制宜采用集成式,避免叠加式系统导致用户求助某项指南而不得不浏览大量无关信息;错误和警告信息必须选用用户明了、含义准确的术语描述,同时还应尽可能提供一些有关错误恢复的建议。此外,显示出错信息时,若再辅以听觉(铃声)、视觉(专用颜色)刺激,则效果更佳;命令方式最好是菜单与键盘命令并存,供用户选用。

4. 借助 CASE 工具构造界面原型并真正实现设计模型

软件模型一旦确定,即可构造一个软件原型,此时仅有用户界面部分,此原型交用户评审,根据反馈意见修改后再交给用户评审,直至与用户模型和系统假想一致为止。一般可借助于用户界面工具箱或用户界面开发系统提供的现成模块或对象完成创建各种界面基本成分的工作。

6.6 设 计 评 审

6.6.1 设计评审概述

在软件开发过程中,当某个模块详细设计文档完成后,软件开发人员会按照详细设计文档的设计要求进行代码开发,而软件测试人员会按照详细设计文档的要求进行测试用例设计。因此,详细设计的内容是否完善、有无重大缺陷,软件开发、测试人员是否正确深入地了解了详细设计的内容和设计思路,都直接关系到该模块的开发进度和产品质量。

那么,怎样才能够完善模块的详细设计,并让开发、测试人员正确地贯彻设计人员的设计思路呢?针对详细设计的评审可以有效地解决这个问题。

设计评审主要用来保证在编码之前各个阶段产生的文档的质量,是软件工程过程中滤除缺陷的"过滤器",目的是尽可能多地发现被复审对象中的缺陷,起到"净化"工作产品的作用。在软件项目开发过程中的多个不同的点上,软件评审活动能够起到及早发现错误进而引发排错活动的作用。

针对详细设计的评审,其主要目的是检查和确认详细设计中的缺陷,以便在模块开发周期中的早期阶段清除设计方面的缺陷。就缺陷修复的成本而言,在代码开发工作开始之前就清除设计方面的缺陷,其所付出的成本是较低的。而且这个检查和确认的过程,对评审的参与人员而言,也有助于他们了解参评的模块。

设计评审的内容包括以下几个方面:可追溯性、接口、风险、实用性、技术清晰度、可维护性、质量、选择方案、限制等。为了确保详细设计说明书文档的质量,还必须对设计文档进行复审,复审的目的在于及早发现设计中的缺陷和错误。

对于详细设计的评审,应该提前制订相应的计划,并做好充分的准备,制定评审的入口准则和相关规程,确定评审时间,安排相关组织者和与会人员,准备所需材料等。

6.6.2 评审过程

任何一次评审都是借助人的差异性来达到目标的活动,评审由专门的组织者主持,并有作者和相关同行出席。其规模不宜过大,大致可以控制在 7 人以下。在会议过程中,可以先由作者对其详细设计进行讲解,引导大家进行走读。然后参与者们共同对详细设计进行评审,确认问题,并对其进行分类。

一般情况下,评审可以被控制在两个小时之内。对于一些简单的模块,可以把评审压缩到一个小时之内。在评审过程中,如果遇到问题需要延时,可由作者决定是否召开"第三小时会议"。

评审结束后,有必要对评审问题进行跟踪,以便确认缺陷是否得到了修改,并且没有引入新的缺陷。

常见评审流程如下:

(1) 由公司领导、各部门相关人员、主审人、评审专家、项目负责人、软件测试人员组成一个评审小组,通过阅读和讨论详细设计的内容,对详细设计进行评审。

（2）项目负责人提前把概要设计说明书、详细设计说明书等文档分发给评审小组成员作为评审依据,小组成员在充分阅读这些材料之后,进入下一步。

（3）召开详细设计评审会。在会上,首先由该项目的系统分析员介绍总体设计思想,包括需求概述和软件结构,然后由各个模块的具体设计者分别对模块设计进行说明,在此过程中小组成员可以提出问题,展开讨论,审查是否有错误存在。

（4）在讨论结束后,由项目负责人整理出一份《详细设计评审报告》。

（5）若发现错误较多或发现重大错误,则在改正之后再次组织详细设计评审。

6.7 本章小结

详细设计实际上是对系统的一次逻辑构建,可以有效验证需求的完整性及正确性。自顶向下逐步求精是进行软件设计的常用途径。详细设计文档可以作为需求人员、总体设计人员与开发人员的沟通工具,把静态页面无法体现的设计体现出来,包含整体设计对模块设计的规范,体现对设计上的一些决策,例如选用的算法,对一些关键问题的设计考虑等,使开发人员能快速进入开发,提高沟通效率,减少沟通问题。本章对详细设计的内容如详细设计的概念、结构化设计工具、人机界面设计及详细设计规范做了讲解,读者可结合案例学习本章内容。

阅 读 材 料

1. **面向数据结构的设计方法——Jackson 方法**

1975 年,M. A. Jackson 提出了一类至今仍广泛使用的软件开发方法。这一方法从目标系统的输入、输出数据结构入手,导出程序框架结构,再补充其他细节,就可得到完整的程序结构图。这一方法对输入、输出数据结构明确的中小型系统特别有效,如商业应用中的文件表格处理。该方法也可与其他方法结合,用于模块的详细设计。杰克逊结构图是用来描述数据结构中的顺序、选择和重复。

2. 文档规范

在进行详细设计并撰写设计文档时,需要注意以下几点:

首先是文档的内容,根据项目和团队的不同,详细设计文档的内容也有所不同,一般说来,粒度不宜过细,不能代替开发人员的设计和思考,但要把有关设计的决策考虑进去,包括与其他模块、整体设计的关系,操作的处理流程,对业务规则的设计考虑等,有一个标准为:凡是页面原型、需求规格说明书所不能反映的设计决策,而开发人员又需要了解的,都要写入文档。

其次是文档所面向的读者,主要为模块开发人员、后期维护人员,模块开发人员通过详细设计文档和页面原型来了解所开发的功能,后期维护人员通过实际系统、模块代码、详细设计文档来了解一个功能。

再有就是谁来写文档,因为文档主要考虑的是设计上的决策,所以写文档的人应该为负责、参加设计的技术经理、资深程序员,根据团队情况、项目规模和复杂度的不同,而有所不同。

还需要保证文档的可读性、准确性、一致性,要建立严格的文档模板及标准,保证文档的可读性及准确性,同时建立审核及设计评审制度,来保障设计及文档的质量,另外在工作流程中要强调:要先设计、写文档,再进行开发。

3. 详细设计说明书

（1）系统概述。

（2）软件结构:绘出软件系统的层次图或结构图。

（3）程序描述（模块）:① 功能描述;② 性能描述;③ 输入项目;④ 输出项目;⑤ 算法及数据结构:模块所选用的算法和所用到的数据结构;⑥ 程序逻辑:详细描述模块的内部实现算法（PAD）;⑦ 接口细节;⑧ 测试要点:详细描述模块的主要测试要求,提供一组测试用例。

习 题 6

1. 名词解释

（1）结构化程序设计。

（2）PAD。

（3）PDL。

（4）详细设计的目的。

（5）详细设计的主要任务。

（6）人机界面设计的原则。

2. 选择题

（1）在详细设计阶段,一种二维树型结构并可自动生成程序代码的描述工具是（ ）。

A. PAD   B. PDL   C. IPO   D. 判定树

（2）结构化程序设计的一种基本方法是（ ）。

A. 筛选法   B. 递归法   C. 迭代法   D. 逐步求精法

（3）N-S 图是软件开发过程中用于（ ）阶段的描述工具。

A. 需求分析   B. 概要设计   C. 详细设计   D. 编程

（4）在详细设计阶段,可自动生成程序代码并可作为注释出现在源程序中的描述工具是（ ）。

A. PAD   B. PDL   C. IPO   D. 流程图

（5）程序的 3 种基本控制结构是（ ）。

A. 过程、子程序和分程序   B. 顺序、选择和重复

C. 递归、堆栈和队列   D. 调用、返回和转移

（6）程序的 3 种基本控制结构的共同特点是（ ）。

A. 不能嵌套使用   B. 只能用来写简单程序

C. 已经用硬件实现   D. 只有一个入口和一个出口

3. 综合题

给出一组数按从小到大的排序算法,分别用下列工具描述其详细过程:PAD 图、流程

图、N-S 图、PDL 语言。

4. 设计题

根据前面选择的系统开发题目,任选以下系统完成详细设计报告。

图书管理系统、学生成绩管理系统、库存管理系统、工资管理系统、超市销售管理系统、人力资源管理系统。

实验 4 Rose 建立状态图与构件图

1. 建立状态图(State-Chart Diagram)

状态图显示了对象的动作行为,显示对象可能存在的各种状态,对象创建时的状态,对象删除时的状态,对象如何从一种状态转移到另一种状态,对象在不同状态中干什么。

1.1 创建状态图

(1) 在浏览器中右击类。

(2) 选择 new→statechart diagram,对该类创建一个状态图,并命名该图。

1.2 在图中增加状态,初始和终止状态

(1) 选择工具栏的 state 按钮,单击框图增加一个状态,双击状态命名。

(2) 选择工具栏的 start state 和 end state,单击框图增加初始状态和终止状态。初始状态是对象首次实例化时的状态,状态图中只有一个初始状态。终止状态表示对象在内存中被删除之前的状态,状态图中有 0 个、1 个或多个终止状态。

1.3 状态之间增加交接

(1) 选择 state transition 工具栏按钮。

(2) 从一种状态拖到另一种状态。

(3) 双击交接弹出对话框,可以在"General"中增加事件(Event),在"Detail"中增加保证条件(Guard Condition)等交接的细节。事件用来在交接中从一个对象发送给另一个对象,保证条件放在中括号里,控制是否发生交接。

1.4 在状态中增加活动

(1) 右击状态并选择 open specification。

(2) 选择 Action 标签,右击空白处并选择 Insert。

(3) 双击新活动(清单中有"Entry/")打开活动规范,在"name"中输入活动细节。

账目类的状态图:银行账目可能有几种不同的状态,可以打开、关闭或透支。账目在不同状态下的功能是不同的,账目可以从一种状态变到另一种状态。例如,账目打开而客户请求关闭账目时,账目转入关闭状态。客户请求是事件,事件导致账目从一个状态过渡到另一个状态。如果账目打开而客户要取钱,则账目可能转入透支状态。这发生在账目结余小于 0 时,框图中显示为[结余<0]。方括号中的条件称为保证条件,控制状态的过渡能不能发生。对象处在特定状态时可能发生某种事件。例如,账目透支时,要通知客户。

2. 建立构件图(Component Diagram)

构件图显示模型的物理视图,也显示系统中的软件构件及其相互关系。模型中的每个类映射到源代码构件。一旦创建构件,就加进构件图中,然后画出构件之间的相关性。构件间的相关性包括编译相关性和运行相关性。

2.1 创建构件图

（1）右单击浏览器中的 Component 视图。

（2）选择 New→Component Diagram，并命名新的框图。

2.2 把构件加入框图

（1）选择 Component 工具栏按钮，单击框图增加构件，并命名构件。

（2）右单击构件，选择 Open Specification，在"stereotype"中设置构件版型。

ATM 系统客户的构件图：例如我们用 C＋＋建立系统，每个类有自己的头文件和体文件，因此图中每个类映射自己的构件，例如 ATM 屏幕类映射两个 ATM 屏幕构件。这两个 ATM 屏幕构件表示 ATM 屏幕类的头和体。阴影构件称为包体，表示 C＋＋中 ATM 屏幕类的体文件(.cpp)，构件版型是 package body。无阴影的构件称为包规范，这个包规范表示 C＋＋类的头文件(.H)，构件版型是 package specification。构件 ATM.exe 是个任务规范，表示处理线程，是一个可执行程序。

第 7 章 编　　码

编码的目的是使用选定的程序设计语言,把模块的过程描述翻译为用该语言书写的源程序。源程序应该正确可靠、简明清晰,而且具有较高的效率。在编程的过程中,要把软件详细设计的表达式翻译为编程语言的形式,然后编译器接收作为输入的源代码,生成作为输出并从属于机器的目标代码,最后连接器把目标代码进一步连接成为可执行的机器代码。

7.1　程序设计语言

程序设计语言是人与计算机沟通的桥梁。编码即根据需求分析、系统设计等过程结果,编写出计算机可以理解的软件程序的过程。20 世纪 60 年代以来,出现过多达几百种程序设计语言,但只有少部分得到了普及应用。虽然现在有了跨平台语言,但每一种程序设计语言仍具有各自的特点和适用范围。因此,编码前选择符合实际需要的程序设计语言是一项重要的工作。

7.1.1　程序设计语言的分类

程序设计语言种类繁多,可以从不同角度对其进行分类。高级语言可分为面向过程类语言和面向对象类语言。

1. 面向过程类语言

面向过程类语言是一种以过程为中心的编程思想,该类语言强调程序设计算法和数据结构,基本思想可概括为:程序 = 数据结构 + 算法。

2. 面向对象类语言

面向对象类语言是目前最为流行的一类高级语言。它将现实生活中对象的概念引入软件开发中,通过封装、继承、多态等机制实现软件的复杂功能,典型代表有:C、C + + 、Java 和 Python 等。

7.1.2　程序设计语言的选择

选择程序设计语言时,首先确定求解的问题对编码有哪些要求,把它们按权重排序,然后根据这些问题综合衡量可提供的语言,判断有哪些语言能较好地满足它们。没有一种语言能完全满足各种不同的要求,因此做出选择时,必须优先考虑主要问题,再适当照顾其余问题。

当衡量某一语言是否可选作编码语言时,常使用以下方面作为评判标准:

1. 应用领域

各种语言都有合适的领域。在科学计算领域,Fortran 仍占优势。在事务处理方面,COBOL 是合理的选择。C 语言和汇编用于系统软件开发。如果开发的系统需要跨平台,或分布式计算,则 Java 语言是最佳选择。如果开发的软件中含有大量数据操作,则采用 SQL 等数据库语言更为适宜。

2. 算法与计算复杂性

Java、C++等都能支持较复杂的计算与算法,但大多数数据库语言只能支持简单的运算。

3. 数据结构的复杂性

Pascal 和 C 语言都支持数组、结构与带指针的动态数据结构,适用于书写系统程序与需要复杂数据结构的应用程序。Basic、Pascal 等只能提供简单的数据结构——数组。

4. 效率

有些实时应用要求系统具有快速的响应速度,此时可酌情选用汇编或 Ada 语言。一些调查显示,一个程序的执行时间往往有一大部分是耗费在小部分代码上,因此可以考虑将这一部分代码改用汇编语言编写。

7.2 编 码 规 范

编码规范实际上是指编程的基本原则,不同的编译环境有一些固定的要求。随着软件规模的增大,复杂性也有了增加,各类人员也逐渐看到在软件自下而上中需要经常阅读程序,特别是在软件测试阶段和维护阶段,编写程序的人员与参与测试、维护的人员都要阅读程序,同时,也认识到阅读程序是软件开发和维护过程中的一个重要组成部分,且读程序的时间比写程序的时间还要多。此时,程序实际上需加强可读性,这样,就产生了一个程序的风格问题。在实践过程中,人们也发现良好的编码风格能在一定程度上弥补语言存在的缺陷,这样注意风格就可以提高程序的质量。总之,良好的编码风格有助于编写出可靠又容易维护的程序,编码的风格在很大程度上决定着程序的质量。

可读性是编码质量的一个基本要求。

下面介绍常见的编码规范的各个要点,要注意的是,具体的规范内容并不是唯一的,不同的项目开发组可能会采用不同的定义。

7.2.1 编码规则

1. 单一抽象层次

一个函数或者方法中所有的操作处于相同逻辑层次。

2. 最小化缩进

过分深层的缩进或者嵌套是产生混乱代码的根源之一。研究人员建议避免使用超过 3 层的嵌套。简化复杂的 if else 语句有 3 个基本手段:针对头重脚轻的 if else,尽早使用 return 返回,从而减少嵌套层次;合并分支,即有些分支执行的逻辑相同,可以合并成为一个分支;代码扁平化。

3. 清晰表达式

优秀的代码不仅是越少越好,而且是理解它所花的时间越少越好。这体现了可读性基本定理,其关键思想是代码的写法应当使别人理解它所需的时间最小化。

4. 善用辅助类拆分

在代码组织的更高层次上,应进行类的职责分配,那就是把与主要业务逻辑无关的事项移到辅助类中去,由辅助类来处理这些次要的事项。

7.2.2 编码风格

1. 清单布局

把代码用一致的、有意义的方式"格式化",可以使代码更易阅读,并且可以读得更快。在具体的做法上包括这几个方面:使用一致的布局,让读者很快就习惯这种风格;让相似的代码看上去相似;把相关的代码行分组,形成代码块。

2. 命名空间

在实际操作中,采用有意义的命名空间名,例如产品名称或公司名称。常见方式为:
〈公司名称〉.(〈产品名称〉|〈相关技术〉)[.〈用途〉][.〈子命名空间〉]。

3. 代码风格

花括号"{}"不允许省略,即使只有一段代码;不允许省略访问修饰符;类型默认是密封的;不允许公开字段;使用括号"()"来强调运算符优先级。

4. 命名规范

(1) 类、结构和接口的命名:使用名词或名词短语;使用 Pascal 方式;在接口名称前加上前缀"I";考虑在派生类末尾使用基类的名字;如果该类仅仅为了实现某个接口,那么请保持其与接口命名的统一。成员的命名如表7.1。

表7.1　成员的命名

成员	大小写	规　范
方法	Pascal(公开)、Camel(私有)	用动词或动词短语命名
属性	Pascal	用名词、名词短语或形容词来命名; 集合属性应该使用复数形式,而不是添加后缀; 用"Is""Can""Has"等表示布尔属性; 可以用属性的类型名来命名属性
事件	Pascal	使用动词或动词短语来命名事件; 用现在时和过去时来区分前置和后置事件
字段	Camel(私有)	要用名词、名词短语或形容词来命名 不要加任何前缀

(2) 参数的命名:Camel 风格;要使用 left 和 right 来命名重载的二元操作符的参数——如果参数没有具体的含义;要使用 value 来命名重载的一元操作符的参数——如果参数没有具体的含义;不要在参数中使用数字编号;尽量使用描述性的名字命名泛型类型参

数,并在前面使用"T"前缀。

（3）常量、变量的命名：常量——所有单词大写并用"_"分隔；局部变量——Camel 风格。

（4）枚举的命名：Pascal 风格；使用名词的复数形式来命名标记枚举；不要添加"Enum"或"Flag"后缀；不要给枚举类型值的名字加前缀。

（5）资源的命名：Pascal 风格；仅使用字母、数字和下划线；在命名异常消息的资源时，资源标识符应该是异常类型名加上简短的异常标识符。

（6）数据库命名：表——"模块名_表名"；字段——bool 类型用"Is""Can""Has"等表示；日期类型命名必须包含"Date"；时间类型必须包含"Time"；存储过程——使用"proc_"前缀；视图——使用"view_"前缀；触发器——使用"trig_"前缀。

（7）XML 命名：节点名称使用 Pascal 风格，属性名称使用 Camel 风格。

5．注释

（1）对接口和复杂代码块必须进行注释。

（2）修改代码时保持注释同步。

（3）未完成的功能使用 TODO 标记。

（4）修改他人代码时要先注释对方代码，并写明修改原因，不允许随便删除他人代码。

（5）发布前移除无用注释。

6．异常处理

（1）原则上只允许显式抛出不存在操作异常，参数异常，参数为空异常，参数超界异常。

（2）在自定义异常时，必须使用开发工具提供的代码模板来创建自定义异常。

7.3　代　码　审　查

7.3.1　审查范围

代码审查也称代码复查（Code Review），是指通过阅读代码来检查源代码与编码标准的符合性以及代码质量的活动。

代码审查主要是对系统关键模块、业务复杂的模块和缺陷率较高的模块的编码规范、程序逻辑和软件设计等进行审查。

7.3.2　审查内容

代码审查主要检查代码以下几方面：

（1）完整性检查（Completeness），检查代码是否完全实现了设计文档中提出的功能需求等；

（2）一致性检查（Consistency），检查代码的逻辑是否符合设计文档、代码中使用的格式、符号、结构等风格是否保持一致；

（3）正确性检查（Correctness），检查代码是否符合制定的标准等；

（4）可修改性检查（Modifiability），检查代码涉及的常量是否易于修改（如使用配置、定

义为类常量、使用专门的常量类等);

(5)可预测性检查(Predictability),检查代码所用的开发语言是否具有定义良好的语法和语义等;

(6)健壮性检查(Robustness),检查代码是否采取措施避免运行时错误(如数组边界溢出、被零除、值越界、堆栈溢出等);

(7)结构性检查(Structuredness),检查程序的每个功能是否都作为一个可辨识的代码块存在,循环是否只有一个入口;

(8)可追溯性检查(Traceability),检查代码是否对每个程序进行了唯一标识等;

(9)可理解性检查(Understandability),检查注释是否足够清晰地描述每个子程序等;

(10)可验证性检查(Verifiability),检查代码中的实现技术是否便于测试等。

7.3.3　审查过程

代码审查常见的步骤如下:

(1)代码编写者和代码审核者坐在一起,由代码编写者依次讲解自己负责的代码和相关逻辑。

(2)代码审核者在此过程中可以随时提出自己的疑问,同时积极发现隐藏的 bug,将这些 bug 记录在案。

(3)代码讲解完毕后,代码审核者给自己安排几个小时再对代码审核一遍。

(4)代码需要一行一行静下心看。同时代码又要全面地看,以确保代码整体上设计优良。

(5)代码审核者根据审核的结果编写"代码审核报告","审核报告"中记录发现的问题及修改建议,然后把"审核报告"发送给相关人员。

(6)代码编写者根据"代码审核报告"给出的修改意见,修改好代码,有不清楚的地方可积极向代码审核者提出。

(7)代码编写者修改代码完毕之后给出反馈。

(8)代码审核者把代码审查中发现的有价值的问题更新到"代码审核规范"的文档中,对于特别值得提醒的问题可群发 email 给所有技术人员。

注意代码审查必备"代码审核规范"文档:记录代码应该遵循的标准。代码审核者根据这些标准来审查代码,同时在审查过程中不断完善该文档。

7.4　重　　构

用模式导向的重构改善既有代码的设计。——Joshua

7.4.1　重构的概念

重构(refactor)是指通过调整程序代码改善软件的质量、性能,使程序的设计模式和架构更趋合理,提高软件的扩展性和维护性。重构是对软件内部结构的一种调整,目的是在不改变软件可观察行为的前提下,提高其可理解性,降低其修改成本。重构技术就是以微小的步伐修改程序,如果你犯下错误,很容易便可以发现它。

7.4.2 重构的原则

Kent Beck 把使用重构的软件开发分为两个不断交替的活动:增强功能和重构,并把这两个活动喻为两顶帽子。他说,在增强功能时,不应该改变任何已经存在的代码,因为只是在增加新功能。当换一顶帽子重构时,要记住不应该增加任何新功能,因为只是在重构代码。在一个软件的开发过程中,可能需要频繁地交换这两顶帽子。当增加一个新功能时,可能意识到,只要改变原来的代码结构,就能更加方便地加入新功能。因此,脱下增加功能的帽子,换上重构的帽子。之后,代码结构变好了,又脱下重构的帽子,重新戴上增加功能的帽子。增加新功能以后,发现新增加的代码使得程序的结构难以理解,这时又需要交换帽子。必须记住,戴一顶帽子时只做一件事情。

重构的另一个原则就是每一步总是做很少的工作,且每做少量修改,便立即进行测试。如果一次做了太多的修改,则有可能加入很多的错误,使得代码难以调试。而且,当发现修改错误并想返回到原来的状态时也比较困难。

这些小步骤包括:

(1) 寻找需要重构的地方。

(2) 如果需要重构的代码还没有单元测试,则应首先编写单元测试。

(3) 进行单元测试时,保证原先的代码是正确的。

(4) 认真考虑该做什么样的重构,或者找一本关于重构分类目录的书查找相似的情况,然后按照书中的指示一步一步地进行重构。

(5) 每一步完成时,都进行单元测试,保证可观察行为没有发生改变。

(6) 如果重构改变了接口,则需要修改某些测试。

(7) 全部做完后,进行全部的单元测试、功能测试,保证整个系统的可观察行为不受影响。

7.4.3 重构的方法

Martin Fowler 针对 22 种代码问题提出了相应的重构手段,由于篇幅限制,我们试着用一句话概括其特点及解决方法:

(1) Duplicated Code(重复代码)——难维护。

[解决方法]:提取公共函数。

(2) Long Method(函数长)——难理解。

[解决方法]:拆分成若干函数。

(3) Large Class(类大)——难理解。

[解决方法]:拆分成若干类。

(4) Long Parameter List(参数多)——难用,难理解。

[解决方法]:将参数封装成结构或者类。

（5）Divergent Change（万能类）——发散式修改，改好多的需求都会动它。

［解决方法］：拆，将总是一起变化的东西放在一块儿。

（6）Shotgun Surgery（天女散花的逻辑）——散弹式修改，改某个需求的时候，要改很多类。

［解决方法］：将各个修改点集中起来，抽象成一个新类。

（7）Feature Envy（红杏出墙的函数）——使用了大量其他类的成员。

［解决方法］：将这个函数挪到那个类里面。

（8）Data Clumps（数据团）——常一起出现的一坨数据。

［解决方法］：它们既然那么"彼此吸引"，就在一起吧，给它们一个新的类。

（9）Primitive Obsession（偏爱基本类型）——热衷于使用 int，long，String 等基本类型。

［解决方法］：把反复出现的一组参数，有关联的多个数组换成类吧。

（10）Switch Statements（switch 语句）

［解决方法］：state/strategy 或者只是简单的多态。

（11）Parallel Inheritance Hierarchies（平行继承）——增加 A 类的子类 ax，B 类也需要相应的增加一个 bx。

［解决方法］：应该有一个类是可以去掉继承关系的。

（12）Lazy Class（冗赘类）——如果它不干活了，炒掉它吧。

［解决方法］：把这些不再重要的类里面的逻辑合并到相关类中，删掉旧的。

（13）Speculative Generality（夸夸其谈未来性）

［解决方法］：删掉。

（14）Temporary Field（临时字段）——仅在特定环境下使用的变量。

［解决方法］：将这些临时变量集中到一个新类中管理。

（15）Message Chains（消息链）——过度耦合的才是坏的。

［解决方法］：拆函数或者移动函数。

（16）Middle Man（中介）——大部分都交给中介来处理了。

［解决方法］：用继承替代委托。

（17）Inappropriate Intimacy（太亲密）——两个类彼此使用对方的私有的东西。

［解决方法］：划清界限拆散，或合并，或改成单项联系。

（18）Alternative Classes with Different Interfaces（相似的类，有不同接口）。

［解决方法］：重命名，移动函数，或抽象子类。

（19）Incomplete Library Class（不完善的类库）。

［解决方法］：包一层函数或包成新的类。

（20）Data Class（纯数据类）——类很简单，仅有公共成员变量，或简单操作函数。

［解决方法］：将相关操作封装进去，减少 public 成员变量。

（21）Refused Bequest（继承过多）——父类里面方法很多，子类只用有限几个。

［解决方法］：用代理替代继承关系。

（22）Comments（太多注释）——这里指代码太难懂了，不得不用注释。

［解决方法］：避免用注释解释代码，而是说明代码的目的、背景等。好代码会说话。

7.5　程序的复杂性度量

目前已提出的各种复杂性度量算法中,在软件工程界运用得比较多的是 McCabe 的环计数和 Halstead 的软件科学度量法,我们称其为 McCabe 度量法和 Halstead 度量法。下面我们将连同最古老的代码行数度量法一起分别对它们进行简单介绍。

代码行数度量法以程序的总代码行数作为程序复杂性的度量值。这种度量方法有一个重要的隐含假定是:书写错误和语法错误在全部错误中占主导地位。然而,由于这类错误严格来讲是私有的,不应把它们计入错误总数之中,在这种情况下,这种度量方法的前提就不存在。因而,代码行数度量法是一种很粗糙的方法,在实际应用中很少使用。

7.5.1　Halstead 方法

Halstead 度量法通过计算程序中的运算符和操作数的数量对程序的复杂性加以度量。

设 n_1 表示程序中不同运算符的个数,n_2 表示程序中不同操作数的个数,N_1 表示程序中实际运算符的总数,N_2 表示程序中实际操作数的总数。

令 H 表示程序的预测长度,Halstead 给出 H 的计算公式为

$$H = n_1 \log_2 n_1 + n_2 \log_2 n_2$$

令 N 表示实际的程序长度,其定义为

$$N = N_1 + N_2$$

Halstead 的重要结论之一是:程序的实际长度 N 与预测长度非常接近。这表明即使程序还未编写完也能预先估算出程序的实际长度 N。

Halstead 还给出了另外一些计算公式,包括:

程序容量:$V = N \log_2(n_1 + n_2)$

程序级别:$L = (2/n_1) \times (n_2/N_2)$

编制程序所用的工作量:$E\Lambda = V/L$

程序中的错误数预测值:$B = N \log_2(n_1 + n_2)/3\,000$

Halstead 度量实际上只考虑了程序的数据流而没有考虑程序的控制流,因而不能从根本上反映程序的复杂性。

7.5.2　McCabe 方法

McCabe 度量法以程序流程图的分析为基础,通过计算强连通的程序图中线性无关有向环的个数,建立复杂性的度量。其计算公式为:

$$V(G) = m - n + p$$

其中 $V(G)$ 是强连通有向图 G 中的环数;m 是 G 中的弧数;n 是 G 中的节点数;p 是 G 中分离部分的数目。

对于一个正常的程序来说,程序图总是连通的,即 $p = 1$。为了使之强连通,我们可以从

出口点到入口点画一条虚弧。实际上,我们常常采用另一种计算方法来获得 McCabe 度量值,即对于单入口、单出口模块(通常都属这种情况),我们只需计算程序中判断语句个数加 1 即可得 $V(G)$ 值。McCabe 度量法实质上是对程序控制流复杂性的度量,它并不考虑数据流,因而其科学性和严密性具有一定的局限性。

需要说明一点的是,上述度量方法都是针对传统的结构化程序设计方法的。当将其应用到面向对象程序设计方法时,不再适用于其中的某些概念,如类、继承、封装和消息传递等。但在目前尚未找到专门针对面向对象的复杂性度量方法的情况下,这些传统的度量算法也能在一定程度上反映软件开发的复杂程度。

7.6　本　章　小　结

编码阶段所要解决的主要问题是:程序设计语言的选择、编码规范、软件代码审查。程序设计语言的选择直接影响到开发的难度和软件的质量,所以,程序设计的第一项工作就是语言的选择。在选择语言之前首先要了解语言的分类和各语言的功能。语言选择好了,接下来就是代码的编写了。对于一个专业人士来说,代码不仅仅是用来实现功能的,更重要的是让别人能看懂。软件的开发需要团体合作,因此代码编写的规范相当重要,我们不光要让自己编写的代码实现相应的功能,还要让队友看懂我们编写的代码。滴水穿石,非一日之功。我们要从现在开始一步步的练习,养成一个好的编码习惯!

阅 读 材 料

表 7.2　代码审查案例表/代码评审清单

1	命名	重要	命名规则是否与所采用的规范保持一致?
2	注释	重要	所有的源文件都应该在开头有一个版权和文件内容声明 / * * Model:模块名称 * Description:文件描述 * Author:作者姓名(一般情况下用中文) * Finished:xxxx 年 xx 月 xx 日 * /
3	注释	重要	在导入包时应当完全限制代码所使用的类的名字,而不用通配符的方式 例如: importjava. awt. Color; importjava. awt. Button;
4	注释	重要	注释是否较清晰且必要?
5	注释	重要	复杂的分支流程是否已经被注释?
6	注释	中等	距离较远的}是否已经被注释?
7	注释	重要	方法是否已经有文档注释?(功能、输入、返回及其他可选)
8	声明、空白、缩进	重要	每行是否只声明了一个变量?(特别是那些可能出错的类型)

9	声明、空白、缩进	重要	变量是否已经在定义的同时初始化？
10	声明、空白、缩进	中等	是否合理地使用了空格使程序更清晰？
11	声明、空白、缩进	中等	代码行长度是否在要求之内？（建议每行不超过 80 个字符）
12	声明、空白、缩进	中等	折行是否恰当？
13	逻辑	重要	包含复合语句的{}是否成对出现并符合规范？
14	逻辑	中等	是否给单个的循环、条件语句也加了{}？
15	逻辑	重要	单行是否只有单个功能？（不要使用;进行多行合并）
16	逻辑	重要	单个函数是否执行了单个功能并与其命名相符？
17	逻辑	中等	单个函数是否不超过规定行数？每个函数不能超过 300 行
18	逻辑	重要	入口对象是否都被进行了判断不为空？
19	逻辑	重要	是否对有异常抛出的方法都执行了 try…catch 保护？
20	逻辑	重要	入口对象是否都被进行了判断不为空？
21	逻辑	重要	入口数据的合法范围是否都被进行了判断？（尤其是数组）
22	逻辑	重要	是否对方法返回值对象做了 null 检查,该返回值定义时是否被初始化？

其他评审意见或建议：

习 题 7

1. 编码的任务是什么？
2. 对源程序的基本要求是什么？
3. 选择程序设计语言需要考虑哪些因素？
4. 编码风格的指导原则有哪些？
5. 比较下列左右两段语句,从编码风格的角度分析其优、劣。

```
/ position_x is the position x of object; position_y is the position y of object; /
if a>b then
        a=b
else
        if position_x>position_y then
            b=position_y
        else
            a=position_x
        end if
end if
```

```
if a>b
then
if x>y
then
b=y
else
a=x
end if
else
a=b
end if
```

实验 5 可视化代码审查工具 Phabricator

1. 实验目的

Phabricator 支持两种代码审查工作流:"Review"(提交前审查)和"Audit"(提交后审查)。本实验的目的就是通过 Audit 工具实现提交后审查流程。

2. 实验内容

2.1 Audit 如何工作

使用审核工具允许提交和部署代码,而无需等待代码审查结果,虽然最终还是会进行代码审查。Audit 工具主要跟踪两件事:代码提交(Commits),以及它们的审核状态(譬如"未经审核(Not Audited)""认可(Approved)""引发担忧(Concern Raised)")。

2.2 审核请求(Audit Requests)

审核请求提醒用户去审核一次提交。它有多种触发方式。

在审核工具的主页(位于/Audit/)或者 Phabricator 首页可以看到代码的提交和需要你审核的审核请求。

(1) 必要的审核(Required Audits)。当你是某个项目的成员,或者是一个包的拥有者,Required Audits 提示你去审核一次提交。当你认可这次提交时,审核请求会被关闭。

(2) 问题提交(Problem Commits)。指有人在审核过程中对你提交的代码表示担忧。当你消除了他们的疑虑并且所有审核人均对代码表示认可时,问题提交将会消失。

2.3 审核触发器

审核请求可由多种方式触发:将"Auditors:username1,username2"写入提交注释中,会触发用户接到审核请求。

3. 实验操作步骤

(1) 在 Herald 工具中,根据提交的属性创建一系列的触发规则,如有文件被创建、文本被修改等。提交人可以在任何提交中,通过提交注释为自己创建审核请求。

(2) 在小团队中进行审核

如果你身处一个小团队并且认为不需要复杂的触发规则,那么你可以创建一个简单的审核工作流,如下所示:

① 创建一个新项目:"Code Audits"。

② 为代码提交创建一条全局规则:"Differential Revision" "does not exist"。在这条规则下,"Code Audits"项目的每一次提交都会触发一次审核请求。

③ 所有工程师加入 Code Audits 项目:通过这种方式,所有项目成员都将收到每一次代码提交的审核请求,但是,一旦某一位成员认可了这次提交,那么所有的审核请求便会消除。实际上,这种方式强制大家遵守了一条规则:任何提交都应该被人看到。一旦团队壮大,便可改进触发规则,使每位开发人员只看到与他们有关的代码修改。

④ 在 diff 对比区域,点击行号将可添加内嵌评论。

⑤ 在 diff 对比区域,在行号上拖动可添加跨越多行的内嵌评论。

⑥ 内嵌评论最初只保存为草稿,直到你在页面底部提交评论。

⑦ 按"?"键查看快捷键。

第8章 软 件 测 试

测试为先,持续重构。

8.1 软件测试概述

8.1.1 测试的概念

1. 早期定义

多年来,关于软件测试许多专家给出了很多定义,比较典型的定义如下:

(1) 软件测试是为了证明软件不存在错误的过程。

(2) 软件测试是确保程序做了它应该做的事情。

(3) 软件测试是为了验证软件系统实际运行结果与预期结果的区别。

(4) 软件测试是确保程序实现了所要求的功能。

(5) 软件测试是为了发现程序中存在的错误。

(6) 软件测试是对软件质量的度量。

从这些定义中可以看出,人们对软件测试都有不同方面和不同程度的理解,有的强调测试过程所做的事情,有的强调测试的目的。但是这些定义中都存在着对软件测试错误的认识。如:针对于定义(1),其实对程序不可能做彻底性测试;针对定义(5),找出程序中的错误是手段而不是目的。

2. 标准定义

在 IEEE 软件工程的标准术语中,软件测试被定义为:使用人工或者自动手段来运行或测试某个系统的过程,其目的在于检验它是否满足规定的需要或弄清楚预期结果与实际结果的差别。

该定义基本上反映了软件测试的实质,但仍然不够全面。它仅说明测试是个过程,但是没有说明测试的流程是怎样的,也没有说明选取合适的测试数据的准则,而这恰恰是软件测试工作的难点。

总之,从标准定义中可以看出:软件测试是一个持续的过程;软件测试包含动态测试和静态测试;软件测试分为人工测试和自动化测试;软件测试主要工作是制订测试计划、设计测试用例、执行测试用例和分析测试用例结果;软件测试最终目标是为了保证软件质量。

8.1.2 测试的目标

测试能证明程序有错,但不能保证程序不存在错误。Glen Myers 对于软件测试的目标提出了一些观点:

(1) 测试可以是一个程序的执行过程,其目的在于发现错误。

(2) 一个好的测试用例很可能发现至今尚未发现的错误。

(3) 一个成功的测试是发现至今尚未发现的错误的测试。

软件开发本身就是一个复杂的过程,另外软件是由人来开发完成的,而由人完成的工作都不会是十全十美的。无论专家、学者和软件专业人士做了多大的努力,软件的错误仍然是存在的。因而大家一致认为:软件中存在错误是无法改变的。

所以通常意义上讲,软件测试的目的是以最少的人力、物力和时间找出软件中潜在的各种错误和缺陷,通过修正各种错误和缺陷以提高软件质量。此外,在测试过程中分析错误产生的原因,可以帮助当前采用的软件过程的改进。

8.1.3 测试的原则

为了进行有效的测试,在软件测试中测试工程师应注意以下几条基本原则。

1. 软件测试应追溯到用户需求

用户是软件的最终使用者,软件开发的最终目的是要满足用户的需求。因此,软件系统中最严重的错误是那些导致软件无法满足用户需求的错误。软件中的错误可能在开发早期的各个阶段,所以改正错误也必须追溯到前期的工作。

2. 应当尽早和不断地测试

由于软件的复杂性和抽象性,在软件的生存周期中各个阶段都有可能产生错误,所以不应把软件测试工作在程序编写完成之后才开展,而应当把它贯穿到软件开发的各个阶段。通常软件错误发现得越早,修改的代价就越小。在软件开发的需求阶段就应该开始测试工作,并且要有一个反复的、递增的测试过程。

3. 程序员应该避免测试自己的程序

程序员最好避免测试自己的程序,其中最主要的原因是受到思维定式的局限不容易发现错误。

4. 对发现错误较多的模块,应当进行更加深入的测试

统计数据表明,软件错误具有群集现象。一般情况下,80%的软件错误集中在20%的模块中。因此,如果已发现某一程序模块比其他程序模块有更多的错误,就意味着这个程序模块应当花更多的时间和代价去测试。

5. 应当制订测试计划,并按照计划严格执行

由于软件的复杂性及测试过程的不确定性,应当制订一个测试计划,并按照计划严格执行,才能保证在规定的时间内完成一个高质量的测试。

6. 对测试出来的错误要复查和确认,并对测试结果进行全面检查

每个测试用例一般都是经过精心设计产生的,承担一定的检测任务。由于测试执行结果可以形式多样,如界面的显示、数据文件以及性能测试中关注的软件执行时间等,不同形式的结果对于判断测试是否通过具有不同程度的影响。而且软件的预期输出描述可能不是很准确，这就更需要认真检查每个测试结果。

7. 穷尽测试是不可能的,测试需要终止

从软件的输入、输出、数据和计算来分析,可以证明软件穷尽测试是不可能的。因此需要制订通过测试的最低标准和测试内容,并根据这些标准和测试内容,确定最佳停止时间。

8. 妥善保存一切测试过程文档

测试过程文档包括各个阶段的测试计划、测试用例说明书、测试脚本和测试总结报告等。应该妥善保存这些文档,便于后续的开发和测试过程的改进。

8.1.4 测试的方法

按照需要是否执行被测软件,软件测试方法一般可分为静态测试和动态测试。

1. 静态测试

静态测试又称静态分析,是指不实际运行被测软件,而是采用人工或计算机辅助静态分析的手段直接对软件进行检测,查找错误。静态测试主要包括对源代码、各类文档(需求规格说明书、总体设计说明书等)和程序运行界面所做的测试。

(1) 对于源代码的静态测试

源代码的静态测试是检查代码是否符合相应的标准和规范。它可根据相应的编码规范来对程序实施编码规范检查;也可通过分析模块调用图、程序流程图等图表来度量代码质量。

对源代码进行静态测试可以采用人工测试和计算机辅助静态分析的手段。人工测试是指不依靠计算机而靠人工审查程序,它可以发现计算机不易发现的错误。计算机辅助静态分析是指利用静态分析工具对被测程序进行特性分析来查找错误。目前市面上已有很多专业的静态分析工具,如:C/C++语言的编码规则检查工具 C++ Test、QAC/QAC++ 等。

(2) 对程序界面的静态测试

对程序界面的静态测试包括:界面显示内容的准确性、界面显示及处理的正确性、界面设计的友好性等。

(3) 对文档进行的静态测试

文档的静态测试主要是指对软件开发各个阶段所产生的文档进行检查。根据目前的实际情况看,文档测试常常没有受到重视。

2. 动态测试

动态测试又称动态分析,它是指实际运行被测软件,通过查看、分析软件运行时的状态、行为和运行后的结果等发现软件错误。软件的动态测试需要选择有效的测试用例(对应输入、输出关系)来运行被测程序并分析它的运行情况,发现程序实际运行的行为与结果和期望的行为与结果(客户的需求)不一致的地方。

动态测试主要包括白盒测试和黑盒测试。有关白盒测试与黑盒测试的技术将在 8.2 节详细讨论。

动态测试可以应用在软件的单元测试阶段、集成测试阶段、系统测试阶段和验收测试阶段中,无论应用在哪个阶段,动态测试都被证明是一种有效的测试方法。但它也存在很多局

限性,主要表现如下:

(1) 往往需要借助测试用例来完成。这就意味着要设计测试用例、执行测试用例,通过分析测试用例结果来对软件检查,发现错误。相比静态测试,动态测试增加了对测试用例设计、分析以及执行等一列活动的管理和组织。

(2) 不能发现文档错误。

(3) 必须等到程序开发完成后,才能执行,发现问题较晚。

(4) 需要搭建测试环境,增加了有关测试环境配置和管理的工作量。

根据有关数据,对静态测试与动态测试进行比较,如表 8.1 所示。

表 8.1 静态测试与动态测试比较

测试方法	测试成本(是否需要测试用例、测试实现难易程度、可否直接定位错误、是否要运行软件)	发现错误的数目	测试效率	测试稳定性和可靠性
静态测试	低	多	高	低
动态测试	高	多	低	高

从表 8.1 可以看出,静态测试和动态测试各有优缺点。实际上,静态测试和动态测试是互补的,同时又具有相对的独立性,不能相互替代。一般来说,在程序运行前,尽可能地使用静态测试来发现代码中隐含的错误。

8.2 软件测试技术

8.2.1 白盒测试技术

白盒测试也称为结构测试或逻辑驱动测试,它的测试对象基本上是源程序。白盒测试是在已知程序内部工作过程的情况下,对程序中尽可能多的逻辑路径进行测试,检验程序的内部结构是否有错。白盒测试需要对程序模块进行下列检查:

(1) 保证每个模块中的所有独立路径至少被执行一次。

(2) 对所有的逻辑值均测试 true 和 false 的情况。

(3) 在上、下边界及可操作范围内运行所有循环。

(4) 检查内部数据结构以确定其有效性等。

白盒测试不可能做到穷举测试。为了提高测试效率,就必须从数量巨大的测试数据中找出极少的测试数据以达到最佳的测试效果。白盒测试的主要方法有逻辑覆盖和基本路径测试。

1. 逻辑覆盖

逻辑覆盖通过对程序逻辑结构的遍历来实现程序的覆盖。依据覆盖语句的详细程度,逻辑覆盖主要包括:语句覆盖、判定覆盖、条件覆盖、判定/条件覆盖、条件组合覆盖和路径覆盖。下面根据例 8.1 所示的程序,分别讨论这几种常用的覆盖技术。

例 8.1 下面是一段被测试的程序(C 语言):

int Compute(int a, int b, int c)

```
{
    int m;
    if((a>1)&&(b==0))
    { m=a+1;    }
    if((a==3)||(c<6))
    { m=a*c;    }
    m=m*c+2;
        return m;
}
```

该程序段的流程图如图 8.1 所示。

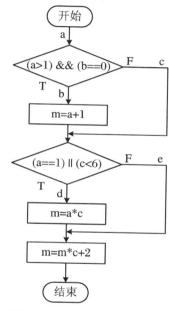

图 8.1　被测试程序的流程图

（1）语句覆盖

语句覆盖就是指设计的测试用例应该保证程序的每一条可执行语句至少执行一次。

针对例 8.1 程序，为使程序中每个语句至少被执行一次，只需设计一个能通过路径"abd"的测试数据就可以了，例如，选择测试数据为：

a=3,b=0,c=4。

输入此组数据，就可以达到语句覆盖的标准。

从程序中每个语句的执行情况来看，语句覆盖似乎全面地检验了每条语句，但它只测试了逻辑表达式为"真"的情况，并不能检查判断逻辑是否有问题。如果将第一个逻辑表达式中的"&&"错误的写成了"||"、第二个逻辑表达式中将"c<6"错写成"c<5"，用上述测试数据仍然可以覆盖所有的执行语句，却不能发现错误。因此，语句覆盖是最弱的逻辑覆盖标准。

（2）判定覆盖

判定覆盖也称为分支覆盖。判定覆盖指应设计足够的测试用例，保证程序中每个判断节点的取真分支和取假分支至少被执行一次。

针对例8.1程序,只要通过路径"ace"和"abd"或者通过路径"acd"和"abe",就可达到判定覆盖标准。为此,可以选择两组数据:

$a=2,b=0,c=6$(通过路径 abe)

$a=3,b=1,c=5$(通过路径 acd)

判定覆盖比语句覆盖严格,因为每个分支都通过了,则每个语句也就执行过了,因此具有更强的测试能力。但该测试仍不充分,判定覆盖虽然满足了边覆盖,但判定节点往往是复合判定表达式,判定覆盖并未深入测试复合判定表达式的细节,这样必然导致遗漏部分测试路径。如果将第二个判定表达式中的"c<6"错写成"c<5",仍查找不出来错误。

特别注意,对于多分支(如 CASE)情况,满足判定覆盖是指设计足够的测试用例,保证每个判定节点获得每一种可能的值至少一次。

(3) 条件覆盖

条件覆盖指设计足够的测试用例,保证程序中每个判定表达式中的每个条件的各种可能的值至少出现一次。

针对例8.1程序,有4个条件:$a>1,b=0,a=3,c<6$。

为了清楚地设计测试用例,对例子中的所有条件取值加以标记。对于第一个判断:条件"$a>1$",取真值为 T1,取假值为 F1;条件"$b=0$",取真值为 T2,取假值为 F2。对于第二个判断:条件"$a=3$",取真值为 T3,取假值为 F3;条件"$c<6$",取真值为 T4,取假值为 F4。

为了满足条件覆盖,选择以下两组测试数据:

$a=3,b=0,c=4$(条件取值为:T1,T2,T3,T4;通过路径"abd")

$a=1,b=1,c=6$(条件取值为:F1,F2,F3,F4;通过路径"ace")

以上两组测试数据满足了条件覆盖,同时也满足了判定覆盖。在这种情况下,条件覆盖强于判定覆盖。但是也有其他情况,如果选择另外两组数据:

$a=1,b=0,c=5$(条件取值为:F1,T2,F3,T4;通过路径"acd")

$a=3,b=1,c=6$(条件取值为:T1,F2,T3,F4;通过路径"acd")

这两组测试数据满足了条件覆盖,但只覆盖了第一个判定表达式取"假"分支和第二个判定表达式取"真"分支,即不满足判定覆盖。所以满足条件覆盖不一定保证满足判定覆盖。

(4) 判定/条件覆盖

判定覆盖和条件覆盖均无法做到测试的完全覆盖,那么将两者结合起来应该可以得到一个更加全面的测试覆盖标准,即判定/条件覆盖。判定/条件覆盖指设计足够的测试用例,应满足程序中每个判定表达式中的每个条件的所有可能取值至少出现一次,并且每个判定表达式所有可能的结果也至少出现一次。

针对例8.1程序,选择以下两组测试数据满足判定/条件覆盖:

$a=3,b=0,c=5$(条件取值为:T1,T2,T3,T4;通过路径"abd")

$a=1,b=1,c=6$(条件取值为:F1,F2,F3,F4;通过路径"ace")

从表面上看,判定/条件覆盖测试了所有条件的取值,但实际上条件组合中的某些条件会掩盖其他条件。例如对于表达式"(a>1)&&(b==0)",如果"(a>1)"为假,则"(b==0)"不起作用了;对于表达式"(a==3)||(c<6)",如果"(a==3)"为真,则"(c<6)"不起作用了。因此后面其他条件若有错误,则测不出来。

(5) 条件组合覆盖

条件组合覆盖指设计足够的测试用例,使得每个判定表达式中条件的各种值的组合都至少执行一次。

针对例8.1程序,两个判定表达式中的条件取值共有8种组合。为了清楚地设计测试用例,对这8种组合加以标识如下:

① "a>1,b=0",记作"T1,T2",第一个判断的取真分支。

② "a>1,b≠0",记作"T1,F2",第一个判断的取假分支。

③ "a≤1,b=0",记作"F1,T2",第一个判断的取假分支。

④ "a≤1,b≠0",记作"F1,F2",第一个判断的取假分支。

⑤ "a=3,c<6",记作"T3,T4",第二个判断的取真分支。

⑥ "a=3,c≥6",记作"T3,F4",第二个判断的取真分支。

⑦ "a≠3,c<6",记作"F3,T4",第二个判断的取真分支。

⑧ "a≠3,c≥6",记作"F3,F4",第二个判断的取假分支。

下面4组测试数据,就可以覆盖上面8种条件取值的组合,即可以满足条件组合覆盖标准:

a=3,b=0,c=5(条件取值为:T1,T2,T3,T4;覆盖组合①⑤;通过路径"abd")

a=1,b=1,c=6(条件取值为:F1,F2,F3,F4;覆盖组合④⑧;通过路径"ace")

a=3,b=1,c=6(条件取值为:T1,F2,T3,F4;覆盖组合②⑥;通过路径"acd")

a=1,b=0,c=5(条件取值为:F1,T2,F3,T4;覆盖组合③⑦;通过路径"acd")

显然,满足条件组合覆盖的测试一定满足判定覆盖、条件覆盖和判定/条件覆盖。从理论上分析,条件组合覆盖是覆盖率较高的标准。但是当一个程序中的判定表达式较多时,其条件组合数目是非常大的,并且可以看出上面的测试数据没有覆盖程序所有可能执行的全部路径,漏掉了路径"abe"。如果这条路径有错误,就不能测试出来。

(6)路径覆盖

路径覆盖指设计足够的测试用例,覆盖被测试程序中所有可能的路径。

针对例8.1程序,选择以下测试数据,即可覆盖程序中的4条路径:

a=3,b=0,c=5(覆盖组合①⑤;通过路径"abd")

a=1,b=1,c=6(覆盖组合④⑧;通过路径"ace")

a=3,b=1,c=6(覆盖组合②⑥;通过路径"acd")

a=2,b=0,c=6(覆盖组合①⑧;通过路径"abe")

可以看出满足路径覆盖却不满足条件组合覆盖。

从发现错误的能力来看,语句覆盖最弱。条件组合覆盖发现错误的能力较强,凡满足其标准的测试用例也一定满足语句覆盖、判定覆盖、条件覆盖和判定/条件覆盖。前5种覆盖标准可能会使程序某些路径没有执行。路径测试使程序沿着所有可能的路径,查错能力强,但是可能达不到条件组合覆盖的要求。

2. 基本路径测试

例8.1程序比较简单,只有4条路径。但在实际问题中,程序中出现多个判定和多个循环,则路径条数是一个庞大的数字,不可能实现路径覆盖。为此,只能把覆盖的路径数压缩到一定的限度内,例如,循环体只执行一次。

基本路径测试方法就是在程序控制流图的基础上,通过分析由控制构造的环路复杂性,导出基本可执行路径集合,从而设计测试用例,保证这些路径至少执行一次。

（1）程序的控制流程图

程序的控制流程图是简化了的程序流程图。它主要描述程序的控制流程,其中圆圈称为结点,代表了程序流程图中每个处理符号(菱形框、矩形框);有箭头的连线称为边或连接,代表了控制流向。基本的控制结构对应的图形符号如图8.2所示。

图8.3(a)是一个程序流程图,可以将它转换成图8.3(b)所示的控制流程图。

这里假设在图8.3(a)的流程图用菱形框表示的判定条件内没有复合条件。转换时注意:一条边必须终止于一个结点,在选择结构中的分支汇聚处即使没有执行语句也应该有汇聚结点,如图8.3(a)中结点9,10,11;另外一组顺序处理框可以映射为一个单一的结点。边和结点圈定的部分叫区域,如图8.3(b)中区域R2,R3,R4;当对区域计数时,图形外的部分也应该记为一个区域,如图8.3(b)中区域R1。

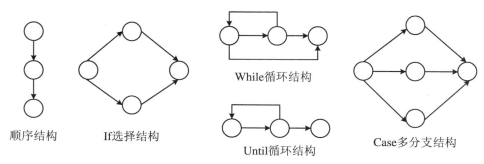

While循环结构

顺序结构　　If选择结构　　Until循环结构　　Case多分支结构

图8.2　程序控制流程图的图形符号

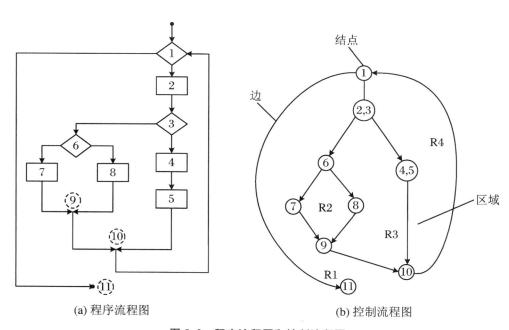

（a）程序流程图　　　　　　　　　　（b）控制流程图

图8.3　程序流程图和控制流程图

若判定中的条件表达式是复合条件(由一个或多个逻辑运算符连接的逻辑表达式),应将该复合条件分解为一系列只有单个条件的嵌套判断。如对于图8.4(a)的复合条件的判定应转换成图8.4(b)所示的控制流程图。

（2）程序控制流程图的环路复杂性 $V(G)$

程序的环路复杂性给出了程序基本路径集合中的独立路径条数,这是确保程序中每个可执行语句至少被执行一次所需的测试用例数目的上界。计算环路复杂性有以下 3 种方法:① 环路复杂性定义为程序控制流程图中的区域数。② 环路复杂性为 $V(G) = E - N + 2$。这里 E 为程序控制流程图的边数,N 为程序控制流程图的结点数。③ 环路复杂性为 $V(G) = 判定结点数 + 1$。

例如,图 8.3(b)中的环路复杂性 $V(G)$ 为:① 区域数为 4,其 $V(G) = 4$。② $V(G) = E - N + 2 = 11 - 9 + 2 = 4$。③ $V(G) = 判定结点数 + 1 = 3 + 1 = 4$。

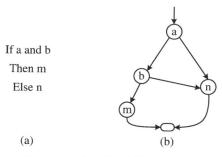

If a and b
Then m
Else n

(a)　　　　　　　　　　(b)

图 8.4　复合条件下的控制流程图

（3）基本路径测试法的步骤:① 画出程序控制流程图。② 计算程序控制流程图 G 的环路复杂性 $V(G)$。③ 确定只包含独立路径的基本路径集合。独立路径是指至少包括一个新处理语句或新判定的一条路径。例如在图 8.3(b)中,一组独立路径为:a. 路径 1:1 - 11。b. 路径 2:1 - 2 - 3 - 6 - 7 - 9 - 10 - 1 - 11。c. 路径 3:1 - 2 - 3 - 6 - 8 - 9 - 10 - 1 - 11。d. 路径 4:1 - 2 - 3 - 4 - 5 - 10 - 1 - 11。④ 设计测试用例,确保基本路径集合中每条路径的执行。

例 8.2　下面是判断是否是闰年的程序代码(C 语言),用基本路径测试法进行测试。

```
Int IsLeap(int year)
    {
        if(year%4 = =0)
        {
            if(year%100 = =0)
            {
                if(year%400 = =0)
                    Leap = 1;
                else
                    Leap = 0;
            }
            else
                Leap = 1;
        }
        else
            Leap = 0;
```

Return leap；

}

解 根据基本路径测试法的步骤,设计测试用例的过程如下:

(1) 画出程序的控制流程图。该程序流程图和对应的控制流程图分别如图8.5和图8.6所示。图8.6中结点a,b,c为分支汇聚节点。

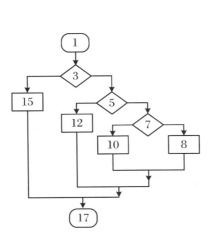

图8.5　被测试程序流程图

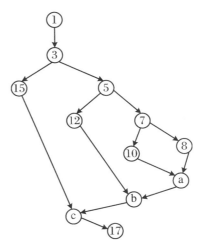

图8.6　被测试程序控制流程图

(2) 计算环路复杂性

$V(G) = E - N + 2 = 14 - 12 + 2 = 4$。

(3) 确定基本路径集合

可确定4条独立路径:a. 路径1:1－3－15－c－17;b. 路径2:1－3－5－12－b－c－17;c. 路径3:1－3－5－7－10－a－b－c－17;d. 路径4:1－3－5－7－8－a－b－c－17。

(4) 选择适当的测试数据以确保每一条独立路径被执行

a. 路径1:1－3－15－c－17,输入数据:year = 1001,期望结果:Leap = 0。b. 路径2:1－3－5－12－b－c－17,输入数据:year = 1004,期望结果:Leap = 1。c. 路径3:1－3－5－7－10－a－b－c－17,输入数据:year = 1300,期望结果:Leap = 0。d. 路径4:1－3－5－7－8－a－b－c－17,输入数据:year = 2000,期望结果:Leap = 1。

3. 白盒测试方法的应用策略

白盒测试是针对程序代码展开的测试,需要测试人员了解程序实现的细节。白盒测试方法主要运用在单元测试、集成测试等阶段,主要由开发小组内部来完成。白盒测试包括多种测试用例的设计方法,但也不必要将这些方法全部用在测试中,而应该根据被测试系统的实际情况选取合适的白盒测试策略。一般是先进行静态的白盒测试,再进行动态的白盒测试。

8.2.2　黑盒测试技术

黑盒测试方法主要针对系统的功能进行测试,它仅需知道系统的输入和预期输出,不必知道程序内部的逻辑结构。因此设计测试用例时,需要研究需求规格说明书中的有关功能等相关说明,分析软件是否能够接受适当的输入数据而产生正确的输出信息,从而检查软件是否能够按照需求规格说明书的规定而正常工作。用黑盒技术设计测试用例的方法主要包括等价类划分法、边界值分析法、错误推测法及因果图法等。

1. 等价类划分法

等价类划分法是一种最典型的黑盒测试方法。等价类划分是将所有可能输入数据划分成若干部分,即等价类,然后从每个部分中选取少数代表性数据作为测试用例。显然采用这种方法测试时,由于不可能用所有可以输入的数据来测试程序,只能从全部可输入的数据中选取少量代表性数据来进行测试,测试每一类的代表性数据就等于对该类其他值的测试。因此,可以把全部输入数据划分为若干等价类,在每一个等价类中取一个数据作为测试的输入,就可以使用少量代表数据取得较好的测试效果,能够有效地提高测试效率。

(1)划分等价类

用等价类划分法进行测试用例设计时,首先必须合理地划分等价类,包括有效等价类和无效等价类。有效等价类是指对于程序规格说明来说,是合理的、有意义的输入数据构成的集合。利用有效等价类可以检查程序是否实现了规格说明中要求的功能和性能。无效等价类是指对于程序规格说明来说,是不合理的、无意义的输入数据构成的集合。使用无效等价类可以检查程序能否对不合理输入给以正确的响应。

划分等价类是一个比较复杂的问题,以下是几种划分方法,供参考:

① 如果某个输入条件规定了取值范围或值的个数,则可以确定一个有效等价类和两个无效等价类。

例如:程序输入条件为大于 20 小于 100 的整数 x,可以确定一个有效等价类 $20<x<100$,两个无效等价类 $x\leqslant20$ 和 $x\geqslant100$。

② 如果规定了输入数据的一组值,并且程序要对每个输入值分别进行处理,则每一个输入值可确定一个等价类,此外还有一个无效等价类(所有不允许的输入值的集合)。

例如:输入条件上说明学生的成绩等级可为优秀、良好、中等、及格和不及格 5 种等级之一,则分别取这 5 个值作为 5 个有效等价类,另外把 5 个等级之外的任何等级作为一个无效等价类。

③ 如果规定了输入数据必须遵循的规则,可以确定一个有效等价类和一个无效等价类。

例如:输入条件要求输入的整数 x 为偶数,则有效等价类为 x 的值为偶数的整数,无效等价类为 x 的值不为偶数的整数。

④ 如果在已划分的等价类中各元素在程序中的处理方式不同,则需将该等价类进一步划分为更小的等价类。

在划分好等价类之后,通常建立等价类表,列出所有划分出的等价类,如表 8.2 所示。

表 8.2　等价类表

输入条件	有效等价类	无效等价类
…	…	…
…	…	…

(2)等价类划分法确定测试用例过程

根据已经确定的等价类,按下面步骤设计测试用例:

① 为每一个等价类规定唯一编号。

② 设计一个测试用例,使其尽可能多地覆盖尚未被覆盖的有效等价类,重复这一步,直至所有的有效等价类都被覆盖为止。

③ 设计一个测试用例,使其仅覆盖一个尚未覆盖的无效等价类,重复这一步,直到所有的无效等价类都被覆盖为止。

例 8.3 某一实验室设备管理系统,要求管理员输入设备的生产日期,然后根据生产日期对设备做过期报废处理。假设生产日期限制在 1985 年 1 月到 1995 年 12 月,即系统只能对该段时间内生产的设备进行报废处理。如果管理员输入的生产日期不在此范围内,则显示输入无效信息。请使用等价类划分法设计测试用例,来完成对程序的日期检查功能。

解 ① 划分等价类,如表 8.3 所示。

表 8.3　"生产日期"输入条件的等价类表

输入条件	有效等价类	无效等价类
生产日期的类型及长度	(1) 6 位数字字符	(2) 有非数字字符 (3) 少于 6 个数字字符 (4) 多于 6 个数字字符
年份范围	(5) 在 1985~1995 之间	(6) 小于 1985 (7) 大于 1995
月份范围	(8) 在 1~12 之间	(9) 小于 1 (10) 大于 12

② 为有效等价类设计测试用例,如表 8.4 所示。

表 8.4　"生产日期"输入条件的有效等价类测试用例

测试数据	期望结果	覆盖范围
198705	输出有效	1,5,8

③ 为无效等价类设计测试用例,如表 8.5 所示。

表 8.5　"生产日期"输入条件的无效等价类测试用例

测试数据	期望结果	覆盖范围
89TYU	输入无效	2
19887	输入无效	3
1986887	输入无效	4
198312	输入无效	6
199702	输入无效	7
199700	输入无效	9
199513	输入无效	10

2. 边界值分析

边界值分析法是对输入或输出的边界值进行测试的一种黑盒测试方法。长期的测试经验表明,程序往往在处理输入或输出范围的边界上发生错误,因此使用边界值分析法针对边界情况设计测试用例,选取正好等于、刚刚大于或刚刚小于边界的值作为测试数据,可以查出更多的错误。一般边界值分析法和等价类划分法结合使用,将测试边界情况作为重点目标,选取正好等于、刚刚大于或刚刚小于等价类边界值的测试数据。下面提供一些边界值分析方法选择测试用例的原则:

（1）如果输入条件规定了值的范围,应该取正好等于这个范围的边界值,以及刚刚超过这个范围边界的值作为测试数据。

（2）如果输入条件规定了值的个数,则用最大个数、最小个数、比最大个数大 1 及比最小个数少 1 等数据作为测试数据。

（3）对每个输出条件分别使用前两条原则确定输出值的边界情况。

（4）如果程序的规格说明给出的输入域或输出域是有序集合(如有序表),则应该选取集合的第一个和最后一个元素作为测试用例。

针对例 8.3,使用边界值分析法设计的测试用例如表 8.6 所示。

表 8.6 "生产日期"边界值分析法测试用例

输入条件	测试用例说明	测试数据	期望结果	选取理由
生产日期的类型及长度	1 个数字字符 5 个数字字符 7 个数字字符 有 1 个非数字字符 全部是非数字字符 6 个数字字符	4 19936 1993067 1993T6 JIUYJK 199309	输入无效 输入无效 输入无效 输入无效 输入无效 输出有效	仅有一个合法字符 比有效长度少 1 比有效长度多 1 只有一个非法字符 6 个非法字符 类型及长度均有效
月份范围	月份为 1 月 月份为 12 月 月份<1 月份>12	199401 199412 199400 199413	输出有效 输出有效 输入无效 输入无效	最小月份 最大月份 刚好小于最小月份 刚好大于最大月份
年份范围	年份为 1985 年 年份为 1995 年 年份<1985 年份>1995	198501 199512 198412 199601	输出有效 输出有效 输入无效 输入无效	最小年份 最大年份 刚好小于最小年份 刚好大于最大年份

3. 错误推测法

错误推测法是测试人员根据经验或直觉推测程序中可能存在的各种错误,有针对性地设计测试用例的方法。错误推测法没有确定的步骤,其基本思想是列举出程序中所有可能发生的错误,根据它们选择测试用例。例如,设计一些非法的、无意义的数据进行输入测试,针对程序代码中的内存分配、内存泄露等问题展开测试等。

4. 因果图法

等价类划分法和边界值分析法都只是考虑各个输入条件,而没有考虑到输入条件之间的联系和相互组合情况等。多个输入条件之间的相互组合可能会产生一些新的情况,引起一些错误。因果图法正是考虑到多个输入条件的组合、输入与输出的关系,并产生各种输出结果的方式来考虑设计测试用例。

5. 场景法

现在的软件几乎都是用事件触发来控制流程的,事件触发时的情景形成场景,同一事件不同的触发顺序和处理结果就形成了事件流。场景法的核心是事件流和场景,其中事件流包括基本流和备选流。用例场景用于描述流经用例的路径,从用例开始到用例结束应遍历该路径上所有的基本流和备选流。场景法设计测试用例的步骤就是：描述程序的基本流和各个备选流、场景设计、对每个场景设计测试用例。

6. 其他黑盒测试方法

黑盒测试方法有很多种，除了前面介绍的方法外，还包括功能图法、正交试验法、随机测试法等，对这些方法感兴趣的读者可以查阅相关资料。

7. 黑盒测试方法的应用策略

黑盒测试不需要了解程序实现的细节，仅需要根据需求规格说明中的输入和输出就可以设计测试用例以及展开测试。黑盒测试方法主要运用在集成测试、系统测试、验收测试阶段。这些方法不是单独存在的，在实际测试中，往往根据被测试软件和所处阶段的特点，综合运用这些黑盒测试方法，进而有效地提高测试效率和测试覆盖度。

以下是对黑盒测试方法的综合应用策略：

（1）在任何情况下都要使用边界值分析法。经验表明，这种方法设计出来的测试用例发现程序缺陷的能力最强。

（2）针对输入条件和输出条件进行等价类划分，将无限测试变成有限测试。

（3）如果程序的功能说明中含有输入条件的组合情况，则应该一开始就选用因果图法。

（4）对于业务流程清晰的系统，可以利用场景法构造各种主要场景，然后针对每个场景综合使用各种其他测试方法。

（5）根据测试的经验和对被测试软件的熟悉程度，使用错误推测法补充一些测试用例。

8.3　测　试　过　程

软件产品在交付给用户之前一般需要经过单元测试、集成测试、确认测试、系统测试和验收测试。软件测试经历的过程如图8.7所示。

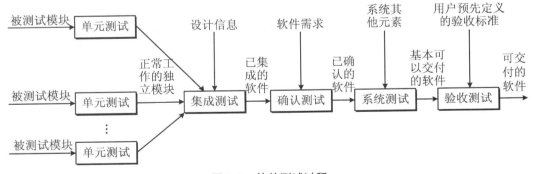

图8.7　软件测试过程

单元测试是针对源程序中每个单元模块进行的测试，包括代码的功能测试、代码的结构测试、可靠性以及在所有条件下的响应情况测试。该阶段涉及的文档主要包括代码和软件详细设计说明书。将所有已通过单元测试的模块按照概要设计的要求组装成子系统或系统，进行集成测试，以检查组装成的子系统或系统能否按照已规定的要求正常运行。该阶段所涉及的主要文档是软件概要设计说明书。确认测试是验证已实现的软件是否满足软件需求规格说明书中的各种要求。该阶段所涉及的主要文档是软件需求分析说明书。系统测试是指已确定的软件与其他元素(如计算机硬件、外部设备、支持软件等)结合在一起进行的测试。该阶段涉及各种软件说明书的文档。验收测试是用户在软件投入使用以前进行的最后一次测试,检查软件产品是否符合预期的各项要求。

8.3.1 单元测试

1. 单元测试的主要任务

单元测试是对软件的最小单元——模块进行检查和验证,主要测试模块在语法、格式和逻辑上的错误。单元测试的主要任务如下:

(1)模块接口测试

模块接口测试主要检查数据能否在模块中正确地输入和输出,它是单元测试的基础。对模块接口测试主要涉及以下方面的内容:① 输入的实际参数与形式参数在个数、类型、顺序及所使用的单位上是否匹配。② 调用其他模块时,传递的实际参数在个数、类型、顺序及使用的单位和被调用模块的形式参数是否匹配。③ 调用标准函数时,传递的实际参数在个数、类型、顺序及使用单位上是否正确。④ 是否修改了只读型参数。⑤ 全局变量在每个模块中的定义是否一致。⑥ 有没有把某些约束条件当作参数来传递。

(2)模块局部数据结构测试

局部数据结构是经常发生错误的来源,局部数据结构测试主要检查以下几类错误:① 不正确、不一致的类型说明。② 初始化或默认值错误。③ 错误的变量名。④ 不相容的数据类型。⑤ 上溢、下溢或地址错误等。

(3)模块中所有独立执行路径测试

在单元测试中,应能保证对模块中每条独立执行路径进行测试。设计的测试用例能够发现因不正确的计算、错误的比较或不适当的控制流而造成的错误,常见的错误有:① 操作符优先次序不正确。② 运算方式不正确。③ 初始化不正确。④ 表达式的符号表示不正确。⑤ 运算精度不够准确。

(4)错误处理测试

错误处理测试主要是检查程序对错误处理的能力。主要检查以下几个方面:① 对发生的错误不能正确、合理地描述。② 显示的错误信息和实际发生的错误不一致。③ 存在不恰当的异常处理。④ 错误信息描述不够,没有找到错误的原因。⑤ 在错误处理之前,缺陷已引起系统进行干预。

(5)模块边界条件测试

程序经常在边界上出错,边界条件测试可以参考黑盒测试中的边界值分析方法,即在被测试模块的输入域或输出域中寻找边界点,然后在这些边界点附近都应进行测试。

2. 单元测试的主要技术

单元测试应综合采用黑盒测试技术和白盒测试技术:白盒测试技术应用于对模块代码的测试;黑盒测试技术应用于对模块功能的测试。

(1)静态测试方法

通常被测模块编译运行之后,如果能够正常运行,则可以进行后续的静态和动态测试。首先通过人工方式对被测模块开展静态测试,主要通过走查、审查等方式,根据模块的详细设计,检查算法的逻辑正确性、规范性以及代码是否符合标准和规范等。通常人工检查活动主要包括:检查算法的逻辑正确性、检查模块接口的正确性、检查程序风格的一致性;检查代码注释的完整性和合理性等。

(2) 动态测试方法

完成了静态测试后,接着还需运行程序,进行动态测试。在动态测试过程中,一般应该综合使用白盒测试技术和黑盒测试技术。如通过逻辑覆盖和基本路径测试方法,检查内部操作的合理性,同时利用等价类划分法和边界值分析法,检查被测模块的功能性、容错性等。

3. 单元测试环境搭建

被测试的模块往往不是独立的程序,不能忽视它们与周围模块的相互关系,也就说它们往往被其他模块调用或调用其他模块,其本身是不能单独运行的,因此在单元测试中,需设计驱动模块和桩模块。驱动模块是模拟被测试模块的上级调用模块,用于接收测试数据,把相关数据传送给被测试模块,启动被测试模块和输出相应的结果。桩模块是模拟被测试模块所调用的模块。它的作用是接收被测模块的指令并返回被测试模块所需要的信息。图8.8(a)为某一软件结构;图8.8(b)表示为了测试模块A而搭建的单元测试环境。

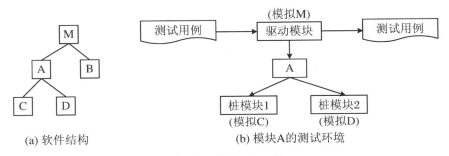

(a) 软件结构　　　　　　(b) 模块A的测试环境

图 8.8　单元测试环境

8.3.2　集成测试

1. 集成测试的主要任务

集成测试是在单元测试的基础上,将所有已通过单元测试的模块按照概要设计的要求组装成子系统或系统而进行的测试。实践证明,每个单独的模块能够正常工作,但有时将这些模块组合在一起却不能正常工作了。例如,数据经过接口可能丢失,误差的不断积累等。所以单元测试后必须进行集成测试,发现并排除软件组装后可能发生的问题,最终构成所要求的软件系统。这里有一点需要强调,要进行集成测试的模块必须是已经通过单元测试的模块,否则将对集成测试的效果带来很大的影响。

集成测试的主要任务包括:① 将各个模块组装起来,数据经过接口是否会丢失。② 一个模块的功能是否会对另一个模块的功能产生不利影响。③ 将各个模块的功能组合起来,检查能否实现预期要求的功能。④ 全局数据结构是否有问题,会不会被异常修改。⑤ 单个模块可以接受的误差,组装起来误差积累和放大,是否达到不可接受的程度。

2. 集成测试的策略

集成测试的策略主要有非增量式测试和增量式测试两种。

（1）非增量式测试

非增量式测试首先是对所有的模块进行单元测试,然后按照设计要求将所有已经通过单元测试的模块一次性组装起来进行测试。图8.9给出的是采用非增量式策略的集成测试的一个例子。被测程序的结构由图8.9(a)表示,它由4个模块构成。在单元测试时,根据它们在结构图中的位置,为模块A设计了驱动模块(模拟M)和桩模块(模拟C、D),而为模块B、C、D只设计了驱动模块。对于主模块M,仅需要为它设计2个桩模块(模拟A、B)。如图8.9(b)、(c)、(d)、(e)、(f)所示,分别进行单元测试以后,再按图8.9(a)的结构将所有模块组装起来,进行集成测试。

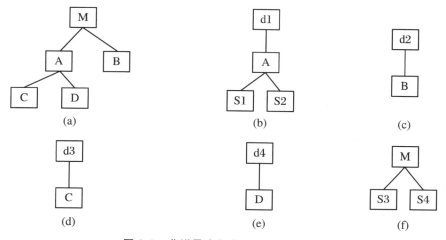

图8.9　非增量式集成测试案例示意图

（2）增量式测试

增量式测试是逐步将还没有测试的模块和已测试的模块(或子系统)结合成程序包,然后将这些模块集成为较大系统,在集成的过程中一边组装一边测试,以发现组装过程中产生的问题,最后逐步集成为要求的软件系统。增量式测试按照不同的次序集成,可分为自顶向下增量式集成测试和自底向上增量式集成测试。

① 自顶向下增量式集成测试

自顶向下增量式集成测试是按程序结构图自上而下进行的,即首先从主控模块(主程序)开始,沿着控制层次从上而下,从而逐步将各个模块组装起来。在自上而下的集成测试过程中,只需对剩余的未曾测试的模块开发桩模块,所有桩模块用实际模块来代替;依据所选的推进策略(深度优先或广度优先),每次只替代一个桩模块;每集成一个模块需要立即测试一遍;为了避免引入错误,需要不断地进行回归测试(即全部或部分地重复已做过的测试)。

深度优先策略的集成方式是先集成在程序结构中的一个主控路径下的所有模块,主控路径的选择是任意的,一般选择系统的关键路径或输入、输出路径。图8.10是一个软件结构图。图8.11是自顶向下以深度优先策略组装模块的例子,这里集成路径先选择左边的,然后是中间的,直到最右边;其中Si模块代表桩模块。

广度优先策略的集成方式是沿着水平方向,逐层组装

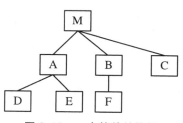

图8.10　一个软件结构图

直接下属的所有模块。如对于图 8.10 的例子,组装的顺序为 M、A、B、C、D、E、F。

② 自底向上增量式集成测试

自底向上增量式集成测试是从最底层的模块开始,按照程序结构图自下而上地逐步将各个模块组装起来。在自下而上的集成测试过程中,只需对剩余的未曾测试的模块开发驱动模块。图 8.12 是一个软件结构图。图 8.13 是采用自底向上增量式集成测试的过程,其中 di 模块代表驱动模块。

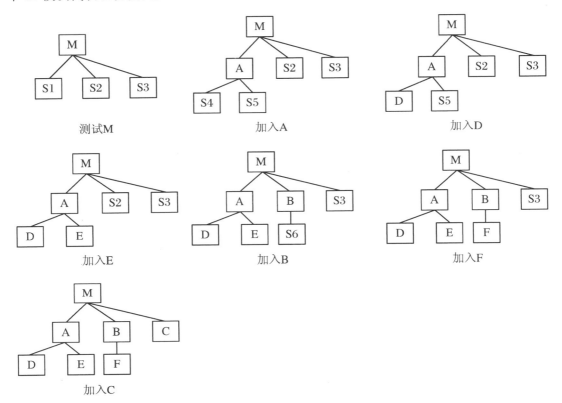

图 8.11 自顶向下以深度优先策略组装模块的过程

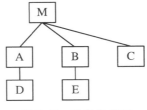

图 8.12 软件结构图

3. 非增量式集成测试策略和增量式集成测试策略比较

(1) 非增量式集成测试是将所有经过单元测试的模块一次性组装起来,然后再进行一次完整的测试,所以只有在最后才能发现错误;而且这时可能发现一大堆错误,很难判断错误的位置和原因,同时修改错误也困难。与此相反,增量式集成测试是逐步地一边集成一边测试,测试范围一步一步增大,再加上发生错误往往和最后加进来的模块有关,所以容易找到错误发生的位置。同时,一些模块在逐步集成的测试中得到了较为频繁的检查,因而测试比较彻底。但是增量式集成测试需要编写较多的驱动模块或者桩模块,编写更多的测试用例。总的来说,采用增量式集成测试较好。

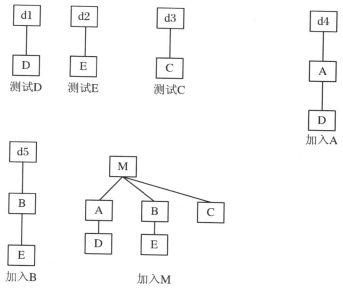

图 8.13　自底向上集成测试过程

（2）自顶向下增量式集成方式的缺点是需要建立桩模块,因为桩模块不能提供完整的信息,要使桩模块能够模拟实际子模块的功能十分困难;同时涉及复杂算法,真正输入/输出的模块一般在底层,它们是最容易出问题的模块。到测试和集成的后期才遇到这些模块,一旦发现问题导致过多的回归测试。

优点是能够较早地发现在主要控制方面的问题,同时让测试人员可以较早地看到程序的主要功能。

（3）自底向上增量式集成方式的缺点是直到最后一个模块加进去才能看到系统整体的功能,上层模块错误发现的晚。就是说,对主要的控制直到最后才能看到,而主要控制方面出现问题,影响范围比较大。

优点是不需要桩模块,只需要建立驱动模块;建立驱动模块一般比建立桩模块容易。同时涉及复杂算法的关键模块一般在结构图的底层,而这些模块最先得到集成和测试,所以错误会被较早发现并修正。此外,自底向上增量式集成方式可以开展多个模块的并行测试,提高测试效率。

（4）由于自顶向下增量式集成方式和自底向上增量式集成方式各有利弊,在实际的测试工作中,应根据软件项目的特点及相关的开发计划等选择,一般是将这两种集成测试方式结合起来。

8.3.3　确认测试

确认测试又称有效性测试。它的任务是检查软件的功能和性能以及其他特征是否与需求说明书中规定的有效性准则相符合。因此需求规格说明书是确认测试的基础。

确认测试阶段需要进行有效性测试和软件配置审查两项工作。

1. 有效性测试

有效性测试一般是在模拟环境下运用一系列黑盒测试方法,验证被测软件是否满足需求规格说明书列出的规定需求。为此,同样首先需要制订测试计划、确定测试的项目、设计测试用例等。根据测试计划和测试步骤执行测试工作,检查软件的功能和性能能否达到要求。

2. 软件配置审查

软件配置审查主要是检查软件的所有文档资料的完整性、正确性,同时要分类有序,并且包括软件维护所必需的细节。

8.3.4 系统测试与验收测试

通过确认测试阶段后,软件是可以接受的。但是软件作为整个基于计算机系统的一个元素最终还要与系统中的其他部分(如计算机硬件、外设、某些支撑软件、人员等)结合在一起,在实际环境下运行,对计算机系统进行测试,这也就是所谓的系统测试。通过系统测试后,软件基本可以交付给用户了,这时通常还需以用户或用户代表为主体,在软件投入实际应用前,做最后一次质量检验活动,这就是所谓的验收测试,包括 Alpha 测试和 Beta 测试。

Alpha 测试是由一个用户在开发环境下进行的测试,也可以是公司内部的用户在模拟实际操作环境下进行的测试。α 测试的目的是评价软件产品的 FLURPS(即功能、局域化、可使用性、可靠性、性能和支持),尤其注重产品的界面和特色。α 测试可以从软件产品编码结束之时开始,或在模块(子系统)测试完成之后开始,也可以在确认测试过程中产品达到一定的稳定性和可靠程度之后再开始。α 测试即为非正式验收测试。

Beta 测试是一种验收测试。所谓验收测试是软件产品完成了功能测试和系统测试之后,在产品发布之前所进行的软件测试活动,它是技术测试的最后一个阶段,通过了验收测试,产品就会进入发布阶段。验收测试一般根据产品规格说明书严格检查产品,逐行逐字地对照说明书上对软件产品所做出的各方面要求,确保所开发的软件产品符合用户的各项要求。通过综合测试之后,软件已完全组装起来,接口方面的错误也已排除,软件测试的最后一步——验收测试即可开始。验收测试应检查软件能否按合同要求进行工作,即是否满足软件需求说明书中的确认标准。

8.4 调　　试

软件测试的目的是尽可能多地发现软件中存在的错误。与软件测试不同,调试是在进行了成功的测试之后才开始的工作,目的是进一步确定错误的原因和位置,并修改错误。

调试是由程序员自己完成的技巧性极强的工作。调试工作与程序员的心理因素、技术因素和经验都有关系。与测试技术不同,调试技术缺少系统的理论研究,大多数方法都是实践中的经验积累。

8.4.1 调试的原则

由于调试的任务主要包括两部分:确定错误的性质和位置以及修改错误,所以调试的原则也分成两组。

1. 确定错误的性质和位置的原则

(1)程序员应该使用头脑去分析思考与错误征兆有关的信息,不应该总是依赖计算机确定错误。

(2)如果程序员调试程序时,陷入死胡同中,最好暂时把这个问题抛开,重新找个时间再去考虑,或者向其他人描述这个问题。

(3)程序员在调试程序时,可以借助调试工具作为辅助手段,这时仍以头脑思考为主。

(4)程序员调试程序时,避免通过修改程序来解决问题,因为这样常常会引入新的错误到问题中。

2. 修改错误的原则

(1)经验表明,程序中的错误有群集现象,当在某个程序段发现错误时,在该程序段存在潜在错误的概率就很高。因此,当修改一个错误时,还要检查它的附近,看是否还有其他错误。

(2)修改错误时,切忌只修改了错误的表现,而没有修改错误的本身。

(3)错误修改之后,必须进行回归测试,以确认没有引入新的错误。

8.4.2 调试的过程

调试的过程需要如下的步骤:

(1)根据错误的外部表现,确定程序中错误的位置。

(2)研究分析相关部分的程序,找出产生错误的内在原因。

(3)修改相关的设计和代码,改正这个错误。

(4)执行回归测试,以确认该错误是否被成功修改以及是否引入新的错误。

(5)如果测试通过,表明错误被有效地排除;如果测试不通过,则此次修改无效,需要重复上述过程(1)~(5),直到找到正确的解决办法,有效地排除错误为止。

8.4.3 调试的途径

调试的关键在于确定程序中错误的发生位置和内在原因,为此可以采用下面几种方法:

1. 简单的调试方法

(1)在程序特定位置插入打印语句

该方法可以打印出语句执行的跟踪信息,了解指定变量的变化情况和程序的动态过程。

(2)借助于调试工具

在调试工具中借助设置"断点",当程序执行到某个特定语句或某个特定的变量值改变时引起的程序中断,程序员可观察程序当前状态。借助设置"跟踪",可以跟踪子程序调用、特定变量的变化情况等。

2. 归纳法调试

归纳法调试是一个由特殊到一般的错误推断排除法。归纳法调试的基本思想是:从测试取得的个别错误数据分析组织出一般可能的错误线索,研究出错的规律线索关系,由此导出错误的原因的假设;然后再证明或否定这个假设,能证明就纠正错误,不能证明则说明导出错误的原因的假设不成立,也就是出错的规律线索关系不正确,应该重新选取相应的测试数据;如此周而复始地进行。简而言之,归纳法调试过程就是收集有关数据、整理数据、提出假设、证明假设、排除假设的错误的过程。

3. 回溯法调试

回溯法是小型程序排错的一种有效方法。该方法从程序中最先发生错误的位置出发,人工沿程序的逻辑路径反向追踪源程序代码,直到找到错误为止。

4. 演绎法调试

演绎法是一种从一般的推测和前提出发,运用排除和推断过程做出结论的思考方法。演绎法调试是测试人员首先根据已有的测试数据进行分析,列出所有可能出错原因的假设;然后再用测试数据或新的测试,从中逐个排除不适当的假设;最后再用测试数据验证余下的假设确实是出错的原因。

8.5 测 试 管 理

8.5.1 测试规范

软件测试规范主要包括测试内容的规范和测试流程的规范。

测试内容的规范包括软件文档的规范、程序的规范(编码的规范)和数据的规范。对于测试内容的规范,每个公司会根据具体情况制订自己的规范。

测试流程的规范包括规定测试的流程(一般为制订测试计划、需求审查、设计审查、测试设计、测试开发、测试执行、测试评估等)和测试用例的规范等。每个公司都有自己独特的流程规范;一旦规范制订下来,测试人员必须按照这个规范严格执行测试工作。

8.5.2 测试计划

测试计划是根据测试目标,对测试过程中所进行的各项活动预先做出的整体安排。它是整个测试工作的基本依据。由于软件公司的背景不同,制订的测试计划文档也略有差异。通常一个好的测试计划应包括以下几方面的内容:

(1) 测试项目:具体测试的内容。

(2) 测试策略:测试的类型、测试通过/失败的标准、测试用例设计等。

(3) 测试所需要的资源:测试所需的人员、硬件设备、软件、测试工具以及培训资料等。

(4) 测试人员的任务明确:明确指出测试人员的工作责任和测试任务。

(5) 测试进度安排:每一测试阶段的进度安排。

(6) 风险管理:指出项目中可能存在的一些风险和制约因素,并给出预防和补救方案。

（7）中断测试和恢复测试的判断标准：给出中断测试的标准，例如发现的缺陷总数达到了预定数目；给出恢复测试的判断标准，例如修改了错误的代码等。

8.5.3 测试用例设计

1. 测试用例的定义

简单地说，测试用例是为特定目的而设计的由测试输入、执行条件和预期结果组成的集合。完整来讲，测试用例是一个文档，描述了包括测试目标、测试环境、输入数据、操作步骤以及预期结果等内容。

2. 测试用例的作用

测试用例的作用主要体现在以下几个方面：

（1）指导测试实施，避免测试的盲目性

在开始实施测试之前设计好测试用例，可以避免测试的盲目性，使测试的实施做到重点突出。并且测试人员按照测试用例规定的测试项和测试操作步骤实施测试，记录并检查每个测试结果。

（2）节省时间和资源，提高测试效率

由于不可能做到穷举测试，因此，从数量巨大的可用测试数据中精选出有代表性的测试数据进行测试，可以有效地节省时间和资源，从而提高测试效率。

（3）降低工作强度

当软件版本更新后，仅需要修改少部分测试用例就可以展开测试工作，有利于降低工作强度，缩短软件项目周期。

3. 测试用例的构成要素

通常来说，一个测试用例应包含以下要素，其中（1）、（5）、（6）、（7）项是核心要素，缺一不可。

（1）标识符（ID）：每个测试用例应该有一个唯一的编号。测试用例的编号应根据自身需要定义编号规则。

（2）测试标题：表达测试用例的用途。

（3）测试项：测试需求，具体详细描述所测试项及其特征。

（4）测试环境：测试用例执行所需要的软件、硬件、网络环境及测试工具等。

（5）测试输入：提供测试执行中的各种输入条件，包括正常的输入情况和异常的输入情况。测试用例的输入条件是根据软件需求中的输入条件来确定的。

（6）操作步骤：提供测试执行过程的步骤。

（7）预期结果：提供测试执行的预期结果。预期结果应该根据软件需求中的输出描述而得出。

（8）实际执行结果：执行测试用例得到的实际结果。如果执行测试用例得到的实际结果与预期结果不符合，则认为测试不通过。反之则测试通过。

（9）预置条件：执行该用例来测试某个模块之前所需完成的前期工作。例如：系统的登录测试，应先开通有效的账户和密码。

（10）优先级：测试用例优先级别越高，则应尽早地执行该测试用例。测试用例的优先级别可以分为"高""中""低"3 个级别。

表 8.7 给出了某软件系统中登录模块的一个功能测试用例。

表 8.7　登录功能测试用例模板

测试用例编号	002		
测试标题	登录功能		
测试项目	验证系统是否对输入合法的用户名和密码做出正确的反应		
优先级	高		
测试环境	操作系统——Windows7,浏览器——IE7.0		
预置条件	开通有效的账户和密码		
输入	(1) 用户名(必填) (2) 密码(必填)		
操作步骤	(1) 在"用户名"文本框中输入:clp (2) 在"密码"文本框中输入:clp123		
预期输出	登录成功		
实际结果			
测试人	张三	测试时间	201631

8.5.4　测试记录与测试报告

软件测试记录指软件测试用例执行的记录。测试记录一般包括:测试内容、执行的测试用例编号、预期结果、实际结果、是否通过等内容。

测试报告就是一份文档,它描述了测试的过程和结果,分析了发现的问题和缺陷。测试报告为纠正软件存在的质量问题提供了依据。

测试报告主要包括以下内容:

(1) 对项目的相关情况介绍:包括项目背景、系统简介等。

(2) 对测试情况介绍:包括测试的方法和工具,测试用例设计方法,测试环境和配置等。

(3) 对测试结果说明与缺陷分析:包括测试覆盖、缺陷的统计与分析、残留缺陷与未解决的问题等。

(4) 给出了测试结论与建议:包括测试目标是否完成;测试是否通过;测试是否充分;建议,包括可能存在的潜在缺陷和后续工作等。

8.6　软件可靠性

软件可靠性(Software Reliability)反映了软件产品在规定的条件下和规定的时间区间内完成规定功能的能力。规定的条件是指直接与软件运行相关的使用该软件的计算机系统的状态和软件的输入条件,或统称为软件运行时的外部输入条件;规定的时间区间是指软件的实际运行时间区间;规定功能是指为提供给定的服务,软件产品所必须具备的功能。软件可靠性不但与软件存在的缺陷和(或)差错有关,而且与系统输入和系统使用有关。

8.6.1　可靠性定义

软件可靠性是软件质量因素中最基本、最重要的因素。1983 年,IEEE 计算机学会对"软件可靠性"做了明确的定义,此后该定义被美国标准化研究所接受为国家标准,1989 年我国也接受该定义为国家标准。该定义包括两方面的含义:

(1) 在规定的条件下,在规定的时间内,软件不引起系统失效的概率;

(2) 在规定的时间周期内,在所述条件下程序执行所要求的功能的能力。

其中的概率是系统输入和系统使用的函数,也是软件中存在的故障的函数,系统输入将确定是否会遇到已存在的故障(如果故障存在的话)。

软件可靠性的概率度量称软件可靠度。

设 $R(t)$ 为时间 $0 \sim t$ 之间的软件可靠性,$P\{E\}$ 为事件 E 的概率,则软件可靠性可以表示为

$$R(t) = P\{在时间(0, t)内按规定条件运行成功\}$$

不同的软件对可靠性的要求也不相同。一般将软件可靠性分为 5 级,如表 8.8 所示。在制订软件计划时,可以参考该表确定所开发软件(产品)的可靠性等级,并以此作为开发和验收的可靠性度量标准。

表 8.8　可靠性分级表

分级	故障后果	工作量调节因子
很低	工作略有不便	0.75
低	有损失,但容易弥补	0.88
正常	弥补损失比较困难	1.00
高	有重大的经济损失	1.15
很高	危及人的生命	1.40

通常,提高可靠性总是以降低生产率为代价的。对同一个软件,当可靠性等级从很低(生产率最高)变为很高(生产率最低)时,其开发工作量和成本大约要增加一倍(0.75∶1.40)。所以,在制定可靠性等级时,应该从实际需求出发,而不是可靠性越高越好。

8.6.2　评测可靠性的指标

在软件的可靠性评估中,常用的指标有:平均失效等待时间 MTTF(Mean Time To Failure)与平均无故障时间或平均失效间隔时间 MTBF(Mean Time Between Failures)。

假如同一个系统在 n 个不同的环境下进行测试,它们的失效时间分别是 $t_1, t_2, \cdots, t_n$,则平均失效等待时间 MTTF 定义为

$$\text{MTTF} = \frac{1}{n} \sum_{i=1}^{n} t_i$$

MTTF 是一个描述失效模型或一组失效特性的指标量。这个指标的目标值应由用户给

出,在需求分析阶段纳入可靠性需求,作为软件规格说明提交给开发部门。

一个系统在使用过程中发生了 n 次故障,每次故障修复后又重新投入使用,测得其每次工作持续时间为 $h_1, h_2, \cdots, h_n$,其平均失效间隔时间 MTBF 定义为

$$\text{MTBF} = \frac{1}{n} \sum_{i=1}^{n} h_i$$

平均失效间隔时间 MTBF 反映了系统的稳定性。

8.6.3 软件可靠性模型

为了预测和评价软件的可靠性,已经研究出各种可靠性模型。这些可靠性模型或者用在计划时期,预测软件的可靠性;或者用在开发时期,指导人们采取相应的措施,确保被开发的软件达到所需要的可靠性等级。

可靠性模型是由硬件可靠性理论导出的模型,计算机硬件可靠性度量之一是它的稳定可用程度。源于硬件可靠性工作的模型有如下假设:

(1) 错误出现之间的调试时间与错误出现率呈指数分布,而错误出现率和剩余错误数成正比。

(2) 每个错误一经发现,立即排除。

(3) 错误之间的故障率为常数。

对于软件来说,每个假设的合法性可能还是个问题。总之,可靠性模型的基本思想是一个错误发现并改正后,它的可靠性有一个定值的增长。

不言而喻,可靠性与软件的故障密切相关。如果软件在交付时有潜在错误,则程序会在运行中失效。当潜在错误的数量一定时,程序运行时间越长,则发生失效的机会越多,可靠性也随之下降。为了简化讨论,假设软件的故障率是不随时间变化的常量,则根据经典的可靠性理论,$R(t)$ 可以表示为用程序运行时间 t 和故障率 λ(单位时间内程序运行失败的次数)表示的指数函数,即

$$R(t) = e^{-\lambda t}$$

图 8.14 是可靠性随运行时间 t、故障率 λ 变化的示意图,故障率 λ 一定时,运行时间越长,$R(t)$ 越小。

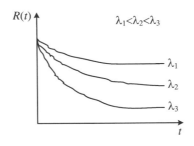

图8.14 可靠性随时间 t 和故障率 λ 的变化

若 MTTR(Mean Time To Repair)是错误的平均修复时间,则机器的稳定可用性可定义为

$$A = \text{MTTF}/(\text{MTTF} + \text{MTTR})$$

在故障率为常量的情况下，MTTF 是故障率的倒数，即

$$MTTF = 1/\lambda$$

要注意软件可靠性与计算机系统可靠性的区别，系统可靠性(R_{SYS})是软件、硬件和运行操作 3 种可靠性（分别是 R_S、R_H、R_{OP}）的综合反映。如果用式子表示，则

$$\begin{cases} R_{SYS} = R_S \cdot R_H \cdot R_{OP} \\ \lambda_{SYS} = \lambda_S + \lambda_H + \lambda_{OP} \\ MTTF_{SYS} = 1/(\lambda_S + \lambda_H + \lambda_{OP}) \end{cases}$$

或

$$MTTF_{SYS} = 1/(1/MTTF_S + 1/MTTF_H + 1/MTTF_{OP})$$

例如，设 $MTTF_S = MTTF_H = 500$ 小时，$MTTF_{OP} = 2\ 500$ 小时，则 $MTTF_{SYS} = 227.3$ 小时。

8.6.4　错误总数估计

绝大多数可靠性模型都是从宏观的角度，根据程序中潜在的错误数建立的模型，并且用统计方法确定模型中的常数。虽然许多可靠性模型经过实际数据的检验有一定的实用价值，但它们都还很不成熟。通常以程序结构为基础，分析程序内部结构、分支的数目、嵌套的层数及引用的数据类型，以这些结构的数据作为模型的参数，使用多元线性回归分析，从而预测存在于软件中的错误数目。

程序中潜藏的错误数目是一个十分重要的量，它既直接标志软件的可靠程度，又是计算软件平均无故障时间的重要参数。显然，程序中的错误总数 E_T 与程序规模、类型、开发环境、开发方法论、开发人员的技术水平和管理水平等都有密切关系。下面介绍估计 E_T 的两个方法。

（1）植入错误法

使用这种估计方法，在测试之前由专人在程序中随机地植入一些错误，测试之后，根据测试小组发现的错误中原有的和植入的两种错误的比例来估计程序中原有错误的总数 E_T。假设人为地植入的错误数为 N_s，经过一段时间的测试之后发现 n_s 个植入的错误，此外还发现了 n 个原有的错误。如果可以认为测试方案发现植入错误和发现原有错误的能力相同，则能够估计出程序中原有错误的总数为

$$\hat{N} = n/n_s \times N_s$$

其中，$\hat{N}$ 即是错误总数 E_T 的估计值。

（2）分别测试法

植入错误法的基本假定是所用的测试方案发现植入错误和发现原有错误的概率相同。但是，人为地植入的错误和程序中原有的错误可能性质很不相同，发现它们的难易程度自然也不相同，因此，上述基本假定有时可能和事实不完全一致。

如果有办法随机地把程序中一部分原有的错误加上标记，然后根据测试过程中发现的有标记错误和无标记错误的比例估计程序中的错误总数，则这样得出的结果比用植入错误法得到的结果更可信一些。

为了随机地给一部分错误加标记，分别测试法使用两个测试员（或测试小组），彼此独立地测试同一个程序的两个副本，把其中一个测试员发现的错误作为有标记的错误。具体做

法是,在测试过程的早期阶段,由测试员甲和测试员乙分别测试同一个程序的两个副本,由另一名分析员分析他们的测试结果。用 τ 表示测试时间,假设:$\tau=0$ 时错误总数为 B_0;$\tau=\tau_1$ 时测试员甲发现的错误数为 B_1;$\tau=\tau_1$ 时测试员乙发现的错误数为 B_2;$\tau=\tau_1$ 时两个测试员发现的相同错误数为 b_c。

如果认为测试员甲发现的错误是有标记的,即程序中有标记的错误总数为 B_1,则测试员乙发现的 B_2 个错误中有 b_c 个是有标记的。假定测试员乙发现有标记错误和发现无标记错误的概率相同,则可以估计出测试前程序中的错误总数为

$$B_0' = B_2/b_c B_1$$

使用分别测试法,在测试阶段的早期,每隔一段时间分析员分析两名测试员的测试结果,并且用上式计算 B_0'。如果几次估算的结果相差不多,则可用 B_0' 的平均值作为 E_T 的估计值。此后一名测试员可以改做其他工作,由余下的一名测试员继续完成测试工作,因为他可以继承另一名测试员的测试结果,所以分别测试法增加的测试成本并不太多。

8.6.5 软件容错技术

容错性是软件可靠性的子属性之一。容错就是软件运行中一旦出现了错误,就将它的影响限制在可容许的范围之内。当然,软件开发首先要避免错误的发生,尽量采用无差错的过程和方法。但是,高可靠性、高稳定性的软件也非常重视采用容错技术。

容错软件,即具有抗故障能力的软件,处理错误的方法有3种:

(1) 屏蔽错误——把错误屏蔽掉,使之不至于产生危害;

(2) 修复错误——能在一定程度上使软件从错误状态恢复到正常状态;

(3) 减少影响——能在一定程度上使软件完成预定的功能。

实现容错软件最主要的手段是采用冗余技术。冗余技术的基本思想是:以额外的资源消耗换取系统的正常运行。常用的冗余技术有结构冗余、时间冗余和信息冗余等多种。

结构冗余:有静态冗余、动态冗余和混合冗余等多种结构形式,其代价是利用多余的结构来换取可靠性的提高。

时间冗余:设计一个检测程序,检测运行中的错误并能发出错误恢复请求信号,以执行检测程序多花的时间为代价来消除瞬时错误所带来的影响。

信息冗余:利用附加的冗余信息(如奇偶码、循环码等误差校正码),检测和纠正传输或运算中可能出现的错误,其代价是增加系统计算量和附加信息占用信道的时间。

图 8.15 所示是采用静态、动态冗余结构系统的示例,图中 M_1,M_2,$\cdots$,M_n 分别代表各个小组开发的具有相同功能的模块。静态冗余结构的各个模块的输出连接到一个表决器(可用软件或硬件组成),无论哪一个模块出错都能被表决器屏蔽,使系统不经过切换就能实现容错;而动态冗余结构的各个模块的输出连接到一个开关切换机构,仅在当前模块运行出错时,其余备用模块才能经开关切换顶替出错模块接通系统输出。显然,兼有这两种冗余结构之长的是混合冗余结构。

通常,容错软件的设计过程如下:

(1) 通过常规设计,获得软件系统的非容错结构;

(2) 分析软件运行中可能出现的软、硬件错误,确定范围;

(3) 确定采用的冗余技术,并评估其容错效果;

（4）修改设计，直至获得满意的结果。

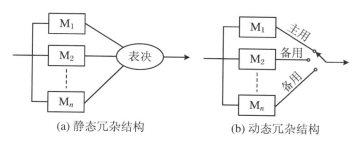

(a) 静态冗杂结构   (b) 动态冗杂结构

图 8.15　静态、动态冗余结构系统示例

8.7　优　　化

性能测试团队报告的性能缺陷可能是优化的主要目标，一方面它来自于开发人员之外的客观性能问题，另一方面这些缺陷报告会明确地指出存在哪些问题，是运行缓慢，还是磁盘换页频繁等。开发人员从这些缺陷中开始入手优化，比自己空想出的性能目标要合理、客观得多。

8.7.1　优化的原则

在优化过程时，我们首先要关注以下优化原则：

1. 为了什么而优化

如果在优化过程启动时搞不清楚为什么而优化，那么你基本上会走向错误的道路。你需要清楚地理解你准备完成的目标和相关的优化选择。这些目标需要清晰而且简洁，你需要在优化过程中始终坚持这些目标。在软件开发过程中，变更是常有的事情。你可能一开始想优化这个目标，然后又发现需要优化其他目标。事实也是如此，但是请把这些目标的变更记录清楚。在能应付当前性能需求的情况下，不建议进行性能优化。

2. 小心对待优化的衡量标准

选择正确的衡量标准是优化的重要步骤。你需要利用这些标准来衡量自己的优化进度。如果衡量标准是错误的，那么你的努力就白费了。即使是正确的标准，也需要正确的运用。衡量标准的选择应该取决于哪些标准能够确实提高用户体验。例如，有关数据库的性能分析指标有很多，开发人员和性能测试人员需要确定哪些指标是真正影响应用程序速度的，是 bufferpool 的大小，还是数据库连接池的大小。这是一个渐进的认识过程。

3. 优化且只优化关键部分

优化应该仅仅优化性能瓶颈。一般来说，优化的层次越高，优化的效果就越明显。按此标准，最好的优化方法是寻找更好的算法。例如，在一些 IT 部门，员工花费几个月的时间来对某个软件做优化但是没有进展，然后找来一批新员工来做这些优化，他们很快就会发现性能的问题在于代码某处使用了冒泡排序或者某张数据库表增加了数以万条的记录等。

4. 不要过早优化

开发人员有一种冲动,那就是在编码的时候就准备优化了。一般来说,这不是个好主意。有时候,开发人员并不确定这样的优化工作是否值得。例如,你可能用移位操作来代替乘法操作,但是这种性能优化的做法会产生让人非常难以理解的代码。

最好把开发和优化工作分开,先开发出正确的代码,然后再优化。过早优化的问题在于开发人员会有意地对软件的架构设计和代码结构等做一些预先的设想,而其中有相当一部分都是多余操心的,你可能不得不对这些多余的部分再做优化。

5. 依靠性能分析数据,而不是直觉

你以为自己知道软件系统哪里需要优化,但是直觉是第二位的,数据是第一位的。否则,你会发现可能把一段代码优化得非常快,但是实际上很少被调用。

优化的一个有效的策略是,你要根据所做工作对优化效果的影响来进行排序。在开始工作之前找到影响最大的"路障",然后再处理小的"路障"。

6. 不能指望优化解决所有问题

优化的重要法则之一是不能让优化解决所有问题,比如,提高运行速度会耗费更多系统资源。你必须为了主要的优化目标做出权衡。

8.7.2 设计优化

设计优化包括软件架构的优化、数据结构的优化和算法的优化。

1. 软件架构的优化

在进行设计优化时,需要注意:如果一个所谓的"最佳设计"是不能工作的,那么它的价值就将遭到怀疑。软件设计人员致力于开发的软件应该是既能够满足所有功能和性能要求,又能经得起设计原理与启发式设计规则所衡量的软件。

为了应对复杂且频繁的需求变化,系统需要具备较好的可扩展性,设计优化应着重于软件架构,使其具有较好的灵活性和可伸缩性。

首先,在软件设计的早期阶段应该尽量对软件架构进行精化。这样可以导出不同的软件架构,然后对它们进行评价和比较,力求得到"最好"的结果。这种优化具有可能把软件架构设计和过程设计分开的优点。

其次,设计的软件架构应当尽可能地简单。因为简单的架构通常既表示设计风格优雅,又表明效率高。设计优化应该力求做到在有效模块化的前提下使用最少量的模块,以及在能够满足信息要求的前提下使用最简单的数据结构。

2. 数据结构的优化

软件优化首先要对整个软件架构有个清晰的了解,在清楚了整个软件的目标功能后,围绕这个目标,软件的模块划分、软件的运行流程都要一清二楚。整个软件的"数据流"和"控制流"都要能在头脑中清晰地呈现出来。对各个模块的接口和各个模块的数据结构间的关系都要有清晰的认识。在这个基础上,才能对各个模块做数据结构的优化和算法的优化。

数据结构是为算法服务的,要根据算法来确定数据结构,但有几个方法是普适的。

第一,除非算法有特殊的需要,否则尽量用紧凑性好的数据结构,如数组。

第二,根据空间局部性原理,尽量紧凑经常的访问数据,合理选择数组结构和结构数组。

第三,如果数组比较大,其元素的尺寸应尽可能小,如可以用 char 就不要用 short。尽量用 int 作为数据类型。

3. 算法的优化

算法的优化可以分为两种:算法设计的优化和算法实现的优化。

算法设计的优化是指对求解的问题提出更具效率的求解思路。好的算法设计对软件性能具有决定性影响。算法设计的优化需要对基础理论进行研究,也需要进行大量的实验,并根据应用需要进行选择。

相对于算法设计的优化,算法实现的优化就简单一些。基本上,算法实现的优化有两种思路。第一,避免计算。最好的优化就是"不计算",仔细观察算法的实现,如果发现某些部分的计算结果在某些条件下是"还原"的,那就是说这个部分是做了"无用功"了。那么就可以尝试通过一些控制条件去避免计算。第二,重用计算。如果计算不可避免,就可以观察是否可以重用已有计算。这其实也是一种"避免计算",只不过前提是调整算法实现,使得一些计算可以被重用。

8.7.3 代码优化

先使它能工作,然后再使它快起来。

对于时间是决定性因素的应用场合,有可能需要在详细设计阶段或者编写程序的过程中进行优化。软件开发人员应该认识到,程序中相对比较小的部分(10%~20%)通常占用全部处理时间的大部分(50%~80%)。

可采用下述方法对时间起决定性作用的软件进行优化:

(1) 在不考虑时间因素的前提下开发并精化软件结构;

(2) 在详细设计阶段选出最耗费时间的那些模块,仔细地设计它们的处理过程(算法),以求提高效率;

(3) 使用高级程序设计语言编写程序;

(4) 在软件中孤立出那些大量占用处理器资源的模块;

(5) 必要时重新设计或用依赖于机器的语言重写上述大量占用资源的模块的代码,以求提高效率。

所谓代码优化是指对程序代码进行等价(指不改变程序的运行结果)变换。程序代码可以是中间代码,也可以是目标代码。等价的含义是使得变换后的代码运行结果与变换前代码运行结果相同。优化的含义是最终生成的目标代码短(运行时间更短、占用空间更小),时空效率优化。

代码优化大致可以分为以下两个部分:平台无关部分和平台相关部分。平台无关部分是指一些普适的优化原则。如循环展开,减少分支,内联函数,指针运算,地址对齐等。平台相关部分就是通常所说的汇编代码优化。汇编代码可以对某个平台做最贴心的优化。首先各个平台都有不同的"高性能"指令。其次,各个平台的流水线都不同,对指令排列有不同的要求,所以在汇编一级可以对指令做最好的调整。再次,只有在汇编一级,才可以抛开编译器,使程序思维最贴近 CPU 逻辑,并避免一些不必要的计算,带来最好性能。

代码优化的关键是去掉没有必要的操作和采取高效的算法。所有的优化方法都离不开这条原则,而且最常用、也最容易发现的方案就是去掉没必要的操作。通常采用的优化方法是减少没必要的内存分配,减少没必要的计算。

在内存分配方面,最好的效果是一次申请正好足够的内存,不过一般情况下都做不到,只能尽可能。比如,Java 中的 '+' 进行字符串连接,不断产生新的 char[] 数组后又废弃不用。还有避免频繁的内存回收,对某些大数据任务可以多分配内存,减少 GC 的次数。

在计算方面,计算一般涉及算法(数据结构)和缓存。算法当然越快越好,比如:hashSet 的搜索效率就比 ArrayList 高;不需要重新获取的东西就可以缓存起来,比如处理过程中的中间结果;如果某些操作需要创建某些资源,比如网络连接,那么最好不要每次操作都创建一个,而是一个连接进行多次操作。

我们可以考虑策略优化,以不同的交互策略来达到用户一致的体验。最常用的策略是当用户操作时才进行处理,将集中式处理改为分散式。例如懒加载:一张单据有很多子页签,用户查看时单据仅仅加载单据的数据,而不需要加载子页签的数据。只有用户点击子页签时才加载对应的页签数据。这样就将集中式的查询分散到用户操作中去,提高用户的体验并减少系统瞬间压力。

8.8　本　章　小　结

软件测试是保证软件质量的最主要手段。软件测试的目的是以最少的人力、物力和时间发现软件中潜在的各种错误和缺陷,通过修正各种错误和缺陷以期提高软件质量。

大型软件系统测试时,应该分阶段进行,通常至少分为 3 个阶段:单元测试、集成测试、确认测试。单元测试在编码阶段就应该进行,用于发现模块中的问题;集成测试可以发现模块的接口问题;确认测试是检查软件的功能和性能以及其他特征是否与需求说明书中规定的有效性准则相符合。测试要有计划、有步骤地进行,必须按照规范严格执行。

测试阶段最重要的工作是设计测试用例,测试用例的目标是选择少量、最具代表性的数据,发现尽可能多的错误。因此就要选择相应的设计测试用例方法。软件测试方法有静态测试法和动态测试法,动态测试法又分为黑盒法和白盒法两种。实际上,静态测试和动态测试各有所长,相互补充。一般来说,在程序运行前,尽可能地使用静态测试来发现代码中隐含的错误。

在测试过程中发现的错误必须及时修改,这时就要查找错误的原因和错误的位置,称为调试。测试和调试是两个关系非常密切的过程,在测试的过程中经常交替使用。

通过软件可靠性模型分析与计算,估算出应该修改的错误数,从而给出合适的测试阶段结束时间。

优化不宜过早,只有在需要的时候,仅优化关键的部分。

案 例 分 析

这里,通过"房屋租赁系统"的"账号注册"功能来介绍如何运用黑盒测试方法设计测试用例。"房屋租赁系统"的"账号注册"主要完成新账号的注册功能,只有注册为该系统的用户,才能使用系统的各项功能。账号注册要求输入用户名、密码和手机号,其页面样式如图

8.16 所示。具体控件设计如表 8.9 所示。

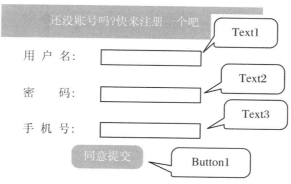

图 8.16 账户注册页面样式

表 8.9 账户注册页面功能

控件	说明	功能	异常处理
Text1	用户名(1~10 个字符,由汉字或字母组成)	检验用户名并向数据库提交用户名	(1) 不是汉字或字母 (2) 大小超过 10 个字符 处理:提示用户名不符合要求 (3) 用户名为空 处理:提示用户名不能为空 (4) 用户名重复 处理:提示用户名已存在
Text2	密码(6 个以上字符,由数字或字母组成)	检验密码并向数据库提交密码	(1) 不是数字或字母 (2) 大小少于 6 个字符 处理:提示密码不符合要求 (3) 密码为空 处理:提示密码不能为空
Text3	手机号(11 位数字组成)	检验手机号并向数据库提交手机号	(1) 不是数字 (2) 不是 11 位数字 处理:提示手机号不符合要求 (3) 手机号为空 处理:提示手机号不能为空
Button1	同意提交动作按钮	提交和验证信息的触发动作,成功后返回	——

根据上述描述,该页面有 1 个按钮 Button1 对应"同意提交"功能,其中涉及的输入有 3 项:用户名、密码和手机号,各输入之间不存在相互依赖,逻辑简单,因此不需要用因果图方法。

"同意提交"输入项分析:

用户名:有效输入是 1~10 个字符,由汉字或者字母组成。利用等价类划分可以设计无效等价类(空,大于 10 个字符,非汉字或者字母组成)。此外"已存在用户名"应当也是一种无效输入。有效等价类就是 1~10 个由汉字或者字母组成的字符;接着针对有效等价类进行边界值分析,此处可以只选 1、10 和 11 个字符。

密码:分析过程与"用户名"类似。

手机号:分析过程与"用户名"类似。

根据以上分析,设计的测试用例如表8.10所示。

表 8.10 测试用例

测试用例编号	输入			操作	预期输出
	用户名	密码	手机号		
UC01	a	123456	15809811110	单击"同意提交"按钮	注册成功
UC02	asdfghrtyu	1234ab	15809811120		
UC03	张云	Abcdef78	15809811111		
UC04	张云	123456	15809811112		注册失败,弹出对话框,提示用户名已存在
UC05	345	123456	15009811112		注册失败,弹出对话框,提示用户名不符合要求
UC06		1234567	15009811112		注册失败,弹出对话框,提示用户名不能为空
UC07	张云要出租房屋所以注册	1234567	15009811112		注册失败,弹出对话框,提示用户名不符合要求
UC08	abc	＝p－der	15009811112		注册失败,弹出对话框,提示密码不符合要求
UC09	abc		15009811112		注册失败,弹出对话框,提示密码不能为空
UC10	abc	12345	15009811112		注册失败,弹出对话框,提示密码不符合要求
UC11	abc	1234567			注册失败,弹出对话框,提示手机号不能为空
UC12	sdf	ab1234567	150098111121		注册失败,弹出对话框,提示手机号不符合要求
UC13	sdf	ab1234567	1500981111		注册失败,弹出对话框,提示手机号不符合要求
UC14	sdf	ab1234567	顶顶顶 eeee－		注册失败,弹出对话框,提示手机号不符合要求

阅读材料

1. 面向对象的软件测试方法

(1) http://www.51testing.com。

(2) http://www.ltesting.net/。

（3）路晓丽,董云卫,赵宏斌.一种面向对象的 Web Application 测试模型[J].计算机科学,2010,37(07):134-151。

（4）谢冰,张晨东.一种基于面向对象测试模型的测试代码生成方法与工具[J].计算机研究与发展,2008(45):336-340。

2．静态测试方法

（1）金大海,宫云战,杨朝红,等.运行时异常对软件静态测试的影响研究[J].计算机学报,2011,34(6):1090-1099。

（2）希赛网:http://www.educity.cn。

（3）http://www.51testing.com。

3．黑盒测试技术

（1）因果图法,场景法。

（2）佟伟光.软件测试技术[M].2 版.人民邮电出版社,2010:61-64。

4．测试需求与测试用例

（1）章晓芳,徐宝文,聂长海,史亮.一种基于测试需求约简的测试用例集优化方法[J].软件学报,2007(04):821-831。

（2）http://www.51testing.com。

5．软件漏洞检测

（1）陈恺,冯登国,苏璞睿.基于有限约束满足问题的溢出漏洞动态检测方法[J].计算机学报,2012,35(05):898-909。

（2）张林,曾庆凯.软件安全漏洞的静态检测技术[J].计算机工程,2008,34(12):157,159。

（3）http://www.51testing.com。

习 题 8

1．简述软件测试的含义及其目标。

2．白盒测试有哪些覆盖标准？对它们的检错能力进行比较。

3．采用黑盒测试技术设计测试用例有哪几种方法？这些方法各有什么特点？

4．软件测试分哪几个阶段？各阶段的主要任务是什么？

5．根据你自己的经验,总结在程序调试中常用的找错方法。

6．什么是测试用例？测试用例的作用是什么？

7．测试用例包含哪些要素？

8．白盒测试对程序模块进行哪些检查？

9．黑盒测试主要针对哪些错误进行测试？

实验 6　软件系统的测试

1．实验目的

（1）深刻理解软件测试的目的。

（2）掌握软件测试的基本方法。

（3）理解软件的测试阶段。

（4）能够应用黑盒测试技术设计测试用例。

（5）能够应用白盒测试技术设计测试用例。

（6）学会使用 CASE 工具完成单元测试。

2．实验环境

需要准备一台装有 Microsoft Office 软件、Microsoft Visual Studio、Nunit 或者 Eclipse、Junit 工具的计算机。

3．实验内容

（1）在上一个实验的基础上，完善系统所设计的处理过程，选择合适的模块，应用白盒技术设计测试用例，可借助于 CASE 工具完成对模块的单元测试。

（2）在已实现的系统功能中，选择合适的功能，应用黑盒技术设计测试用例，完成对该系统的系统测试。

4．实验操作步骤

（1）针对所选模块，写出你使用白盒测试技术设计测试用例的过程。

（2）针对所选功能，写出你使用黑盒测试技术设计测试用例的过程。

（3）选择合适的测试工具，利用步骤（1）和步骤（2）设计的测试用例完成相应的测试；列举出测试结果。

第9章 软件维护

当软件系统交付用户使用之后，这一系统就进入了运行和维护阶段。此时相关技术人员将要对投入运行的软件系统进行调整、修改，以修正开发阶段或测试阶段中尚未发现的错误，并保障软件系统对外界环境变化的适应性，实现软件系统的功能扩充与性能改善。技术人员的这一系列工作就属于软件系统的维护工作。

软件维护是软件生命周期中的最后一个阶段，同时也是最长的一个阶段，其基本任务是保证软件在一个相当长的时期内能正常运行。软件维护阶段所花费的人力、物力最多，可以高达整个软件生命周期花费的70%以上。虽然随着软件开发技术和管理技术的不断提高，单个软件维护的工作量在逐步下降，但是随着大规模复杂软件系统的日益增多以及零维护目标的不断提出，软件维护工作仍然显得任重而道远。

9.1 软件维护概述

9.1.1 软件维护的概念

软件维护是软件工程的一个重要任务。所谓软件维护是指在软件交付运行之后，为保证软件正常运行或者适应新变化而进行的一系列修改活动。其内容主要包括以下几个方面：

（1）源程序维护。当用户业务发生变化时，系统源程序的相应逻辑功能模块就要跟着变化，以适应这些变化。源程序维护常需要通过修改并重新编译源程序的方式来实现，是软件维护的主要工作内容。

（2）数据维护。当系统的业务处理对数据的需求发生变化时，常需要通过增删改的方式来修改数据内容，建立新的数据文件。

（3）代码维护。随着软件版本的变更，旧代码将不再适应新的要求，为此，必须修改旧的代码系统或者建立新的代码系统。

（4）环境维护。计算机技术的飞速发展导致了硬件产品更新速度的加快，为此，若要保证软件系统的先进性，延长系统的生命周期，就必须要考虑软硬件环境对系统的影响，常需要通过修改软件或者改变环境来适应这些变化。

9.1.2 软件维护的分类

根据维护的原因及维护的工作性质，可以将软件的维护活动分为4种类型：

1. 改正性维护

改正性维护是一种限制在原需求说明书范围之内的,修补软件缺陷的维护。由于软件的开发测试是在有限的时间和经费下进行的,受到相关技术手段的限制,无论在交付之前经过了多少次严格的测试,仍然有可能存在测试不完全、不彻底的现象,这就必然会有部分隐藏的错误遗留到运行阶段,这些隐藏下来的错误在某些特定的使用环境下就会暴露出来,导致软件系统发生故障。这种对在软件测试阶段未能发现的,而在软件投入使用后才逐渐暴露出来的错误进行测试、诊断、定位、纠错以及验证、修改的回归测试过程,就称为改正性维护。一般来说,改正性维护约占整个维护工作的 17%~21%。

2. 适应性维护

适应性维护是为了适应计算机的飞速发展,使软件适应外部新的软硬件环境(设备的更新、系统的升级等)或者数据环境(数据存储介质、数据格式等)的变化而进行的修改软件的过程。相比改正性维护,适应性维护会发生在软件运行的全部过程,且越到后期,这类维护就越多,一般来说,约占整个维护工作的 18%~25%。

适应性维护的主要维护策略是:对可能变化的因素进行配置管理,将因环境变化而必须修改的部分局部化,即局限于某些程序模块等。

3. 完善性维护

在软件的使用过程中,用户常常会提出新的功能或性能要求,为了满足这些新要求,需要修改或再开发软件以扩充软件的功能、增强软件的性能、改进加工效率、提高软件的可维护性等,这种维护就是完善性维护。

完善性维护本质上是对系统的二次开发,当这种维护活动积累到一定程度时,就需要进行软件版本的更新。实践表明,完善性维护在整个维护活动中所占的比重最大,一般约占全部维护活动的 50%~60%。

4. 预防性维护

预防性维护主要是指开发人员为了提高软件的可靠性和可维护性等而主动进行的维护活动。

J. Miller 把预防性维护概括为:把今天的方法学用于昨天的系统,以满足明天的需要。这类维护主要是采用先进的软件工程方法对已经过时的、很可能需要维护的软件系统或者软件系统中的某一部分重新进行设计、编码、调试、测试,以期达到结构上的更新。这种活动有一些软件"再工程"的含义,一般占全部维护活动的 4%左右。

上述 4 种类型的维护活动中,除了改正性维护是由于软件测试的不彻底而需要对原软件进行改进之外,其他 3 类主要是对软件系统的改变和加强。

9.2 软件维护的特点

9.2.1 结构化维护与非结构化维护差别巨大

软件的开发过程能够在极大程度上影响软件的维护工作。如果一个软件没有采用软件工程方法进行开发,也没有任何文档,有的只是程序,那么这样的软件维护起来就比较困难,我们把这类维护称为非结构化维护。相反,如果软件的开发采用正规的软件工程方法,并有完善的文档,那么其维护工作就容易得多,这类维护称为结构化维护。

1. 非结构化维护

如果软件的配置只有源程序代码,没有或者只有少量的文档,那么软件的维护只能从阅读、理解、分析源程序代码开始。通过阅读和分析源程序代码来理解软件结构、系统功能、数据、性能、接口及设计约束等,势必要花费大量的人力、物力,而且很容易出错,很难保证程序的正确性。

2. 结构化维护

采用软件工程方法开发的软件系统必然会有一套完整的软件配置,此时,利用软件开发各阶段的相关文档来理解分析软件的功能、性能、结构、数据等就变得相对容易了。例如:软件维护时,可以从需求文档入手,弄清楚系统的功能、性能改变,从设计文档入手检查、修改系统设计;然后根据设计改动源程序代码,并利用测试文档的测试用例进行回归测试。这将大大减少维护人员的精力与花费,提高软件维护的效率及总体质量。

无论上述哪种软件维护,通常都可以把软件维护的工作量分为生产性活动和非生产性活动。生产性活动是指用于分析评估、修改设计、修改代码等工作所需的工作量;非生产性活动则是用于理解程序代码的功能,解释数据结构、接口特点、性能限度等工作所需的工作量。

对于软件维护的工作量,通常采用如下模型进行估算:

$$M = P + Ke^{c-d}$$

其中,M 为软件维护所需要的总工作量,P 为生产性工作量,K 为经验常数,c 为维护的复杂度,主要由软件本身的复杂度、软件的设计质量、文档化的程度等因素决定,d 是维护人员对软件的熟悉程度。

估算模型中第一项 P 为生产性工作量,第二项 Ke^{c-d} 为非生产性工作量。该模型表明:软件维护的工作量与维护复杂度成指数关系,如果软件开发没有采用软件工程方法学,且原来的开发人员不能参与到软件的维护工作中,那么维护的工作量将呈指数性增加。

9.2.2　维护的代价高昂

软件维护是一项既费时又费力的工作。统计表明:20 世纪 70 年代,用于维护已有软件的费用约占软件总预算的 35%～40%;20 世纪 80 年代,上升为 40%～60%;近年来,这一费用已上升到 70%～80%。由此可见:软件的维护费用逐年上升。

软件的维护成本除了包括上述这种实际投入的有形的维护费用外,还包含有其他不易估算的无形成本,如:

(1) 当把很多资源(人力、物质)优先用于维护工作时,就有可能耽误甚至丧失开发新产品的机会,造成资源成本的间接耗费。

(2) 未能及时满足用户的维护要求,引起了用户的不满,甚至造成用户利益损失,这一无形成本很可能会影响到软件的生存。

(3) 软件维护时所做的改动,有可能会引发一些潜在的错误,从而降低了软件的整体质量。

(4) 在软件维护中,大量维护工作需要耗费大量的人力资源,这样有可能导致软件生产率的下降。

除了上述所列的 4 点之外,还有很多其他的无形成本。事实上,无形成本在软件维护中的影响更大,需要特别注意。

9.2.3　维护的问题很多

一般来说,软件开发如果不采用软件工程思想并严格遵循开发标准,在后期的维护阶段就会出现许多问题,这些问题大多都与软件设计、开发、测试阶段所采用的方法、技术等有着直接的关系。下面列出几个软件维护过程中常见的典型问题:

1. 文档不全或前后不一致

主要表现为需要维护的软件没有合格的对应文档,文档前后不一致,或者文档与程序之间不一致。软件开发过程中经常会出现修改程序而忘记修改相关文档的情况,或者修改了某一个文档,却没有修改与之相关的其他文档等现象,这些现象往往是由于对文档的管理不严格所造成的。要保证文档的一致性,就要完善文档的管理工作,使文档容易理解并和程序代码完全一致。

2. 理解源程序代码非常困难

如果源代码的编写过程没有严格遵循合适的开发规范,或者注释不全,就会使源代码的理解变得非常困难。在软件开发中,开发人员和维护人员大多不是同一个人,一般开发人员都有这种体会:理解别人写的程序通常非常困难,修改别人的程序还不如自己重新编写程序,随着软件配置成分的减少,这种困难的程度会迅速增加。

3. 无法获得开发人员的帮助

由于软件维护持续的时间较长,因此,当在维护过程中需要解释程序时,开发人员可能已经从事其他新软件的开发,此时维护人员将无法再获得开发人员的帮助,进而造成对软件整体的理解以及对完整创建过程追踪的困难。此外,软件开发时所使用的工具、方法、技术等可能与当前有较大的差异,这些都会对维护工作造成困难。

4. 软件原有的设计缺陷

绝大多数软件在开发时并未考虑将来的可维护性,在分析设计阶段没有使用模块独立原理的设计方法学,将会导致软件的可维护性出现缺陷,使得软件的修改变得既困难又容易发生错误,对软件的维护带来严重问题。

5. 对软件维护的误解

软件维护不是一项吸引人的工作,软件维护人员也很难有成就感:其一,成功的维护也只是保证他人开发的系统能正常运行;其二,维护人员在维护别人开发的软件中经常会遭受挫折。

当然,我们不能把软件工程方法学当作万能药,但是,软件工程至少部分地解决了与维护有关的一些问题。

9.2.4　软件维护的副作用

所谓软件维护的副作用,是指由于修改程序而导致的错误或其他不需要的活动。Freedman 和 Weinberg 定义了 3 类主要副作用,即:修改代码结构的副作用、修改数据结构的副作用和修改文档资料的副作用。

1. 修改代码的副作用

每个程序编码的修改都可能引入新的错误，从而产生副作用。虽然不是所有的副作用都会导致非常严重的后果，但修改导致的错误会引发各种问题。可能产生副作用的代码修改操作主要有：

（1）删除或修改某个子程序、删除或修改某个语句标号、删除或修改某个标识符等为改进系统执行性能所做的修改可能引起副作用。针对这类副作用，通常采取的处理方法：查明与此相关的模块和语句，删除或修改要做到有把握时再动手，修改之后要进行回溯测试。

（2）改变程序代码的时序关系、改变占用存储的大小及逻辑运算符等可能引起副作用。这类问题需要通过对计算结果的反复检查来确定算法的正确性。

（3）修改边界条件可能引起的副作用。这类问题可通过对其边界值及其附近值进行测试来检查其正确性。

（4）修改文件的打开或关闭状态可能引起的副作用。这类问题通常需要通过反复改变文件的打开或关闭状态来检查文件状态和内容的正确性。

（5）把设计上的改变翻译成代码的改变时可能引起的副作用。这类错误问题需要立即撤销修改，并做回溯测试以检查其正确性。

一般情况下，修改代码的副作用可以在回溯测试的过程中发现并纠正。但是，代码修正副作用的范围是很广的，从回溯测试验证期间的检错、纠错，到软件运行期间的故障，都有可能源于代码修改而引入的错误，所以对代码的修改应特别慎重。

2. 修改数据结构的副作用

在软件维护过程中，经常要对数据结构的个别元素或者结构本身进行修改，这种修改有可能造成软件设计与数据结构的不匹配，从而导致软件出错。这类副作用主要是由于不严谨地修改软件系统的信息结构所导致的。

导致设计与数据结构不相容的错误经常发生在一些与数据相关的修改过程中，如：① 重新定义局部的或全局的常量；② 重新定义记录或文件的格式；③ 增大或减小一个数组或高层数据结构的大小；④ 修改全局或公共数据；⑤ 重新初始化控制标志或指针；⑥ 重新排列输入/输出或子程序的参数；⑦ 重新定义或改变接口的定义。

一般来说，修改数据结构的副作用可以通过交叉引用表加以控制。利用交叉引用表能够把数据元素、记录、文件和其他数据结构与软件模块联系起来，便于对数据结构的检查。

3. 修改文档资料的副作用

在对数据流、软件结构、模块逻辑或其他任何有关软件特性进行修改时，必须对相关技术文档进行相应的修改。否则会导致文档与程序功能不匹配，缺省条件改变，新错误信息不正确等错误，使得软件文档不能反映软件的当前状态。

对用户来说，软件事实上就是文档。任何对软件的修改如果没有反映在用户手册中，都会造成用户使用上的困难，产生文档的副作用，如：① 对交互输入的顺序或格式进行修改，如果没有正确地记入文档中，就可能引起重大的问题。② 过时的文档内容、索引和文本可能造成冲突，引起用户操作失败和不满。

为了减少修改文档的副作用，在软件交付之前，必须对整个软件配置进行评审。

在软件维护过程中，不同的程序修改往往会引起不同的副作用，为了控制这些副作用，我们要做到以下几点：① 按模块把修改分组；② 自顶向下地安排被修改模块的顺序；③ 每次修改一个模块;④ 在安排修改下一个模块之前,要先确定前一个修改模块的副作用。可以使用交叉引用表、存储映像表、执行流程跟踪等手段进行确定。

　　修改后的软件在提交用户使用之前,还需要进行充分的确认和测试,以保证修改后的整个程序的正确性。

9.3　软件维护过程

　　软件维护过程从本质上来说就是修改和压缩了的软件定义和开发过程,包括:维护的需求分析、维护的设计、代码修改、维护后测试、维护后的试运行、维护后的正式运行、对维护过程的评审和审计。事实上在提出一项维护要求之前,与软件维护有关的工作就已经开始了。首先建立一个维护的组织,然后确定维护报告与评价的过程,为每一个维护要求规定一个标准化的处理步骤,并建立起维护活动的记录保管过程,规定复审标准。

9.3.1　建立维护机构

　　对于软件的维护工作,除了较大的软件开发公司外,通常并不保持一个正式的组织机构。但是,在每一个开发部门中确立一个非正式的维护机构是非常必要的,这有利于在维护开始前明确各自的维护责任,减少维护过程中可能出现的混乱。

　　一个标准的维护组织一般由以下人员组成:维护管理员、系统管理员、维护决策机构、配置管理员和维护人员。如图 9.1 所示。

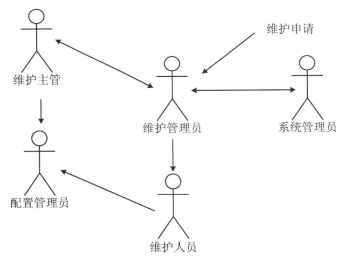

图 9.1　软件维护组织

　　每个维护申请都要通过维护管理员转交给相应的系统管理员去评价。一般来说,系统管理员都是对程序(某一部分)特别熟悉的技术人员,他们对维护申请及可能引起的软件修改进行评估并反馈给维护管理员,再由维护管理员向维护主管报告,维护主管会根据评价报告确定维护计划与方案,提交给具体的维护人员进行维护修改,在对程序修改的过程中,要由配置管理员进行严格的把关,控制修改的范围,对软件配置进行审计。

9.3.2 维护工作流程

不同类型的软件维护所强调的重点不同,但是,其基本途径是相同的:

1. 提交维护申请报告

维护申请报告也称为软件问题报告,由申请维护的用户填写。主要内容包括:产生错误的情况、错误类型、主要的维护要求等相关说明,特别是改正性维护,用户必须完整地说明出错情况,包括输入数据、输出信息、错误信息及其他相关信息。表9.1即为一个软件维护申请报告的样本。

表9.1 软件维护申请表

申请表编号:　　　　申请日期:

项目编号				项目名称	
维护性类别	软件维护	改正性			
		完善性			
		适应性			
		预防性			
	硬件维护	系统设备			
		外围设备			
维护优先级					
维护方式		远程/现场			
申请人					

2. 生成软件修改报告

当用户提交维护申请报告后,维护管理员与系统管理员就将对其进行研究处理,并相应地制订出一份软件修改报告,该报告一般应包含的主要内容有:① 为实现维护申请报告中提出的维护要求所需要的工作量;② 维护要求的性质;③ 维护要求的优先次序;④ 修改以后的预期系统状况。

软件修改报告由维护管理员和系统管理员协调处理后,要提交维护主管进行审查,经批准生效后方可进行下一步详细的软件修改计划的制订与实施。

3. 软件修改

当软件修改报告批准生效后,接下来就需要进行软件的修改工作,该项工作所包含的主要工作有:① 将原来的源程序清单及各项文档进行备份存档;② 实施软件的修改,并将修改内容形成新的文档资料;③ 发出软件修改和使用变更通知;④ 进行软件修改后的试运行;⑤ 根据试运行的情况做总结调整,并修改文档资料;⑥ 发出软件修改后的正式运行通知;⑦ 为软件做新的备份并同定稿的文档资料一起存档。

4. 主要流程

在进行维护工作之前,首先要根据维护要求确定将要进行的维护属于哪种类型。

(1)对于改正性维护,首先要评价出错误的严重程度,如果是系统的某个关键功能无法正常运行等这类错误,则属于严重错误,此时需要在系统管理员的指导下,进一步指定人员来分析错误的原因,进行维护;如果错误不太严重,则可以将该项维护与其他软件开发任务一起统筹安排,列入软件维护计划。

(2) 对于适应性维护、完善性维护及其他情况,则首先应该评估下该项维护是否被接受,如果被接受,则可以像对待一项开发任务一样进行处理:首先确定其优先次序,然后在维护活动中安排其位置、所需的工作及时间。如果某项维护的优先次序非常高,则应当立即开始维护工作;反之,则可以列入软件维护计划之中,等待后续进行相关维护工作。

接下来就是根据具体要求进行软件修改工作了。最终,要在修改完成后进行一个复审事件,再次检验软件文档各个成分的有效性,并保证实际满足了维护申请表中的所有要求。具体维护流程如图 9.2 所示。

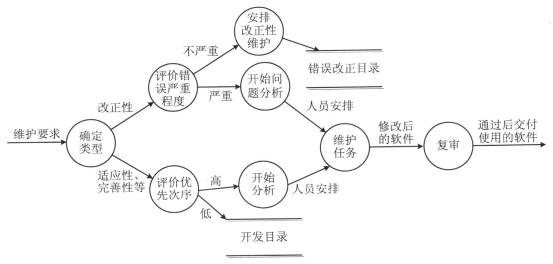

图 9.2　软件维护过程的事件流图

当然,并非所有的维护过程都必须遵循这一事件流,比如:在软件使用过程中,出现突发情况而需要现场处理时,就必须立即进行处理。

9.3.3　保存维护记录

在软件维护过程中,如果不保存相关的维护记录或者保存不完整,就无法评价软件使用的完好程度,严重影响到软件后期的维护工作。那么我们又该记录下哪些维护内容呢?软件专家 Swanson 提出了一系列的记录项目,主要包括以下内容:① 程序名称;② 源程序的语句数;③ 机器指令的条数;④ 所采用的编程语言;⑤ 程序交付使用的日期;⑥ 自安装以来程序的运行次数;⑦ 自安装以来程序的失效次数;⑧ 程序变动的层次和标识;⑨ 因程序变动而增加的源语句数;⑩ 因程序变动而删除的源语句数;⑪ 每次改动所耗费的人时数;⑫ 程序改动的日期;⑬ 软件工程师的名字;⑭ 维护申请表的标识;⑮ 维护类型;⑯ 维护开始和完成的日期;⑰ 累计用于维护的人时数;⑱ 完成维护的纯收益。

收集每项维护任务的上述数据,构成有效的维护文档资料,可以对维护工作进行有价值的评价,提高软件的可维护性。

9.3.4 评价维护结果

完整的维护记录可以为软件维护工作的定量评估提供有效的参考依据,便于建立起定量度量模型。通常可以从以下几个方面来度量软件的维护工作:① 每次程序运行时的平均失效次数;② 用于每一类维护活动的总人时数;③ 平均每个程序、每种语言、每种维护类型所做的程序变动数;④ 维护过程中增加或删除一个源程序语句平均花费的人时数;⑤ 维护每种语言平均花费的人时数;⑥ 一张维护要求表的平均周转时间;⑦ 不同维护类型所占的百分比。

根据维护工作的定量度量结果,可以针对软件的开发技术、语言选择、维护工作量规划、资源分配等许多方面做出有效的决策,同时还可以利用这些数据去分析评价维护任务。

9.4 软件的可维护性

软件的可维护性是指纠正软件系统出现的错误和缺陷,以及为满足新的要求而进行修改、扩充或压缩的难易程度。

可维护性是软件产品的一个重要质量特性,是衡量软件质量的重要标准。软件生命周期中每个阶段的工作都与软件可维护性有密切的关系,提高软件可维护性是软件开发各个阶段的关键目标之一,也是所有软件都努力追求的基本特性。一个可维护性好的软件可以有效降低维护成本,提高维护效率,延长软件的生存期。

9.4.1 决定软件可维护性的因素

影响软件可维护性的因素有:可理解性、可使用性、可修改性、可测试性、可移植性、可重用性、效率和可靠性。这 8 种特性是现阶段广泛使用的度量可维护性的标准。对于不同类型的维护,这 8 种特性的侧重点也有所不同,如表 9.2 所示。

表 9.2 8 种可维护特性在各类维护中的侧重点

	改正性维护	适应性维护	完善性维护
可理解性	✓		
可使用性		✓	✓
可修改性	✓	✓	
可测试性	✓		
可移植性		✓	
可重用性		✓	✓
效率			✓
可靠性	✓		

1. 可理解性

可理解性是指人们通过阅读源代码和相关文档,理解软件的结构、接口、功能及内部过程等的难易程度。影响软件可理解性的主要因素有:模块化、结构化设计、详细的设计文档资料、源代码内部文档、良好的程序设计语言等。

2. 可使用性

可使用性是指软件方便、实用、易于使用的程度。一个可使用的软件系统应该是易于操作的、能允许用户在一定程度上出错和改变,并尽可能在用户使用时感到方便、舒适、不会陷入混乱状态。

3. 可修改性

软件的可修改性表明了程序容易修改的程度。对可修改性的度量主要是依据维护人员实现软件修改所需付出的努力程度。一种简单的定量度量法是修改练习法,其基本思想是通过做几个简单的修改来评价修改的难易程度。假设修改的难度为 D,则

$$D = (A/C) \times n$$

其中,A 为要修改模块的平均复杂度,C 为程序中各个模块的平均复杂度,n 为必须修改的模块数。

软件的可修改性与软件设计阶段所采用的原则和策略有着直接的关系,如:模块的耦合、内聚、控制范围和作用范围、局部化程度等都可能影响到软件的可修改性。

4. 可测试性

软件的可测试性表明了验证程序正确性的难易程度。一个可测试的程序应该是可理解的、可靠的、简单的。在软件的设计开发阶段就应该注意尽量把软件设计成容易测试、容易诊断的,以便维护时容易找到纠错的办法。此外,有无可用的测试/调试工具及测试过程的确定,都会对测试和诊断起到非常重要的作用。

5. 可移植性

软件的可移植性是指把程序从一种计算环境(硬件配置和操作系统)转移到另一种计算环境的难易程度。一个可移植的软件应该具有结构良好、灵活、不依赖于某一具体硬件环境或操作系统的性能。通常把与硬件、操作系统及其他外部设备有关的程序代码集中放在特定的程序模块中,可以降低修改的难度,提高系统的可移植性。

6. 可重用性

可重用性是指同一事物不做修改或稍加改动就在不同环境中多次重复使用。大量使用可重用的软件构件来开发软件,能够提高软件的可维护性。

7. 效率

效率表明了一个软件能执行预定功能而又不浪费机器资源的程度。这里的机器资源包括:内存容量、外存容量、通道容量及执行时间。

8. 可靠性

软件的可靠性表明了一个程序按照用户的要求和设计目标,在给定的一段时间和规定的条件下,软件持续正确运行的概率以及发生故障后,软件系统重新恢复其性能水平和直接受影响数据的难易程度。

对上述这些软件可维护性因素进行评价时,通常采用质量检查表的方法对其进行定性度量。质量检查表实质上是一张问题清单,清单上列出了与质量特性相关的问题,检查者依据自己的定性判断,对清单上的每一个问题做出"是"或"否"的回答,然后对回答结果进行统

计,"是"越多,表明该质量特性越高。

除了上述质量特性外,我们还可以通过其他的一些数据(如:与软件维护工作量有关的数据),间接地评估软件的可维护性。

9.4.2 提高软件可维护性的方法

软件的可维护性对于延长软件的生存期具有决定性的意义。为了有效地提高软件的可维护性,可以采用以下几种方法:

1. 确立明确的软件质量目标与优先级

只有有了明确的目标和要求,才能更好地进行软件维护。首先,每个开发人员都应该懂得维护工作的重要性,在每一个开发阶段都要把减少以后维护工作量作为其质量目标。其次,要协调好各种维护工作的优先级。在影响软件可维护性的因素中,有些特性是相互促进的,如:可理解性与可测试性等,而有些特性之间是相互矛盾的,如:效率与可移植性等。因此,尽管程序要求满足每一种特性,但是,这些特性之间的相对重要性要随着程序的用途与计算环境的不同而改变。例如:对信息管理系统来讲,可用性和可修改性是主要的,而对编译程序来说,有效性、可移植性才是主要的。因此,必须根据用户需求和运行环境,协调好各个标准间的优先级,做到软件整体可维护性的提高。

2. 利用先进的软件技术和工具

随着计算机技术的飞速发展,出现了许多新的软件技术和软件开发工具。例如:面向对象的开发方法就是利用面向对象这一新技术的优势而推出的一种新的软件开发技术,将该技术运用到软件工程中,能够开发出稳定性好、易修改、易理解、易测试/调试的,具有良好可维护性的软件产品。新软件开发工具的使用,能够帮助维护人员更好地理解软件功能与接口等,提高可维护性操作的效率。

3. 进行明确的质量保证审查

质量保证审查是指为提高软件质量所做的各种检查工作,也称为软件复查。对于获得和维持软件的质量,质量保证审查是一个很有用的技术。通过审查可以检测软件在开发和维护阶段内发生的质量变化,一旦检测出问题来,就可以采取措施来纠正,以控制不断增长的软件维护成本,延长软件系统的有效生命期。

通常,软件的质量保证审查可以分为以下4类:

(1) 在检查点进行复审

保证软件质量的最佳方法是在软件开发的最初阶段把质量要求考虑进去,并在每一开发阶段的终点设置检查点进行复审,检查已开发的软件是否符合标准,是否满足规定的质量需求。在不同的检查点,检查的重点不完全相同,如图9.3所示。

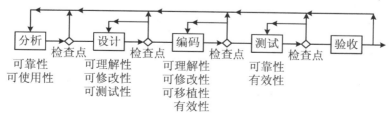

图9.3　软件开发期间各个检查点的检查重点

检查点复审时,可以使用各种质量特性检查表,或用度量标准来检查可维护性。

（2）验收检查

验收检查是一个特殊的检查点的检查,是软件交付使用前的最后一次检查。实际上,验收检查是软件测试的一部分,只不过它是从维护的角度提出验收的条件和标准的。进行验收检查时,必须遵循的最小验收标准为:① 需求和规范标准:需求应当以可测试的术语进行书写,排列优先次序和定义;应区分必须的、任选的、将来的需求;应包括对系统运行时的计算机设备的需求,对维护、测试、操作和维护人员的需求,以及对测试工具等的需求。② 设计标准:程序应设计成分层的模块结构。每个模块应完成唯一的功能,并达到高内聚、低耦合;通过一些可预知变化的实例,说明设计的可扩充性、可缩减性及可适应性。③ 源代码标准:尽可能使用最高级的程序设计语言,且只使用语言的标准版本;所有的代码都必须具有良好的结构;所有的代码都必须文档化,在注释中说明其输入、输出以及便于测试、再测试的一些特点与风格。④ 文档标准:文档中应说明程序的输入、输出,使用的方法、算法;错误恢复方法;所有参数的范围及缺省条件等。

（3）周期性的维护审查

检查点复查和验收检查适用于新开发的软件,对于已经运行的软件系统,则应当进行周期性的维护检查。在软件运行过程中,往往会因为计算环境的变化或者用户需求的变化而需对其进行修改,这就有可能破坏程序概念的完整性,导致较差的软件质量。为此,必须进行定期检查,对软件做周期性的维护审查,以跟踪其质量的变化。

实际上,周期性维护审查是开发阶段检查点复查的继续,两者所采用的检查方法、检查内容都是相同的。把各次维护审查的结果同以前的维护审查结果、验收检查结果以及检查点的检查结果相比较,它们之间的任何差异都表明在软件质量上或其他类型的问题上可能发生了变化,要及时对差异原因进行分析处理,以提高软件的可维护性。

（4）对软件包进行检查

软件包是一种标准化的,可为不同单位、不同用户使用的软件。一般情况下,软件包的源代码和程序文档不会提供给用户,所以对软件包的维护可以采用以下方法:① 使用单位的维护人员首先要仔细分析、研究卖主提供的用户手册、操作手册、培训教程,以及卖方提供的验收测试报告等。② 深入了解本单位的希望和要求,编制软件包的检验程序。检查软件包程序所执行的功能是否与用户的要求和条件相一致。③ 软件包检验程序实际上是一个测试程序,为了建立这个程序,维护人员可以利用卖方提供的验收测试实例,也可以自己重新设计新的测试实例。④ 根据测试结果,检查和验证软件包的参数或控制结构,以完成软件包的维护。

4. 选择可维护的程序设计语言

程序设计语言的选择对程序的可维护性影响很大,如图9.4所示。

由于低级语言(机器语言或汇编语言)很难掌握和理解,维护起来也相对较难。一般来讲,高级语言比低级语言更容易理解,也更容易维护些。

5. 改进程序的文档

程序文档是对程序总目标、程序各组成部分之间的关系、程序设计策略、程序实现过程的历史数据等的说明和补充。

即使是一个十分简单的程序,要想有效地、高效率地维护它,也需要编制文档来解释其目的及任务。对于程序维护人员来说,要想按程序编制人员的意图重新改造程序,并对今后变化的可能性进行估计,缺了文档也是不行的。因此,为了维护程序,人们必须阅读和理解文档。另外,在软件维护阶段,利用历史文档,可以大大简化维护工作。通过了解原设计思想,可以判断出错之处,指导维护人员选择适当的方法修改代码而不危及系统的完整性。

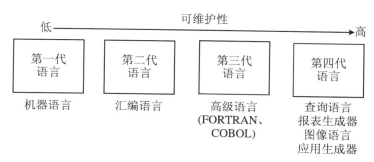

图 9.4　程序设计语言的可维护性

改进软件文档,采用简洁、一致的风格;在程序中插入注释以提高程序的可理解性;以移行、空行等明显的视觉组织方式来突出程序的控制结构,这些都将简化维护工作,提高程序的可维护性。

9.4.3　可维护性复审

可维护性是所有软件都应该具备的基本特点,在软件生命周期中的每一个阶段都应该考虑并努力提高软件的可维护性。为此,在每个阶段结束前的技术审查和管理复审中,就应该着重对可维护性进行复审:① 在需求分析阶段的复审过程中,应该对将来要改进的部分和可能会修改的部分加以注意并指明;应该讨论软件的可移植性问题,并且考虑可能影响软件维护的系统界面。② 在正式的和非正式的设计复审期间,应该从容易修改、模块化和功能独立的目标出发,评价软件的结构和过程;设计中应该对将来可能修改的部分预先做好准备。③ 在代码复审中,应该强调编码风格和内部说明文档这两个影响可维护性的因素。④ 在设计和编码过程中应该尽量使用可重用的软件构件,如果需要开发新的构件,也应该注意提高构件的可重用性。⑤ 在测试过程中,每个测试步骤都暗示着在软件正式交付使用前,程序中可能需要进行预防性维护的部分。测试结束后将进行最正式的可维护性复审,称为配置复审。其目的是保证软件配置的所有成分是完整的、一致的和可理解的,同时也为了便于修改和管理已经编目归档的文件。

在完成了每项维护工作之后,都应该对软件维护本身进行仔细认真的复审。

维护应该是针对整个软件配置的,而不应该只修改源程序代码。当对源程序代码的修改没有反映在设计文档或用户手册中时,就会产生严重的后果。每当对数据、软件结构、模块过程或任何其他有关的软件特点做了改动时,必须立即修改相应的技术文档。不能准确反映软件当前状态的设计文档可能比完全没有文档更坏。在以后的维护工作中很可能因文档不完全符合实际而不能正确理解软件,从而在维护中引入过多的错误。用户通常根据描述软件特点和使用方法的用户文档来使用、评价软件。如果对软件的可执行部分的修改没有及时反映在用户文档中,则必然会使用户因为受挫折而产生不满情绪。

如果在软件再次交付使用之前,对软件配置进行了严格的复审,则可大大减少文档的问题。事实上,某些维护要求可能并不需要修改软件设计或源程序代码,只是表明用户文档不清楚或不准确,因此只需要对文档做必要的维护。

9.5 软件再工程

再工程(Re-engineering)的概念起源于传统工程业界,是指为摆脱旧的组织和管理业务的规则,使用新的现代技术从根本上重新设计业务过程,以使它们的性能得到极大的改善。软件再工程是指对既存对象系统进行调查,并将其重构为新形式代码的开发过程,最大限度地重用既存系统的各种资源是再工程的最重要特点之一。

软件再工程可以看作是将新技术、新工具应用于旧软件的一种较彻底的预防性维护,是目前预防性维护所采用的主要技术,是为了以新形式重构已存在软件系统而实施的检测、分析、更替以及随后构建新系统的工程活动。其目的是理解已存在的软件,然后对该软件重新实现以期增强其功能,提高其性能,或者降低其实现的难度,客观上达到维持软件的现有功能并为今后加入新功能做好准备。

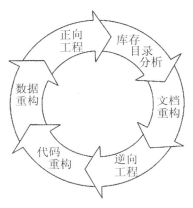

图 9.5 软件再工程过程模型

软件再工程是一项软件重构活动。图 9.5 是一个典型的软件再工程过程模型,该模型定义了 6 类活动。在某些情况下这些活动以线性顺序发生,但也并非总是这样。例如:为了理解某个程序的内部工作原理,可能在文档重构开始之前必须先进行逆向工程。

显然,图 9.5 显示的再工程模型是一个循环模型。这意味着模型组成部分的每个活动都可能重复出现,而且对于任意一个特定的循环来说,其过程可以在完成任意一个活动之后终止。

1. 库存目录分析

每个软件组织都应该保存其拥有的所有应用系统的库存目录。该目录包含关于每个应用系统的基本信息(如:规模、年限、业务重要程度等)。按照业务重要程度、寿命、当前可维护性和可支持性,以及其他的重要性准则对这些信息进行排序,可以选出需要再工程的应用系统,然后较明智地分配再工程所需要的资源。

需要注意的是:应该对库存目录进行定期分析。因为应用系统的状态(如:业务重要程度等)可能会随时间发生变化,导致再工程的优先级发生变化。

2. 文档重构

老程序固有的特点是缺乏文档。具体情况不同,处理这一问题的方法也不同:

(1) 建立文档非常耗费时间,而且不可能为数百个程序都重新建立文档。如果系统正常运作,某些情况下可以选择保持现状。如果一个程序是相对稳定的,正在走向其使用寿命的终点,而且可能不会再经历什么变化,那么,让它保持现状是个明智的选择。

(2) 为了便于今后的维护,必须更新文档,但是资源有限。此时应采用“使用时建文档”的方法,即不需要一下子把某应用系统的全部文档都重建起来,只针对系统中当前正在修改的那些部分建立完整文档。随着时间流逝,我们将得到一组有用的相关文档。

（3）如果某应用系统是完成业务工作的关键，而且必须重构全部文档，则仍然应该设法把文档减少到必需的最小量。

3. 逆向工程

逆向工程源于硬件领域，一个公司分解某个有竞争力的硬件产品，以弄清楚竞争者的设计和制造"秘密"。如果得到了竞争者的设计和制造规格说明文档，则这些"秘密"会很容易弄明白，但是，这些文档是别人专有的，对做逆向工程的公司来说是不可得到的。实际上，成功的逆向工程是通过检查产品的实际样本来推导出一个或多个关于产品的设计和制造规格说明。

与此类似，软件的逆向工程就是通过分析程序，在比源代码更高的抽象层次上创建出程序的某种表示的过程。实际上，逆向工程是一个恢复设计结果的过程。利用逆向工程工具可以从现存的程序代码中抽取出有关数据、体系结构和处理过程的设计信息。

4. 代码重构

代码重构是最常见的再工程活动。有些遗留系统具有相对可靠的程序体系结构，但是，个体模块的编码方式使程序难以理解、测试和维护，此时，就可以对可疑模块内的代码进行重构。

为了完成代码重构活动，首先应用重构工具分析源代码，标注出和结构化程序设计概念相违背的部分，然后重构有问题的代码（此项工作可自动进行），最后复审和测试生成的重构代码（以保证没有引入异常）并更新代码文档。

通常，重构并不修改整体的程序体系结构，它仅关注个体模块的设计细节以及在模块中定义的局部数据结构。如果重构扩展到模块边界之外并涉及软件体系结构，则重构就变成了正向工程。

5. 数据重构

对于数据体系结构差的程序很难进行适应性修改和增强。事实上，对许多应用系统来说，数据体系结构比源代码本身对程序的长期生存力影响更大。

与代码重构不同，数据重构发生在相当低的抽象层次上，它是一种全范围的再工程活动。在大多数情况下，数据重构始于逆向工程活动，分解当前使用的数据体系结构，必要时定义数据模型，标识数据对象和属性，并从软件质量的角度复审现存的数据结构。

由于数据体系结构对程序体系结构及程序中的算法有很大影响，所以对数据的修改必然会导致体系结构或代码层的改变。

6. 正向工程

当一个正常运行的软件系统需要进行结构化翻新时，就可对其实施软件再工程的正向工程。

正向工程也称为革新或改造，这项活动不仅从现有程序中恢复设计信息，而且使用该信息去改变或重构现有系统，以提高其整体质量。

正向工程过程应用软件工程的原理、概念、技术和方法来重新开发某个现有的应用系统。在大多数情况下，被再工程的软件不仅重新实现了现有系统的功能，而且加入了新的功能，提高了系统的整体性能。

9.6　本　章　小　结

　　软件维护与软件支持是整个软件生命周期中的最后一个阶段,也是持续时间最长、代价最大的一个阶段。软件工程学的目的就是提高软件的可维护性,降低维护的代价。

　　软件维护的基本目标和任务是纠正错误、增加功能、提高质量、优化软件、延长软件使用寿命、提高其产品价值。但是维护也会带来副作用,因此要加强对软件维护的管理,修改软件应慎之又慎。

　　软件维护活动可分为 4 种类型:纠错性维护、完善性维护、适应性维护、预防性维护。

　　软件维护过程主要包括:提交维护申请报告、确定软件维护工作流程、编制软件维护文档、评价软件维护性能。

　　决定软件可维护性的要素主要有:可理解性、可使用性、可修改性、可测试性、可移植性、可重用性、效率和可靠性。文档是影响软件可维护性的决定因素。

　　提高软件可维护性是软件开发各个阶段(包括维护阶段)都努力追求的目标之一。为此可采用的技术途径主要有:建立完整的软件文档、确立正确的质量指标、采用易维护的开发/维护方法和工具、加强可维护性复审等。

　　软件再工程实质上是软件的预防性维护。典型的软件再工程过程模型包括 6 类活动:库存目录分析、文档重构、逆向工程、代码重构、数据重构、正向工程。

案 例 分 析

再 工 程

　　国外近年来研制出多种软件工程环境和系统再工程产品,在对现有系统实施再工程方面有许多成功的事例。下面列举几例以使读者对此领域的应用情况有一个初步的了解。

　　例 1:Allnet 公司是美国最大的经营长途电信业务的公司之一,每日处理长途电话达600 多万个。由于业务高速增长,使得原设计的计费处理工作经常拖延,影响了公司的资金周转,迫切需要对系统进行改进。Allnet 采用了 Viasoft 公司的系统再工程产品 VIA/Renaissanse,该产品能够自动地分析和提取源程序(COBOL 语言)中的各种功能说明,然后形成这些功能的独立程序模块,这些模块编译后即可投入运行。同时这些模块还可供其他应用程序使用或纳入公司的 CASE 环境,用于今后新系统的开发。Allnet 公司对其计费模块实行改造后,账单处理的记录数减少到不足原来的 10%,不仅计费处理速度满足了要求,主机 IBM3090-300J 的处理时间和 I/O 操作时间都明显减少。

　　例 2:美国 Zortec 公司推出的面向商务应用的软件开发环境产品 SYSTEM-Z 集 4GL和 DBMS 功能于一体,可在百余种机型、十多种操作系统上安装。该产品不仅具有良好的开发环境,而且支持软件移植工作。如总部设在纽约的一家纺织品公司主机系统是王安VS,数据处理采用 COBOL 语言,下属几家工厂采用 XENIX 系统,未与公司联网,采用SYSTEM-Z 后,仅几个月就将系统由开销过大的王安系统移植到 HP9000 上,并实现了与工厂的联网。又如,美国西弗吉尼亚州立大学使用 SYSTEM-Z,不到三个月就把 Unisys1100 计算机上的 3400 多个 MAPPER 程序移植到 IBM RS/6000 上,节省了大笔经费。再如,Alpha Omega 公司只用很短的时间就将美国迪斯尼乐园的大部分应用软件移植到开放系统中,比预计节省了 95% 的工作日。

例3:美国马里兰大学、NASA(国家宇航局)和 CSC(计算机科学公司)联合组织的软件工程实验室(SEL)共同了解、研究 NASA 的飞行动力学环境中的 100 多个软件项目,每个软件项目从几千行到一百万行源程序不等,有 Ada 语言,也有早期开发的 Fortran 语言,通过 SEL 的工作 NASA 的每行源程序开发成本平均降低 10%,软件可靠性平均改进了 35%,软件的可管理性明显提高。

阅读材料

维护工具

一个降低维护工作量的方式是在开始时就注意质量。尽量把好的设计和结构加入到原有的没有在开始时正确设计的系统里。此外,还有一些自动维护的工具,在软件维护过程中使用它们能够提高维护效率与维护质量。

1. 文本编辑器(Text Editors)

文本编辑器在维护的很多方面都是非常有用的。首先,文本编辑器可以从一个地方拷贝代码或文本到另一个地方,防止复制时出错。其次,一些文本编辑器提供可以跟踪从存于另一个地方的源文件的改变。许多文本编辑器还提供了文本入口的时间和日期标签用于把当前版本的文件恢复成旧版本的文件。

2. 文件比较器(File Comparators)

维护中的一个很有用的工具是文件比较器,它能够比较两个文件并报告它们的不同之处。我们常常使用它来保证两个系统是相同的,利用该程序能够读出两个文件并指出其中的不同之处。

3. 编译器和链接器(Compilers and Linkers)

编译器和链接器包含了简化维护和配置管理的特性。编译器检查代码和语法错误,用多种形式指出错误之处和错误的类型。一些语言的编译器,例如 Modula-2 和 Ada,还检查分离编译的组件的一致性。

当代码被完全编译之后,链接器把需要的其他代码与之链接以运行程序。例如,一个 C 语言或者能识别子过程、库和宏调用的链接器把 filename.h 与它所相关的 filename.c 链接起来,自动地选择必要的文件形成一个整体。有些链接器可以区分每个需要链接的组件的版本号,以便选择合适的版本来链接到一起。这种技术帮助排除测试系统时由于系统的错误的拷贝或错误的子系统而引起的问题。

4. 调试工具(Debugging Tools)

调试工具通过以下方式帮助我们进行维护:单步跟踪程序的运行逻辑,检查寄存器的内容和内存区的内容,指定标志和指针。

5. 交叉引用产生器(Cross-Reference Generators)

自动进行系统生成和交叉引用的生成,能够为开发组和维护组进行系统修改提供更强的支持。例如,一些交叉引用工具作为系统需求的仓库,也存储与每个需求相关的其他系统文档和代码。当我们提出对需求的改变时,我们可以使用这个工具告诉我们哪些其他的需求、设计和代码组件将受到影响。

一些交叉引用工具包含了一系列称之为垂直条件的逻辑公式,如果所有的公式为真,则系统满足产生它的要求。这个性质在维护中特别有用,确保我们改变的代码仍然遵守它的说明。

6. 静态代码分析(Static Code Analyzers)

静态代码分析计算代码的结构属性信息,例如嵌套深度、覆盖路径数、圈数、代码行数、不可表达的表达式。我们可以在维护系统建立新版本时进行这些信息的计算,看看它们是不是变大了,变复杂了,变得难以维护了。这个测量能够帮助我们在几种可能的选择中做出正确的选择,尤其是当我们设计现存代码的一个部分时。

7. 结构管理仓库(Configuration Management Repositories)

没有控制改变的信息库,结构管理是不可能的。这些仓库存储问题报告,每个问题的信息,报告的小组,修改的小组等。有些仓库允许用户在他们使用的系统中给报告的问题加标签。

当然,还有其他实行版本控制和交叉引用的工具,比如下面描述的工具 Panvalet:

工具 Panvalet:

Panvalet 是 IBM 主机上常用的工具。它合并了源代码、对象代码、控制语言以及运行系统需要的数据文件。文件被分配成不同的类型,不同的文件可以相互关联。这个性质允许开发员在文件中扩充字符串,在给定文件类型的所有文件中,或者整个文件库。

Panvalet 不只控制一个系统版本,因此文件可以有多个版本。一个单独的版本被指定成产品版本,任何人都不能扩充它。为了修改这个文件,开发员需要生成文件的新版本,然后改变这个新的文件。

这个文件是按照层次组织的,而且这些文件是交叉引用的。每个版本的文件与这个版本相关的目录相联系:产品版本的状态关系,最后修改或者更新时间,文件中的表达式数,对文件进行的最后的操作的类型。当文件被编译时,Panvalet 自动地把版本号和最后修改时间放到编译列表和对象模块中。

Panvalet 也有报表、备份、恢复功能,加了三级安全访问控制。当文件长时间不被使用时,Panvalet 自动压缩它们。

习 题 9

1. 选择题

(1) 软件维护产生的副作用是指(　　　)。

A. 开发时的错误　　　　　　　　　　B. 隐含的错误

C. 因修改软件而造成的错误　　　　　D. 运行时误操作

(2) 因计算机硬件和软件环境的变化而做出的修改软件的过程称为(　　　)。

A. 改正性维护　　　B. 适应性维护　　　C. 完善性维护　　　D. 预防性维护

(3) 软件维护的副作用主要有以下哪几种(　　　)。

A. 编码副作用、数据副作用、测试副作用

B. 编码副作用、数据副作用、调试副作用

C. 编码副作用、数据副作用、文档副作用

D. 编码副作用、文档副作用、测试副作用

（4）结构化维护与非结构化维护的主要区别在于（　　）。

A. 软件是否结构化　　　　　　　　B. 软件配置是否完整

C. 程序的完整性　　　　　　　　　D. 文档的完整性

（5）软件维护困难的主要原因是（　　）。

A. 费用低　　　　B. 人员少　　　　C. 开发方法的缺陷　　D. 得不到用户支持

（6）可维护性的特性中，相互矛盾的是（　　）。

A. 可理解性与可测试性　　　　　　B. 效率与可修改性

C. 可修改性和可理解性　　　　　　D. 可理解性与可读性

（7）为了提高软件的可维护性或可靠性而对软件进行的修改称为（　　）。

A. 纠错性维护　　　　B. 适应性维护　　　　C. 完善性维护　　　　D. 预防性维护

2. 问答题

（1）什么是软件维护？软件维护的特点有哪些？

（2）软件可维护性与哪些因素有关？采取哪些措施可以提高软件的可维护性？

（3）请简述软件维护的工作过程。

（4）软件维护的副作用有哪些？

（5）如何理解软件再工程及其过程？

实验 7　Rational Rose C++逆向工程

1. 实验目的

逆向工程（Reverse Engineer）就是从现有系统的代码来生成模型的功能。分析已有的代码的主要的目的就是了解代码结构和数据结构，这些对应到模型图就是类图、数据模型图和组件图，也就是通过 Rational Rose 的逆向工程所得到的结果。

Rational Rose 所支持的逆向工程功能很强大，包括的编程语言有 C++，VB，VC，Java，CORBA 以及数据库 DDL 脚本等，并且可以直接连接 DB2，SQL Server，Oracle 和 Sybase 等数据库导入 Schema 并生成数据模型。

2. 实验内容

在 Rational Rose 中，有些模型图是不会自动生成的，很多时候这个工作需要用户手动来完成。也就是说，Rational Rose 只负责生成模型，包括模型中的元素、元素的属性以及各个元素之间的关系，但是需要用户做一些额外的工作来得到视图。

首先，通过逆向工程，用户已经得到了 UML 模型或者数据模型的各个组件以及它们之间的关系。下一步需要在该模型上创建一个视图，它们可以是类图（Class Diagram，描述系统的静态结构）或者数据模型图（Data Model Digram，描述关系数据结构）。然后，手动从左边的 explorer 中将各个元素拖进视图中，在这个过程中，各个元素之间的关联关系会自动在图中表示出来，而不需要用户再做其他工作。

生成一个数据模型的数据模型图的过程：从左边将数据模型中的数据元素拖到右边的

数据模型图中,表 CustomerCustomerDemo 和表 CustomerDemographics 之间的依赖关系的菱形箭头是自动生成的,无需手动操作。一般来说,一个系统中所涉及的数据元素非常多,导致视图很拥挤,排版也非常困难。Rational Rose 提供的自动排版功能可以很方便地帮助用户解决这个问题。选择 Format－＞LayoutDiagram,系统会将图中的所有元素用最优方式重新排列,给用户一个清晰的视图。

3. 实验操作步骤

ANSI C＋＋(标准 C＋＋)逆向工程(Reverse Engineer)

使用标准 C＋＋逆向工程,需要在组件图(Component View)中创建一个组件(Component),设置好需要进行转换的组件的信息,也就是该组件的语言、所包含的文件、文件所在的路径、文件后缀等信息,然后 Reverse Engineer 就可以根据给定的信息将代码转换成类图了。

(1) 右键点击组件视图(Component View),选择 New－＞Component,创建一个新的组件。

(2) 将 component 的 language 属性设定为 ANSI C＋＋。

① 选中创建的 component,点击右键,选中 Open Specification。

② 在这个对话框中将该 component 的 language 设定为 ANSI C＋＋。

(3) 配置该 ANSI C＋＋component,设置好该 component 中包含的 C＋＋代码文件,并进行 C＋＋语言的详细设置。

① 选中该 component,点击右键,选择 ANSI C＋＋－＞Open ANSI C＋＋ Specification。

② 把 Source file rootdirectory 设定为你的 C＋＋源码文件所在的路径,并且将需要转换的文件添加到 Project Files 中,视你的需要来做其他的设定,比如:头文件扩展名等。

(4) 将设置好的 component 转换成模型图。

① 选中设置好的 component,点击右键,选中 ANSI C＋＋－＞Reverse Engineer。

② 选中需要转换的 class,点击 ok,一个 component 的逆向转换就完成了。

第 10 章　面向对象方法学

OO 思维的关键是抽象。

10.1　面向对象方法学概述

10.1.1　面向对象的概念

1. 对象

"对象"是面向对象方法学中使用的最基本的概念。对象是问题域中事物的抽象。现实中的所有事物都是对象,它不仅可以是具体的物理实体的抽象,还可以是人为的规则、概念、计划或事件,或者可以是任何有明确边界和意义的东西。对象是人们要进行研究的任何事物,从最简单的整数到复杂的飞机等均可看作是对象,它不仅能表示具体的事物,还能表示抽象的规则、计划或事件。

对象可以是:

(1) 有形实体:指一切看得见,摸得着的实物。如一本书籍、一台计算机、一个借阅证等。这类对象最容易被识别。

(2) 作用:指人或组织所起的作用。如一个教师、一名学生、一个公司等。

(3) 事件:指在特定时间所发生的事情。如贷款、开会、事故等。

(4) 性能说明:如联想公司对其生产的某型号的电脑的性能说明,如型号、性能指标等。

2. 对象的特点

对象具有标识、状态和行为 3 个特点。

(1) 标识。由于真实世界中事物的唯一性,对象也具有唯一性。因此,为了将每个对象区别开来,通常会给对象定一个"标识"。对象的唯一性指每个对象都有自身唯一的标识,通过这种标识,可找到相应的对象。在对象的整个生命期中,它的标识都不改变,不同的对象不能有相同的标识。

(2) 状态。用属性来描述对象的性质和特征。某一时刻对象所有属性值的集合就构成了对象的状态。如某个具体的学生李四,具有姓名、专业、班级等属性值,用这些属性值来表示这个具体学生的情况。对象具有状态,一个对象用数据值来描述它的状态。

(3) 行为。没有一个对象是孤立存在的,对象可以被操作,也可以操作别的对象。对象所执行的操作就是对象的行为。对象的行为往往会改变对象的状态。如学生"选择课程"后,他的选课情况就变为"已选状态"。对象还有操作,用于改变对象的状态,对象及其操作就是对象的行为。对象实现了数据和操作的结合,使数据和操作封装于对象的统一体中。

对象就是一组属性和相关方法的集合,使数据和操作封装于对象的统一体中。这个封装的统一体如同一个黑盒子,它的私有数据对外是隐藏的,不可见的,私有数据只能通过对象的公有操作来访问或处理。

总之,对象就是一个封装体。它有一个唯一标识它的名字,而且向外界提供一组服务(即公有操作)。一个对象可以有多种状态,而状态只能由该对象的操作来改变。每当需要改变对象的状态时,只能由其他对象向该对象发送消息;对象响应消息时,根据当前状态和消息模式,找出与之相配的方法,并执行该方法。

3. 类

人们习惯以"分类"认识事物并逐步认识整个客观世界。在客观世界中,把具有相似特征的事物归为一类。例如,居里夫人、鲁迅、张三……虽说每个人姓名、职业、特长、影响力等各有不同,但是,他们的基本特征是相似的:都会直立行走,都会使用复杂的语言,于是把他们统称为"人类"。

在面向对象的软件技术中,"类"是指具有相同属性和操作的对象的集合(或抽象)。因此,对象的抽象是类,类的具体化(实例)就是对象。这里特别强调,类也是对象,是一种集合对象,称之为对象类,简称为类,以有别于基本的实例对象(类的具体化)。

类是面向对象程序中最基本的程序单元。类具有属性和方法,对象是在执行过程中由其所属的类动态生成的,一个类可以生成多个不同的对象。因此从类中创建出来的对象就拥有该类集成的所有属性与方法。

分类性是指将具有一致的数据结构(属性)和行为(操作)的对象抽象成类。一个类就是这样一种抽象,它反映了与应用有关的重要性质,而忽略其他一些无关内容。任何类的划分都是主观的,但必须与具体的应用有关。

具有相同或相似性质的对象的抽象就是类。因此,对象的抽象是类,类的具体化就是对象,也可以说类的实例是对象。

类具有属性,它是对象的状态的抽象,用数据结构来描述类的属性。类具有操作,它是对象的行为的抽象,用操作名和实现该操作的方法来描述。

类的结构。在客观世界中有若干类,这些类之间有一定的结构关系。通常有两种主要的结构关系:① 一般—具体结构关系。一般—具体结构称为分类结构,也可以说是"或"关系,或者是"is a"关系;② 整体—部分结构关系。整体—部分结构称为组装结构,它们之间的关系是一种"与"关系,或者是"has a"关系。

4. 消息

与现实世界类似,软件系统的复杂功能也是由各种对象协同工作来共同完成的。消息就是对象之间进行通信的一种交互。通常一个对象发送消息给另一个对象,消息包含接收对象去执行某种操作的信息。接收消息的对象经过解释,然后给予响应,这种通信机制称为消息传递。

一个对象可以同时向多个对象发送消息,也可以接收多个对象发来的不同形式的多个消息。消息只反映发送者的请求,由于消息的识别、解释取决于接收者,因而同样的消息在不同接收对象中所做出的响应可以是不相同的。通常一个消息由 3 部分组成:接收消息的对象名、消息名(即对象名、方法名)、必要的参数说明。例如,My Rectangle 是一个长为 12 cm,宽为 28 cm 的 Rectangle 类的对象,当要求它显示出自己的面积时,应向它发送消息:My Rectangle.Area(12,28)。其中 My Rectangle 为接收消息的对象的名字,Area 是消息名。

特别注意：当对象 A 向对象 B 发送请求 do Something()时，B 必须具有 do Something 这项服务，也就是 B 对外提供的公共方法。

对象之间进行通信的结构叫作消息。在对象的操作中，当一个消息发送给某个对象时，消息包含接收对象去执行某种操作的信息。发送一条消息至少要包括说明接受消息的对象名、发送给该对象的消息名(即对象名、方法名)。一般还要对参数加以说明，参数可以是认识该消息的对象所知道的变量名，或者是所有对象都知道的全局变量名。

5. 方法

类中操作的实现过程叫作方法，方法是指对象所能执行的操作。一个方法有方法名、参数和方法体。

6. 属性

属性就是类中所定义的数据，它是客观世界实体所具有的性质的抽象。类的每个实例(对象)都有自己特有的属性值。

7. 封装

封装性是面向对象具有的一个基本特性，它是一种信息隐蔽技术。封装性是指所有软件部件内部都有明确的范围以及清楚的边界。

面向对象概念的重要意义在于，它提供了较为令人满意的软件构造的封装和组织方法：以类/对象为中心。面向对象的类是封装良好的模块，类定义将其说明(用户可见的外部接口)与实现(用户不可见的内部实现)显式地分开，其内部实现按其具体定义的作用域提供保护。对象是封装的最基本单位，在用面向对象的方法解决实际问题时，要创建类的实例，即建立对象，除了应具有的共性外，还应定义仅由该对象所私有的特性。

8. 继承

继承性是面向对象技术中的另一个重要概念和特性，它是指子类(特殊类)和父类(一般类)之间共享数据结构和方法的机制。继承性体现了类的层次关系。为了深入理解继承性的含义，以如图 10.1 所示的类层次结构来说明继承机制的原理。

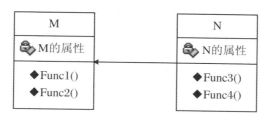

图 10.1　类层次结构

图 10.1 中 M、N 两个类，其中类 M 为父类，类 N 为类 M 的子类。继承性是指：类 N 除了具有自己定义的特性(属性和方法)之外，还从父类 M 继承特性。当创建类 N 的实例 n1 的时候，n1 所能执行的操作既有类 N 中定义的方法 Func3、Func4，又有类 M 中定义的方法 Func1、Func2。注意，如果类 N 定义了和类 M 中同名的属性或方法，除非采用特别的措施，否则类 M 中与之同名的属性或方法在 n1 中就不能使用。

继承具有传递性。也就是说如果类 A 继承了类 B，类 B 继承了类 C，则类 A 继承了类 C。当一个类只有一个父类时，则称为单重继承；当一个类有多个父类时，则称为多重继承。

继承性使得相似的对象可以共享程序代码和数据结构，从而减少了程序中的冗余信息。

继承性使得公共特性(属性和方法)能够共享,提高了软件的重用性。如果父类中某些方法不适用于子类,则可在子类中重写方法的实现。因此继承机制不仅提高了代码复用率,而且便于软件的扩充。

继承性是子类自动共享父类数据结构和方法的机制,这是类之间的一种关系。在定义和实现一个类的时候,可以在一个已经存在的类的基础之上来进行,把这个已经存在的类所定义的内容作为自己的内容,并加入若干新的内容。

继承性是面向对象程序设计语言不同于其他语言的最重要的特点,是其他语言所没有的。在类层次中,子类只继承一个父类的数据结构和方法,则称为单重继承。在类层次中,子类继承了多个父类的数据结构和方法,则称为多重继承。在软件开发中,类的继承性使所建立的软件具有开放性、可扩充性,这是信息组织与分类的行之有效的方法,它简化了对象、类的创建工作量,增加了代码的可重用性。采用继承性,提供了类的规范的等级结构。通过类的继承关系,使公共的特性能够共享,提高了软件的重用性。

9. 多态

多态性是面向对象技术的第三个特性。多态性是指同一消息为不同的对象所接收时,产生完全不同的结果。也就是说,在父类定义的属性或行为被子类继承后,可以具有不同的数据类型或表现不同的行为。父类和子类可以共享一个行为(方法)的名字,但却各自按照自己的需要有不同的实现。当对象接收到一个消息时,根据该对象所属的类动态地选用在该类中定义的操作。多态性保证了相同的行为作用于不同类型的对象时,对象可以正确地调用方法。面向对象的多态性方法的使用,如重载、动态绑定等,提高了程序设计的灵活性和效率。

多态性是指相同的操作或函数、过程可作用于多种类型的对象上并获得不同的结果。不同的对象收到同一消息可以产生不同的结果,这种现象称为多态性。多态性允许每个对象以适合自身的方式去响应共同的消息。多态性增强了软件的灵活性和重用性。

10. 重载

重载是实现多态性的方法之一。有两种重载:函数重载和运算符重载。函数重载是指允许存在多个同名函数,而这些函数的参数特征不同(或许参数个数不同,或许参数类型不同,或许两者都不同)。运算符重载是指同一个运算符可以施加于不同类型的操作数上面。

10.1.2 面向对象方法的要点

面向对象方法尽可能地模拟了人类认识客观世界的方法。客观世界的问题全是由客观世界中的实体及实体相互间的关系构成的。人们把客观世界中的实体抽象为问题域中的对象。通常客观世界中的实体既具有静态的属性又具有动态的行为。面向对象的方法正是以对象作为最基本的元素,它也是分析问题、解决问题的核心。计算机实现的对象与真实世界具有一对一的关系,不需要做任何转换。

概括地说,面向对象方法具有下面描述的 4 个要点。

(1) 认为任何事物都是对象,所以客观世界是由各种不同的对象组成的;复杂的对象可以由比较简单的对象以某种方式组合而成。因此面向对象的软件系统是由对象组成的,软件中的任何元素都是对象,复杂的软件对象由比较简单的对象组合而成。

(2) 把所有对象都划分成各种对象类(简称为类),每个对象类都定义了一组数据和一组方法。数据表示了对象的静态属性，是对对象状态信息的描述。也就是说，每当建立该类的一个实例(对象)时，就会按照类中对数据的定义为这个对象生成一组专用的数据，以便描述该对象特有的属性值。类中定义的方法是允许施加于该类对象上的操作，是该类所有对象共享的，并不需要为每个对象都复制操作的代码。

(3) 按照子类(或称派生类)与父类(或称基类)的关系，把若干个对象类组成一个层次结构的系统。在这个层次系统中，通常下层的子类自动具有和上层的父类相同的特性(包括数据和方法)，但是子类又有某些父类没有的特性，这种现象称为继承。

(4) 对象之间只能通过传递(发送)消息互相联系。对象是进行处理的主体，必须发送消息请求对象执行它的某些操作，处理它的私有数据，而不能从外界直接对它的私有数据进行操作。也就是说，该对象的私有信息都被封装在该对象类的定义中，这就是"封装性"。

综上所述，面向对象不但使用对象而且又使用类和继承等机制，并且对象之间仅能通过传递消息实现彼此通信。

10.1.3 面向对象方法的优点

1. 面向对象方法改变了开发软件的方式

面向对象方法尽可能地模拟了人类认识客观世界的方法。面向对象方法从对象出发认识问题域，对象是由数据和允许施加的操作组成的封装体，与问题域中的客观实体(对象)有直接对应关系，对象的类之间的继承等关系能够刻画问题域中对象之间存在的各种联系。因此，无论是系统的构成成分，还是通过这些成分之间的关系而体现的系统结构，都可直接映射到问题域。面向对象方法使分析、设计和实现一个系统的方法尽可能接近认识一个系统的方法。

2. 基于面向对象方法的软件系统稳定性好

传统方法所建立起来的软件系统的结构主要依赖于系统要完成的功能。当功能需求发生变化时将引起软件结构的整体改变。

面向对象方法基于构造现实世界中问题领域的对象模型，以对象为中心构造软件系统。当功能需求发生变化时，往往仅需要一些局部性的修改。由于现实世界中的实体是相对稳定的，因此以对象为中心开发的软件系统是比较稳定的。

3. 面向对象的方法有助于软件的复用

重用是提高生产效率的最主要的方法。对象把属性和操作封装在一起成为一个统一体，提高了对象的内聚性，减少了与其他对象的耦合。因此对象是比较理想的模块和可重用的软件成分。另外，继承机制本身就是特殊类到一般类的特性(属性和操作)的复用。

4. 使用面向对象方法所开发的软件可维护性好

由于面向对象方法是基于构造问题领域的对象模型，以对象为中心构造软件系统。当功能需求发生变化时，通常不会引起软件的整体变化，往往仅需要一些局部性的修改。因此容易实现。

面向对象方法把属性和操作封装在对象内并加以隐藏，这就保证了修改类的内部实现，只要不修改类的对外接口，就可以完全不影响软件的其他部分。另外，面向对象特有的继承机制和多态机制使得软件的修改和扩充功能容易实现。

10.2　UML

10.2.1　UML 概述

统一建模语言(Unified Modeling Language,UML)是一种用图形符号表达的通用的可视化的面向对象的建模语言。它本身具有的可扩展性使其不仅可以用于软件系统开发各个阶段的建模,也可以用于商业建模和其他几乎所有类型的建模。

UML 是一种面向对象的建模语言,主要用于建立系统的分析和设计模型。UML 有属于自己的标准表达规则,它不是一种类似 Java、C++的编程语言,因而用它建立的系统模型不能被计算机编译执行。

建模语言有很多,由于 UML 语义的精确性、全面性以及它应用的广泛性,所以它被认为是目前较好的建模语言。UML 已被 OMG(Object Management Group)采纳作为业界的标准。

1. UML 的发展史

1994 年 10 月,Jim Rumbaugh 和 Grady Booch 共同合作,他们首先将 Booch93 和 OMT2 统一起来,并于 1995 年 10 月发布了第一个公开版本,称为统一方法 UM0.8。

1995 年秋,Ivar Jacobson 加盟了他们的工作,经过 3 人的共同努力,于 1996 年 6 月和 10 月分别发布了两个新的版本,即 UML0.9 和 UML0.91,并将 UM 改称 UML。

1996 年,一些机构将 UML 作为其商业策略已日趋明显,UML 的开发者得到了来自公众的正面反应,并倡议成立了 UML 成员协会,以完善、加强和促进 UML 的定义工作。

1997 年 7 月,UML1.0 版本提交给 OMG(对象管理组织)并获得通过,UML1.0 成为业界标准的建模语言。1997 年 11 月,OMG 采纳 UML1.1 作为基于面向对象技术的标准建模语言,UML 被正式采纳作为业界标准并不断发展。

2003 年 6 月,在 OMG 技术会议上 UML 2.0 获得正式通过。

2. UML 的特点

UML 的主要特点可以归结如下:

(1) UML 统一了 Booch、OMT 和 OOSE 等方法中的面向对象的基本概念。UML 是在 Booch、OMT 和 OOSE 方法的基础上综合并发展起来的,它消除了不同方法在表示法和术语上的差别,避免了符号表示和理解上的不必要的混乱。

(2) UML 吸取了面向对象技术领域中其他流派的长处,其中也包括非 OO 方法部分。UML 统一了各种方法的不同的概念,有效地消除了各种建模语言之间的差异。它实际上是一种通用的建模语言,可以被面向对象建模方法的用户广泛使用。

(3) UML 融入了人的思想。UML 符号表示考虑了各种方法的图形表示,删除了大量容易引起混乱的、多余的和极少使用的符号,同时也增加了一些新的符号。因此,在 UML 中融入了面向对象领域中很多人的思想。这些思想并不是 UML 的开发者们发明的,而是开发者们依据最优秀的 OO 方法和丰富的计算机科学实践经验综合提炼而成的。

(4) UML 独立于开发过程。UML 就是一种建模语言,与具体软件开发过程无关,它完全独立于开发过程。但是 UML 可以用于软件开发过程,可以支持从软件需求到测试的各个开发阶段。

(5) UML 是可视化的,表达能力很强。UML 采用图形符号表达的图形结构清晰,建模简洁明了。

(6) UML 独立于程序设计语言。用 UML 建立的软件系统模型可以映射成各种编程语言,如 Java、VC++ 等。

因此可以认为,UML 是一种先进的且表达能力丰富的建模语言,当然 UML 必将存在一个进化的过程。同时要注意,UML 不是一种方法,因此不能取代现有的各种面向对象的分析和设计方法,但是使用 UML 进行系统分析和设计,可以正确、有效地加快开发进程。

3. UML 用于软件开发

UML 常用于建立软件系统的模型,适用于系统开发的不同阶段。UML 的应用贯穿于系统开发的不同阶段。

(1) 需求分析。可以借助用例来捕获用户的需求。用例图从用户的角度来描述系统的功能。通过用例建模,描述对系统感兴趣的外部角色及其对系统的功能要求。

(2) 系统分析。分析阶段主要关心问题域中的主要概念,如对象、类等,需要识别这些类以及它们之间的关系,并用类图来描述系统的静态结构。为了实现用例,对象之间需要协作,可以用动态模型的状态图、顺序图、通信图和活动图描述系统的动态特征。在分析阶段,只为问题域的对象建模,不考虑软件系统中类的定义和细节,如用户接口等。

(3) 系统设计。在分析阶段得到的分析模型基础上,定义软件系统中的技术细节用到的类,如加入新的边界类(系统与用户交互的接口类)、处理数据的类、处理对象交互的控制类。

(4) 系统实现。该阶段是用面向对象编程语言将设计阶段的类转换成实际的代码。用构件图描述代码构件的物理结构以及构件之间的关系。用部署图来描述系统中的软件和硬件的物理结构,也就是将开发完成的软件如何部署到硬件节点上。

(5) 系统测试。系统开发前几个阶段建立的 UML 模型可作为测试阶段的依据。可以使用类图进行单元测试;使用构件图和协作图进行集成测试;使用用例图进行确认测试。

UML 的目标是以图形的方式来描述任何类型的系统,具有很广的应用领域。其中最常用的是建立软件系统的模型,也可以描述非软件领域的系统,如机械系统、企业机构、业务过程、实时的工业系统和工业过程等。

总之,UML 是一个通用的标准建模语言,可以对任何具有静态结构和动态行为的系统进行建模。

10.2.2 UML 概念模型

1. UML 的构成

UML 主要由 3 大部分组成,第一部分是构造元素,包含 UML 建模的基本元素、关系和图,这 3 种元素代表了软件系统或业务系统中的某个事物或事物间的关系。第二部分是规则,规则是对软件系统或业务系统中某些事物的约束或规定。第三部分是公共机制,包括规格说明、扩展机制、修饰和通用划分;公共机制的引入是为了使 UML 整个模型更加具有一致性。

2．UML 的构造元素

（1）基本元素

构造元素中的基本元素又可细分为结构元素、行为元素、分组元素和注释元素。结构元素常用名词表示；它定义了业务系统或软件系统的物理元素，描述了事物的静态特征；结构元素包括类、接口、用例、主动类、协作、构件和节点。行为元素描述业务系统或软件系统中事物之间的交互或事物的状态变化；行为元素描述了事物的动态特征，用动词表示；行为元素包括交互、状态和活动。分组元素是为了对模型元素进行有效的管理和组织，可通过"包"来实现这一目标。注释元素是用来对其他元素的解释，使模型更容易阅读和理解。

（2）关系

构造元素中的关系说明了多个模型元素在语义上的相关性，主要有 4 大类关系，分别是关联关系、依赖关系、泛化关系和实现关系。关联关系表示两个类之间存在一定的语义上的联系，它是所有关系中语义最弱的，也是最通用的关系。依赖关系是指若某个元素 X 被修改后，另一个元素 Y 也会被修改，则称元素 Y 依赖于元素 X。泛化关系描述了从特殊事物到一般事物之间的关系。实现关系主要是用来表示接口和实现接口的类或者构件之间的联系。

（3）UML 的图

基本元素描述了事物，关系描述了事物间的关系。多个事物通过关系连接在一起，就构成了图。图描绘了系统某一方面的特征。UML 中的图主要分为：类图、对象图、构件图、部署图、包图、用例图、活动图、状态图、交互图。

3．UML 的规则

规则是对软件系统或业务系统中某些事物的约束或规定。在 UML 中不能将 UML 的构造元素简单地按随机的方式堆放在一起形成模型；结构良好的模型应该在语义上是一致的，并且与所有的相关模型协调一致；因此构造元素在使用时应遵守一系列规则，其中最常用的 3 种语义规则是命名、范围和可见性。命名是为事物、关系和图起名字。范围是使名字具有特定含义的语境。可见性是怎样让其他人使用或看见名称。

4．UML 的公共机制

在 UML 中，定义了 4 种公共机制：规格描述、修饰、通用划分和扩展机制。

（1）规格描述。规格描述又称为详述。在 UML 语言中，每个元素都用一个图形符号来表示，同时对每一个 UML 图形符号都应该有一个规格描述，即对图形符号的语义用详细的文字进行描述。通常 UML 的图形用来对系统进行可视化，UML 的规格描述用来说明系统的细节。

（2）修饰。在 UML 中，基本元素的符号对事物最重要的方面提供了可视化表示，若要把细节方面表示出来，则必须通过对元素进行修饰。如用斜体字表示抽象类。

（3）通用划分。UML 通用划分就是对 UML 元素进行分类。第一种分类是对象与类的划分，类是对象的抽象，而对象是类的实例。第二种分类是接口和实现的划分，接口是一个声明，而实现则负责执行接口的声明。

（4）扩展机制。由于 UML 已存在或已定义的元素不能表示所有的事物，因此需要通过一些方法对已有元素进行扩展，主要的扩展机制有构造型、标记值和约束。构造型就是指构造一种新的 UML 元素符号，表示方法是在使用 UML 中已经定义元素的基础上，用符号"≪≫"将构造名称括起来，如≪异常≫。除了这种表示方法外，还有两种表示方法，一种是直接用符号"《》"将构造名称括起来,并为元素增加一个图标;另一种方法是用户直接用一个图标表示新的构造元素。标记值是对元素属性的表示,标记信息通常由名称、分隔符和值组成。约束是用来标识元素之间的约束条件的,是用来增加新的语义或改变已存在规则的一种机制。一个约束由一对花括号括起来的约束内容构成,即为{约束内容};约束内容用自然语言或其他常见的设计语言来描述所表示的约束条件。约束要放在相关元素附近。

10.2.3　用例图

1. 用例图的作用

用例图主要用来描述用户的功能需求。UML 侧重从最终用户的角度来理解软件系统的需求,强调谁在使用系统、系统可以完成哪些功能。

2. 用例图的组成元素

用例图的组成元素包括参与者、用例、关系。

（1）参与者

参与者是为了完成某个任务而与系统进行交互的实体。参与者是用户相对系统而言所扮演的角色。参与者的图形表示是一个"小人",在其旁边标注参与者的名字,也可以采用构造型来表示。参与者图形表示如图 10.2(a)所示。

（2）用例

用例是用户与计算机之间为达到某个目的而进行的一次交互作用,即系统执行的一系列动作。动作执行的结果能被指定的参与者见到。用例是参与者可以感受到的系统服务和功能。用例的图形表示为一个椭圆,椭圆中或椭圆下方标注用例名。用例的表示如图 10.2(a)所示。

（3）关系

用例图中的关系包括参与者间的关系、用例和参与者间的关系、用例间的关系。

参与者之间的关系一般表现为特殊/一般化关系,即泛化关系。泛化关系用带空心三角箭头的实线表示。参与者之间的泛化关系表示如图 10.2(b)所示。

参与者和用例之间是关联关系,表示了参与者与用例间的通信,用一条带箭头的实线表示,多数情况下是由参与者指向用例。参与者和用例之间的关联关系表示如图 10.2(a)所示。

用例之间有 3 种关系:包含关系、扩展关系和泛化关系。包含关系用构造型《include》表示,它是指基用例在它内部的某一个位置上显式地合并了另一个用例的行为。基用例执行时必须执行包含用例,否则,基用例是不完整的,包含用例不是孤立存在的,它仅作为基用例的一部分出现。包含关系的箭头是从基用例指向包含用例的。如图 10.2(c)表示,"处理借阅"用例包含"检查用户的合法性"用例。扩展关系用构造型《extend》表示(箭头方向是从扩展用例指向基用例的),它表示基用例在某个条件成立时,合并执行扩展用例。基用例独立于扩展用例而存在,只是在特定的条件下,它的行为可以被另一个用例所扩展。如图 10.2(c)表示,"收取罚金"用例扩展"处理归还"用例。用例的泛化就是指父用例的行为被子用例继承或覆盖。如图 10.2(c)表示,"处理银行卡结账"用例和"现金结账"用例泛化"收取罚金"用例。

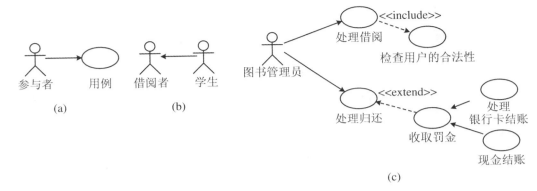

图 10.2 用例图的组成元素

10.2.4 类图

1. 类图的作用

类是对象类的缩写。类描述具有相似或相同性质(属性)的一组对象。类中对象有相同的属性、行为。

建立类图是整个软件分析和开发中最为重要的一个环节。通常,类的建模有两个目的。一是建立类与类之间的功能关系的模型,即域模型(Domain Model),域模型解决的是功能性需求问题。二是建立类与类之间的松耦合关系的模型,即设计模型(Design Model),设计模型是在域模型的基础上解决软件的质量问题,即非功能需求问题。

类图是由类、类之间的关系和约束构成的。

2. 类

类由一个矩形表示,它包含 3 栏,在每栏中分别写入类的名称、类的属性和类的操作。类的表示如图 10.3 所示。

图 10.3 类的符号

(1) 属性定义

属性是类中对象所具有的数据值,每个属性名后可附加一些说明。类的属性在类的矩形框的第二栏,定义形式如下:

可见性/属性名:属性的类型[多重性] = 缺省值{约束特性}

可见性(Visibility):表示该属性对类外的元素是否可见,不同的属性具有不同的可见性,常用的可见性有公有、私有、受保护 3 种,分别用" + "" - ""♯"来表示。

"/":表示当前属性是导出属性,是可通过类的其他属性计算得出的。

① 属性名:一个字符串,表示属性的名字。

② 属性的类型:用冒号分隔属性名和属性的类型。可定义属性的种类如:整型、实型、

布尔型等。

③ 多重性(Multiplicity):指明该属性类型有多少个实例被当前属性引用。

④ 缺省值:属性的初始值。

⑤ 约束特性:表示对属性的约束和限制,通常是用"{}"括起的布尔类型的表达式。

(2) 操作定义

操作是类中对象所使用的一种功能或变换。类中的各对象可以共享操作,操作的行为取决于其目标所归属的类,对象"知道"其所归属的类,因而能正确地实现该操作。类的操作(Method)说明了类能够做什么。在类的矩形框的第三栏,用以下语法来描述类的每个操作:

可见性/操作的名字(参数列表):操作的返回值类型 {特性}

① 可见性:操作的可见性用"+""♯""~"或"-"表示 public,protected,package 或 private 级别的可见性。

② 操作名:表示操作的名字为一个字符串。

③ 参数列表:有若干个参数,参数之间用逗号分开,每个参数的形式为:参数名:类型。如果该方法没有参数,则参数列表可以省略,但空括号还要保留。

④ 操作的返回值类型:表示该操作返回结果的类型。

⑤ 特性:表示对该操作的约束,或说明操作的合法返回值。

这里特别注意,在实际应用中,只有类名是类图中唯一不可缺少的部分,而类的属性和方法都可以根据具体需要来决定是否表示在矩形框内。如果需要,还可以向类图中增加其他栏用于表示其他预定义或者用户定义的模型特性,如用于说明类的职责。

3. 关系

类间关系分为 5 种,它们是依赖关系、泛化关系、关联关系、聚集关系、实现关系。

(1) 依赖关系

依赖关系表示两个或多个类元素之间语义上的关系,客户元素以某种形式依赖于提供者元素。大多数情况下,依赖关系体现在某个类的方法使用另一个类的对象作为参数。

(2) 泛化关系

泛化关系也称继承关系。它是类之间的一般与特殊的关系,如公交车类是汽车类的子类。继承关系也称父类和子类的关系,各子类继承了父类的性质,各子类的一些共同性质和操作又归纳到父类中。继承关系的符号表示是在类关联的连线上加一个小三角形,如图 10.4 所示。

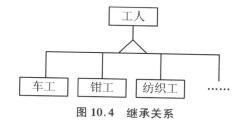

图 10.4 继承关系

(3) 关联关系

关联关系表示类之间的某种语义联系。关联关系用实线来表示。

关联关系是比较抽象的高层次关系,因此为了对关联进一步具体化,需要了解关联的属性,关联的属性包括名称、角色、多重性、限定符和导航。

关联的名称应该选用一个动词词组,主要为了方便阅读。

角色规定了类在关联关系中所起的作用,通常用名词来表示。角色为关联的端点,说明类在关联中的作用和角色。不同类之间的关联角色可有可无,同类的关联角色不能省略。角色的表示如图 10.5 所示。

(a) 关联的角色表示   (b) 关联的角色的例子

图 10.5　关联的角色的表示

多重性是指一个类的多个对象与另一个类的一个对象相关,多重性可用一个单一的数字或一个数字序列表示。在关联线的端点用特定的符号表示多重性,小实心圆表示"多个",从零到多;小空心圆表示零个或一个,没有符号表示的是一对一关联。关联的多重性表示如图 10.6 所示。

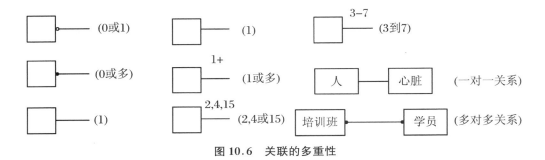

图 10.6　关联的多重性

关联的导航性表示关联的方向,在关联的连线上加一个箭头来表示导航。若只在一个方向上存在导航,则称该关联为单向关联;若两个方向上存在导航,则称该关联为双向关联,如果这种关联的方向是双向的,那就不需要任何箭头,则直接用直线将相互关联的类相连。具有关联关系的两个类如图 10.7 所示。

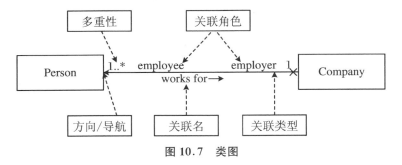

图 10.7　类图

在关联关系中,还有几个方面值得注意。如自关联是指一个类与其自身存在的一种关联关系。另外限定关联是一对多或多对多关联的另一种表示形式,它通过添加限定符来明确标识和鉴别在这个关联关系的另一方出现的多个对象中的每一个对象。限定关联用关联的连线一端加入一个小矩形框来表示,小矩形框内标注限定词。

链表示对象间的物理与概念的联结，关联关系表示类之间的一种关系，就是一些可能的链的集合。正如对象与类的关系一样，对象是类的实例，类是对象的抽象。而链是关联的实例，关联是链的抽象。关联和链都是用一条实线表示。图 10.8 表示了关联和链的例子。

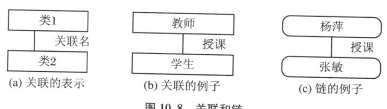

图 10.8　关联和链

（4）聚集关系

在关联关系中有一种比较特殊的关系：聚集关系。聚集关系是一种"整体－成员"关系，在这种关系中，有整体类和成员类之分。聚集关系包括组合关系和聚合关系两种，这两种关系都描述了整体和部分的关系，但是组合关系的整体和部分的联系紧密性强于聚合关系。聚集的符号是在关联的整体类端多了一个菱形框，用实心的菱形箭头表示组合，用空心的菱形表示聚合，菱形箭头指向整体。聚集关系如图 10.9 所示。

图 10.9　聚集关系

（5）实现关系

实现关系表示类与被该类实现的接口之间的关系。

10.2.5　状态图

1. 状态图的作用

状态图用来描述一个特定的对象在其生命周期中所有可能的状态，以及由于各种事件的发生而引起的状态之间的转移和变化。状态图通常是对类描述的补充，强调一个对象按事件次序发生的行为。

2. 状态图的组成元素

状态图由状态和转移组成。一个对象的状态是指对象所拥有的属性值，状态是对象属性值的一种抽象，状态指明了对象对输入事件的响应。状态具有时间性和持续性。事件是指定时刻和位置所发生的对对象起作用的事情，是某事物发出的信号，它没有持续时间，是一种相对性的快速事件。事件的发生将引起一些动作，使对象发生状态的转移。

状态分为中间状态、初始状态和终止状态。中间状态表示对象处于生命周期的某一个位置并执行相关的活动或动作；初始状态表示激活一个对象，并开始对象生命周期的历程；终止状态表示对象完成生命周期的状态转换的所有活动，结束对象生命周期的历程。一个状态图可以有一个初始状态和零个或多个终止状态。

状态图的结点是状态，结点用圆角框表示，圆角框内有状态名。

状态间的转移是指一个状态向另外一个状态的转换。对象处在源状态时，发生一个事件，如果条件满足，则执行相应的动作，对象由源状态转移到目标状态。状态间的转移用带

箭头的直线连接两个状态,在转移上可标注转移的事件、条件、动作等,其格式为:

事件名(参数表)[条件]/动作表达式

标有事件的带箭头的连线(弧)是状态的转移,箭头的方向表示转换的方向。转移的箭头指向接收事件后的目标状态。当一个状态遇到一个事件后,在转换到另一个状态时,有时需要满足某种条件才能完成转换,这时条件可作为转换的监护,只有当监护条件成立时,事件发生后才能引起该转移。另外,对象在事件的作用下,当满足监护条件时会执行一定的动作,进入另一个状态。状态图的图形符号表示如图 10.10 所示。

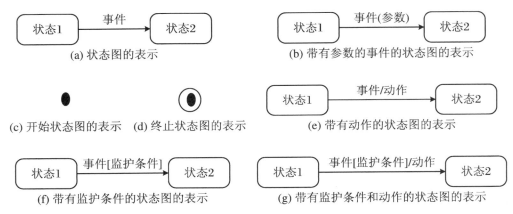

图 10.10　状态图的图形符号

图 10.11 给出了图书管理系统中的借阅者账户状态图。

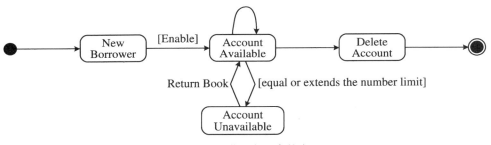

图 10.11　借阅者账户状态图

10.2.6　时序图

1. 时序图的作用

时序图常用来描述用例的实现,它表明了由哪些对象通过消息相互协作来实现用例的功能。在时序图中,标识了消息发生交互的先后顺序。可以为用例事件流的各种不同形式建立时序图。

2. 时序图的组成元素

时序图中的组成元素包括对象、生命线、控制焦点、消息。图 10.12 是"某图书管理系统"中"借阅者查询图书"用例的时序图。在图 10.12 中 Borrower(借阅者)为参与者对象,SeachBookWindow(查询图书界面)、Book(图书)是参与交互的对象;每个对象都带有一条生命线(用虚线表示);对象被激活时,生命线上会出现一个窄长矩形,又称控制焦点。消息表示了对象间的通信,消息由一个对象的生命线指向另一个对象的生命线,消息有多种类型,图 10.12 中表示的消息有单向箭头表示的简单消息和虚线表示的返回消息。

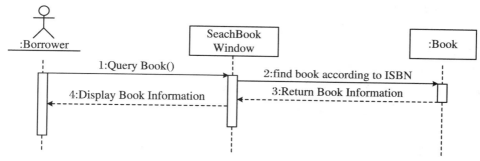

图 10.12 "借阅者查询图书"用例的时序图

10.3 面向对象分析

10.3.1 面向对象分析概述

1. 任务

面向对象分析(Object-Oriented Analysis,简称 OOA)是按照面向对象的思想来分析问题。OOA 的意图是定义所有和被求解的问题相关的类,为了达到这个目标,必须完成以下任务:① 必须在客户和软件工程师之间沟通了解基本的用户需求;② 必须标识类(定义属性和方法);③ 必须刻画类层次;④ 表示对象—对象关系(对象连接);⑤ 必须建模对象行为;⑥ 任务①～⑤递进地反复使用,直至完成建模。

2. 建立分析模型的 5 个基本原则

建立分析模型的 5 个基本原则是:① 建模信息域;② 描述模块功能;③ 表示模型行为;④ 分解此模型显示更多细节;⑤ 早期模型表示问题的本质,而后期模型提供实现细节。

3. OMT 方法

OMT 是 Object Modeling Technology 的缩写,意为对象建模技术。1991 年,James Rumbaugh 在《面向对象的建模与设计》一书中提出了面向对象分析与设计 OMT 方法。它从 3 个方面对系统进行建模,每个模型从一个侧面反映系统的特性,3 个模型分别是:对象模型、动态模型和功能模型。

OMT 是一种软件工程方法学,OMT 方法用一致的概念和图示贯穿于软件开发的整个生存周期。它覆盖了问题构成、系统分析、系统设计和系统实现等阶段。OMT 以面向对象思想为基础,通过建立 3 种模型构成对系统的完整描述。其中,对象模型代表了系统的静态的、结构方面的特性,由系统中的对象及其关系组成;动态模型描述系统中对象对事件的响应及对象间的相互作用;功能模型则确定对象值上的各种变换及变换上的约束。

3种模型分别从3个不同但又密切相关的角度模拟目标系统。对象模型描述静态结构，定义做事情的实体，对象模型是最重要、最基本、最核心的。功能模型描述处理（数据变换），指明系统应"做什么"。动态模型描述交互过程，规定什么时候做。

在软件开发的生存周期中，这3种模型都在逐渐发展。在系统分析阶段，确定一个系统"干什么"的模型，这时需要基于问题和用户需求的描述，建立不考虑最终实现的应用域模型；分析阶段的产物有：① 问题描述；② 对象模型 = 对象模型图 + 数据词典；③ 动态模型 = 状态图 + 全局事件流图；④ 功能模型 = 数据流图 + 约束。在系统设计阶段，确定整个系统的体系结构。以对象模型为指导，系统可由多个子系统组成，把对象组织成聚集并发任务而反映并发性，对动态模型中处理的相互通信、数据存储及实现要制定全面的策略。在对象设计阶段，基于分析模型和系统的体系结构等添加实现细节，完成系统设计。在系统实现阶段，将设计转换为特定的编程语言或硬件，同时保持可追踪性、灵活性和可扩展性。

OMT方法具有以下特点：开发重点在分析阶段，强调数据结构而不是功能，形式化描述能力强，开发步骤的衔接良好，具有重复性的开发过程。

4. 单一职责原则

单一职责原则（Single Responsibility Principle，SRP）又称单一功能原则，是面向对象的5个基本原则（SOLID）之一。它规定一个类应该只有一个发生变化的原因。该原则由Robert C. Martin于《敏捷软件开发：原则、模式和实践》一书中给出，他表示此原则是基于Tom DeMarco和Meilir Page-Jones的著作中的内聚性原则发展出的。

所谓职责是指类变化的原因。如果一个类有多于一个的动机被改变，那么这个类就具有多于一个的职责。而单一职责原则就是指一个类或者模块应该有且只有一个改变的原因。

一个类，只有一个引起它变化的原因，应该只有一个职责。每一个职责都是变化的一个轴线，如果一个类有一个以上的职责，这些职责就耦合在了一起。这会导致脆弱的设计。当一个职责发生变化时，可能会影响其他的职责。另外，多个职责耦合在一起，会影响复用性。例如，要实现逻辑和界面的分离。此原则的核心就是解耦和增强内聚性。

OO方法强调围绕对象而不是功能来构造系统。对象模型是OMT方法论中最重要的部分，动态模型、功能模型都将依次而建立。OOA的步骤通常为：需求陈述，寻找类与对象，识别结构，划分主题，定义属性，建立动态模型，建立功能模型，定义服务。

10.3.2　建立对象模型

对象模型描述了系统的静态结构，它是从客观世界实体的对象关系角度来描述的，表现了对象的相互关系。该模型描述了系统中对象的结构，即对象的标识、对象之间的关系、对象的属性和操作。对象模型为动态模型和功能模型提供了重要的框架，因为只有当事物变化时，动态模型和功能模型才有存在的意义。

复杂问题的对象模型通常由5个层次组成：主题层、类与对象层、结构层、属性层和服务层，如图10.13所示。主题是指读者理解大型、复杂模型的一种机制。通过划分主题把一个大型、复杂的对象模型分解成几个不同的概念范畴。主题从一个相当高的层次描述总体模型，并对读者的注意力加以指导。

建立对象模型的步骤如下:寻找类与对象,识别结构,识别主题,定义属性,建立动态模型,建立动态模型,定义服务。大型、复杂系统的模型需要反复构造多遍才能建成。

图 10.13　复杂问题的对象模型的 5 个层次

1. 确定类与对象

(1)发现对象

对象就是应用领域中有意义的事物。对象建模的目的就是描述对象,把对象定义成问题域的概念、抽象或者具有明确边界和意义的事物。

主要策略如下:① 考虑问题域:人员、组织、物品、设备、事件;② 考虑系统边界:人员、设备、外系统;③ 考虑系统责任。

(2)审查和筛选:舍弃无用的类;对象的精简:① 只有一个属性的对象、只有一个服务的对象;② 推迟到 OOD 考虑的对象。

(3)建立数据字典

为所有模型实体准备一个数据字典,精确描述每一个对象类,包括:成员、约束、关联、属性、操作。

2. 识别结构

① 确定关联:初步确定关联,筛选,进一步完善;② 识别继承关系:利用继承机制共享公共性质,并对系统中众多的类加以组织。

3. 划分主题

在开发大型、复杂系统的过程中,为了降低复杂程度,在概念上把系统包含的内容分解成若干个范畴。应该按问题领域而不是用功能分解方法来确定主题。此外应该按照使不同主题内的对象相互之间依赖和交互最少的原则来确定主题。图 10.14 是一个 ATM 对象模型的主题。

4. 定义属性及实例连接

在分析阶段不要用属性来表示对象间的关系,使用关联能够表示两个对象间的任何关系,而且把关系表示得更清晰、更醒目。

一般来说,确定属性的过程包括分析和选择两个步骤。

5. 定义服务及消息连接

通过对对象行为进行分类,识别对象的主动行为。通过从事件导出的操作和从数据流图中处理框对应的操作可以发现新服务。最后对以上得到的服务进行审查与调整就可以定义出应有的服务。

服务的详细说明包括:服务解释、消息协议、消息发送、约束条件、服务流程图。

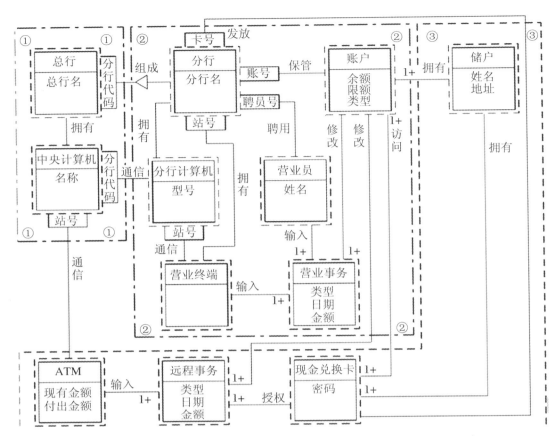

图 10.14　ATM 对象模型的主题

10.3.3　建立动态模型

　　动态模型描述系统中与时间和变化有关的方面以及操作执行的顺序,包括引起变化的事件、事件的序列、定义事件序列上下文的状态以及事件和状态的主次。动态建模中的主要概念是事件和状态。动态模型由多个状态图组成。

　　1. 编写脚本

　　脚本(也叫场景)是系统某一次特定运行时期内发生的事件序列。脚本描述用户(或其他外部设备)与目标系统之间的一个或多个典型的交互过程。编写脚本时,要分别编写正常情况的脚本和出错情况的脚本。对于每个事件,都应该指明触发该事件的动作对象、接受事件的目标对象和该事件的参数。

　　2. 设想用户界面

　　大多数交互行为都可以分为应用逻辑和用户界面两部分。动态模型着重表示应用系统的控制逻辑。开发人员往往快速地建立起用户界面的原型,供用户试用与评价。

　　3. 画时序图

　　时序图描述了对象之间传递消息的时间顺序,它用来表示用例的行为顺序。从脚本中提取出各类事件并确定了每类事件的发送对象和接受对象之后,就可以用时序图把事件序列及对象与事件的关系,形象、清晰地表示出来。图 10.15 是一个简化的时序图,即事件跟踪图。

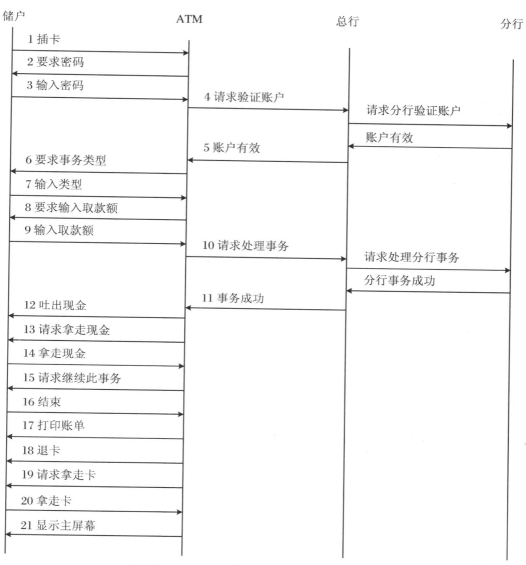

图 10.15 ATM 系统正常情况脚本的事件跟踪图

4. 画状态图

状态图描绘事件与对象状态的关系。它是状态和事件的网络,侧重描述每一类对象的动态行为。它用来描述系统与时间相关的动态行为,即系统的控制逻辑,表现对象彼此间经过相互作用后,随时间改变的不同运算顺序。动态模型以"事件"(Events)和"状态"(States)为其模型的主要概念,动态模型以状态图形式呈现,图 10.16 是一个 ATM 类的状态图。

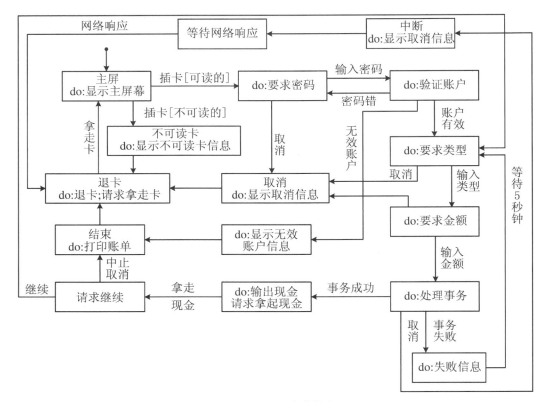

图 10.16　ATM 类的状态图

10.3.4　建立功能模型

功能模型用来描述系统中数据的变换,它描述了系统内的计算和功能,表示怎样从输入值得到输出值,包括函数、映射、约束和功能性依赖。

在 UML 体系中,用用例图来建立功能模型,但在实践中常常用数据流图来建立功能模型。

1. 用例建模

用例建模主要包括两个步骤:寻找行为者,寻找用例。图 10.17 是一个自动售货机系统的用例图。

2. 数据流图建模

数据流图表示数据流是如何从外部输入,经过操作和内部存储输出到外部的。DFD 不表示控制或对象结构信息,这些分别属于动态模型和对象模型。功能是由动态模型的动作引起,并在对象模型里表示对对象的操作。

一个 DFD 包括处理、数据流、动作对象和数据存储。

(1) 处理:用来改变数据值,最低层次的处理就是一个纯粹的函数。处理的表示法如图 10.18(a)所示,用椭圆表示处理,椭圆中标注处理名,各处理均有输入流和输出流,各箭头上方标识出输入/输出流。

(2) 数据流:数据流连接一个对象或处理的输出到另一个对象或处理的输入。在一个计算中,用数据流表示中间数据值,数据流不能改变数据值。数据流用箭头来表示,方向从

数据值的产生对象指向接收对象,箭头上方标注该数据流的名字。数据流的表示法如图
10.18(b)所示。

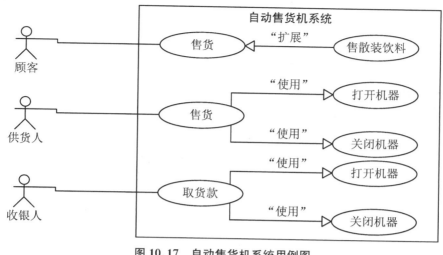

图 10.17 自动售货机系统用例图

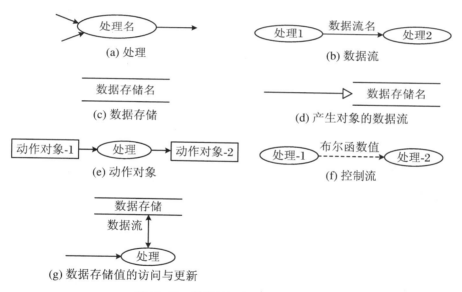

图 10.18 数据流图的图形符号记法

（3）动作对象：动作对象通过生成或使用数据值来驱动数据流图。动作对象为数据流图的输入/输出流的产生对象和接收对象,位于数据流图的边界,作为输入流的源点或输出流的终点。动作对象用长方形表示,动作对象和处理之间的箭头线表明了该图的输入/输出流。动作对象的表示法如图 10.18(e)所示。

（4）数据存储：数据存储用来存储数据。数据存储用两条平行线段来表示,线段之间写明存储名。数据存储的表示法如图 10.18(c)所示,数据储存值的访问和更新表示法如图10.18(g)所示。数据存储也是对象,有些数据流也是对象,把对象看成是单纯的数值和把对象看成是包含有很多值的数据存储,这两者是有差异的。在数据流图中,用空三角来表示产生对象的数据流,如图 10.18(d)所示。

（5）控制流：一个裁决影响了一个或多个处理的执行，这是动态模型的控制方面的问题。将裁决信息包含在功能模型中，这样可以显示出数据的依赖性。在数据流图中的控制流专门负责这方面的问题。控制流是一个布尔函数值，它影响了哪一个处理被执行。控制流的表示如图10.18(f)所示。

功能模型包含了众多的有明确操作意义和约束条件的数据流图（DFD）。数据流图中的处理最终必须用对象的操作来实现，各个最底层的原子处理就是一个操作。

数据流图是从开发人员的角度去看问题，而用例图是从用户的角度去看问题，以此保证与用户需求最大的吻合。数据流图只是描述了数据在整个处理过程中的变迁，但无法涉及数据与对象的抽象，封装，多态等面向对象的特征。通过用例产生的时序图、交互图等产品，能够发现数据、对象、功能，以及它们之间的关系，并在此基础上进行抽象，提高软件产品的扩展性与重用性。

OMT 的 3 种模型描述的角度不同，却又相互联系。对象模型描述了动态模型、功能模型所操作的数据结构。对象模型中的操作对应于动态模型中的事件和功能模型中的函数。动态模型描述了对象的控制结构，告诉我们哪些决策是依赖于对象值，哪些引起对象的变化，并激活了功能。功能模型描述了由对象模型中操作和动态模型中动作所激活的功能，而功能作用在对象模型说明的数据上，功能模型还表示对对象值的约束。用一句话来概括三种模型之间的关系：功能模型指明了系统应该做什么，动态模型规定了什么时候做，对象模型定义了做事情的实体。

10.4 软件重用

10.4.1 软件重用概述

1. 重用

软件重用（Software Reuse，又称软件复用）是利用事先建立好的软构件创建新软件系统的过程。换句话说，软件重用是指在两次或多次不同的软件开发过程中重复使用相同或相似软件元素的过程。软件元素包括程序代码、测试用例、设计文档、设计过程、需求分析文档甚至领域知识。通常，可重用的元素也称作软构件，可重用的软构件越大，重用的粒度越大。

2. 软件重用的意义

使用软件重用技术可以减少软件开发活动中大量的重复性工作，这样就能提高软件生产率，降低开发成本，缩短开发周期。同时，由于软构件大都经过严格的质量认证，并在实际运行环境中得到校验，因此，重用软构件有助于改善软件质量。此外，大量使用软构件，软件的灵活性和标准化程度也有望得到提高。

3. 软件重用的级别

（1）知识重用。例如，软件工程知识的重用。

（2）方法和标准的重用。例如，面向对象方法或国家制定的软件开发规范的重用。

（3）软件成分的重用。软件成分的重用包括代码重用、设计重用和分析重用。

为了能够在软件开发过程中重用现有的软部件,必须在此之前不断地进行软部件的积累,并将它们组织成软部件库。这就是说,软件重用不仅要讨论如何检索所需的软部件以及如何对它们进行必要的修剪,还要解决如何选取软部件、如何组织软部件库等问题。因此,软件重用,通常要求软件开发项目既要考虑重用软部件的机制,也要系统地考虑生产可重用软部件的机制。这类项目通常被称为软件重用项目。

4. 软件重用的成分

　　可被重用的软件成分主要有:项目计划,成本估计,体系结构,需求模型和规格说明,设计,源代码,用户文档和技术文档,用户界面,数据,测试用例。

10.4.2　类构件

　　按照软件重用所应用的领域范围,把重用划分为两种:横向重用和纵向重用。横向重用是指重用不同应用领域中的软件元素,例如数据结构、分类算法、人机界面构件等。标准函数库是一种典型的原始的横向重用机制。纵向重用是指在一类具有较多公共性的应用领域之间进行软部件重用。因为在两个截然不同的应用领域之间实施软件重用非常困难,潜力不大,所以纵向重用才广受瞩目,并成为软件重用技术的真正所在。

1. 可重用类构件的特点

　　(1) 可靠:经过反复测试,被确认是正确的;具备一定的健壮性。

　　(2) 模块独立性强:具有单一、完整的功能;应该是不受,或较少受外界干扰的封装体。

　　(3) 具有高度的可塑性:具备适应特定需求而扩充或修改已有构件的机制;修改或扩充相对简单。

　　(4) 接口清晰,简明:要有详尽的文档;方便用户使用。

2. 类构件的重用方式

　　(1) 实例重用:按照需要创建类的实例,向所创建的实例发送适当的消息,启动相应的服务。

　　(2) 继承重用:在子类继承父类的属性和服务的基础上,对父类进行裁剪或修改并添加新的成员。

　　(3) 多态重用:根据接收消息的对象类型,由多态性机制启动正确的方法,去响应一个一般化的消息,从而简化了消息界面和软构件连接过程。

3. 类构件实例

　　提供广泛使用的类构件的组织及它们的产品或者技术如下:

OMG　　　　　　　　　CORBA(Common Object Request Broker Architecture)

Microsoft　　　　　　　OLE/COM　COM+　DCOM　.NET

SUN　　　　　　　　　Java/RMI　EJB

IBM/BEA　　　　　　　Web Service、SOA

　　基于构件的开发(Component-Based Development)可以大大提高开发效率、降低成本和提升软件质量。

10.5　面向对象设计

10.5.1　系统设计概述

面向对象设计(Object-Oriented Design,简称 OOD)方法是 OO 方法中的一个中间过渡环节,其主要作用是对 OOA 分析的结果做进一步的规范化整理,以便能够被 OOP 直接接受。OOD 的目标是管理程序内部各部分的相互依赖。为了达到这个目标,OOD 要求将程序分成块,每个块的规模应该小到可以管理的程度,然后分别将各个块隐藏在接口(Interface)的后面,让它们只通过接口相互交流。

设计复杂的系统时,首先把系统分解成若干个较小的子系统,然后再分别设计每个部分。各个子系统之间应该具有简单、明确的接口,尽量减少子系统彼此间的依赖性。

面向对象设计模型由 4 个部分组成:问题域模型、人机交互模型、控制域模型和数据库模型。在不同的软件系统中,这 4 个部分的重要程度和规模可能相差很大。

把子系统组织成完整的系统时,有水平层次组织和垂直块组织两种方案。层次结构又分为封闭模式和开放模式。此外,还有层次和块相结合的混合结构。系统拓扑可以采取管道—过滤器或者黑板等。

10.5.2　问题域设计

对 OOA 结果按实现条件进行补充与修改就是问题域部分。进行问题域部分设计,要继续运用 OOA 的方法,包括概念、表示法及一部分策略。不但要根据实现条件进行 OOD 设计,而且由于需求变化或新发现了错误,也要对 OOA 的结果进行修改。OOA 未完成的细节定义要在 OOD 完成。

具体的补充与修改有以下这些:① 为复用类而增加结构;② 提高性能;③ 增加一般类以建立共同协议;④ 按编程语言调整继承;⑤ 转化复杂关联决定关系的实现方式;⑥ 调整与完备属性;⑦ 构造和优化算法;⑧ 决定对象间的可访问性;⑨ 定义对象实例。

10.5.3　用户界面设计

人机交互部分是 OOD 模型的组成部分之一,突出人如何运行系统以及系统如何向用户提交信息。把人机交互部分作为系统中一个独立的组成部分,进行分析和设计,有利于隔离界面支持系统的变化对问题域部分的影响。设计人机交互就是要设计输入与输出,其中包含的对象以及其间的关系构成了人机交互的模型。

1. 设计输入与输出

(1) 设计输入:确定输入设备;设计输入界面;输入步骤的细化、输入设备的选择、输入信息表现形式的选择(命令,数据)。

(2) 设计输出:确定输出设备;确定输出的内容和形式;输出步骤的细化、输出设备的选择、输出信息表现形式的选择。

2. 命令的组织

不受欢迎的命令组织方式有：一条命令含有大量的参数和任选项；系统有大量命令，不加任何组织和引导。

命令的组织措施有两种：分解和组合。分解是将一条含有许多参数和选项的命令分解为若干命令步；组合是将基本命令组织成高层命令，从高层命令引向基本命令。

基本命令：使用一项独立的系统功能的命令。

命令步：在执行一条基本命令的交互过程中所包含的具体输入步骤。

高层命令：如果一条命令是在另一条命令的引导下被选用的，则后者称作前者的高层命令。

3. 设计人机交互类

（1）每一种窗口对应于一个类。

（2）在窗口中，按照命令的逻辑层次，部署所需要的元素，如菜单、工作区和对话框等。窗口中的部件元素对应窗口类的部分类，部分类与窗口类形成聚合关系。

（3）发现窗口类间的共性以及部件类间的共性，定义较一般的窗口类和部件类，分别形成窗口类间以及部件类间的泛化关系。

（4）用类的属性表示窗口或部件的静态特征，如尺寸、位置、颜色和选项等。

（5）用操作表示窗口或部件的动态特征，如选中、移动和滚屏等。有的操作要涉及问题域中的类。

（6）发现界面类之间的联系，在其间建立关联。必要时，进一步地绘制用户与系统会话的顺序图。

（7）建立界面类与问题域类之间的联系。有些界面对象要与问题域中的对象进行通信，故要对两者之间的通信进行设计。

10.5.4 任务管理设计

并发性分析要确定哪些是必须同时动作的对象，哪些是相互排斥的对象，动态模型是分析并发性的主要依据。驱动控制设计中常见的任务有事件驱动型任务、时钟驱动型任务、优先任务、关键任务和协调任务等。设计任务管理子系统，包括确定各类任务并把任务分配给适当的硬件或软件去执行。

1. 确定事件驱动型任务

某些任务是由事件驱动的，这类任务可能主要完成通信工作。例如，与设备、屏幕窗口、其他任务、子系统、另一个处理器或其他系统通信。事件通常是表明某些数据到达的信号。

在系统运行时，这类任务的工作过程如下：任务处于睡眠状态（不消耗处理器时间），等待来自数据线或其他数据源的中断，一旦接收到中断就唤醒了该任务，接收数据并把数据放入内存缓冲区或其他目的地，通知需要知道这件事的对象，然后该任务又回到睡眠状态。

2. 确定时钟驱动型任务

某些任务每隔一定时间间隔就被触发以执行某些处理。例如，某些设备需要周期性地获得数据；某些人机接口、子系统、任务、处理器或其他系统也可能需要周期性地通信等。在这些场合往往需要使用时钟驱动型任务。时钟驱动型任务的工作过程如下：任务设置了唤醒时间后进入睡眠状态;任务睡眠(不消耗处理器时间),等待来自系统的中断;一旦接收到了这种中断,任务就被唤醒并完成它的既定工作,通知有关的对象,然后该任务又回到睡眠状态。

3. 确定优先任务

优先任务可以满足高优先级或低优先级的处理需求:

(1)高优先级:某些服务具有很高的优先级,为了在严格限定的时间内完成这种服务,可能需要把这类服务分离成独立的任务。

(2)低优先级:与高优先级相反,有些服务是低优先级的,属于低优先级处理(通常指那些背景处理);设计时可能用额外的任务把这样的处理分离出来。

4. 确定关键任务

关键任务是有关系统成功或失败的关键处理,这类处理通常都有严格的可靠性要求,在设计过程中可能用额外的任务把这样的关键处理分离出来,以满足高可靠性处理的要求。对高可靠性处理应该精心设计和编码,并且应该严格测试。

5. 确定协调任务

当系统中存在 3 个以上任务时,就应该增加一个任务,用它作为协调任务。引入协调任务会增加开销,但引入协调任务有助于把不同任务之间的协调控制封装起来。这个任务仅做协调工作,不承担其他服务工作。

6. 尽量减少任务数

必须仔细分析和选择每个确实需要的任务。应该使系统中包含的任务数尽量少。设计多任务系统的主要问题是,设计者常常为了自己处理时的方便而轻率地定义过多的任务。这样做加大了设计工作的技术复杂度,并使系统变得不易理解,也加大了系统维护的难度。

7. 确定资源需求

使用多处理器,主要是为了满足高性能的需求。设计者必须通过计算系统载荷(即每秒处理的业务数及处理一个业务所花费的时间),来计算所需要的 CPU 等资源的数量。设计者还应该综合考虑各种因素,以决定哪些子系统用硬件实现,哪些子系统用软件实现。

10.5.5 持久化设计

(1)根据应用系统的特点选择数据存储管理模式。

(2)设计数据格式:文件系统、关系数据库管理系统、面向对象数据库管理系统。

(3)设计服务:如果某个类的对象需要存储起来,就在这个类中增加一个属性和服务,用于完成存储对象自身的工作。

10.5.6 对象设计

1. 开闭原则

开闭原则(OCP)是面向对象设计中"可复用设计"的基石,是面向对象设计中最重要的原则之一,其他很多的设计原则都是实现开闭原则的一种手段。对于扩展是开放的,对于修改是关闭的,这意味着模块的行为是可以扩展的。当应用的需求改变时,我们可以对模块进行扩展,使其具有满足那些改变的新行为。也就是说,我们可以改变模块的功能。对模块行为进行扩展时,不必改动模块的源代码或者二进制代码。模块的二进制可执行版本,无论是可链接的库、DLL 或者 EXE 文件,都无需改动。

2. 服务设计

面向对象分析得出的对象模型通常没有详细地描述类中的服务,面向对象设计则要扩充、完善和细化面向对象分析模型。设计类中服务的步骤:① 确定类中应有的服务;② 设计实现服务的算法:选择数据结构、定义内部类和内部操作、考虑算法相关问题、设计算法。

3. 关联设计

关联是联结不同对象的纽带,它指定了对象相互间的访问路径。① 关联遍历:单向遍历、双向遍历。② 关联实现:单向关联、双向关联。③ 关联对象与关联链。

4. 设计优化

优化的方法:① 确定各项质量指标的优先级;② 提高效率:增加冗余关联以提高访问效率、调整查询次序、保留派生属性;③ 调整继承关系:先抽象后具体、修改类定义提高继承程度、利用委托实现行为共享。

10.6　框　　架

10.6.1　框架的概念

无论是理论上还是实用上,代码重用都是编程的一个重要议题。可以从两个角度来讨论代码重用。第一个角度是逻辑上代码以怎样的方式被重用。一种途径是通过面向对象的思想普及以往耳熟能详的继承方式,比如先建了一个车的基类,再从它衍生出轿车、卡车、大客车等子类,基类车的功能就被这些子类重用了。另一种途径是从函数被发明起就一直被使用的组合,例如,我们已经有了轱辘、轴、车斗、木杆等部件,就可以组合出一辆三轮车。第二个角度是实体上代码以怎样的方式被重用。从需要连接的静态库文件、可以动态加载的库到直接引用的脚本文件,都有各自的特点。

从软件设计角度,框架是一个可复用的软件架构解决方案,规定了应用的体系结构,阐明软件体系结构中各层次间及其层次内部各组件间的依赖关系、责任分配和控制流程,表现为一组接口,抽象类以及实例间协作的方法。框架是指对特定应用领域中的应用系统的部分设计和实现子系统的整体结构。框架将应用系统的划分为类和对象,定义类和对象的责任,类和对象如何互相协作,以及对象之间的控制线程。这些共有的设计因素由框架预先定义,应用开发人员只需关注于特定的应用系统的特有部分。框架刻画了其应用领域所共有的设计决策,所以说框架着重于设计复用,同时框架也是一种代码利用,因为它包含用某种程序设计语言实现的具体类。

框架使得我们开发应用的速度更快、质量更高、成本更低,这些好处是不言而喻的。框架源于应用,却又高于应用。

10.6.2 框架设计的原则

设计一个框架最好的方法就是从一个具体的应用开始,以提供同一类型应用的通用解决方案为目标,不断地从具体应用中提炼、萃取框架,然后在应用中使用这个框架,并在使用的过程中不断地修正和完善。一个好的框架设计应当采用了一个非常恰当的权衡决策,以使框架在为我们的应用提供强大支持的同时,而又对我们的应用做更少的限制。权衡从来就不是一件简单的事情,但是有很多框架设计的经验可以供我们参考。

(1) 框架不要为应用做过多的假设

关于框架为应用做过多的假设,一个非常具体的现象就是,框架越俎代庖,把本来是应用要做的事情揽过来自己做。这是一种典型的吃力不讨好的做法。框架越俎代庖,也许会使得某一个具体应用的开发变得简单,却会给其他更多想使用该框架的应用增加了本没有必要的束缚和负担。

(2) 使用接口,保证框架提供的所有重要实现都是可以被替换的

框架终究不是应用,所以框架无法考虑所有应用的具体情况,保证所有重要的组件的实现都是可以被替换的,这一点非常重要,它使得应用可以根据当前的实际情况来替换掉框架提供的部分组件的默认实现。使用接口来定义框架中各个组件及组件间的联系,将提高框架的可复用性。

(3) 框架应当简洁、一致且目标集中

框架应当简洁,不要包含那些对框架目标来说无关紧要的东西,保证框架中的每个组件的存在都是为了支持框架目标的实现。包含过多无谓的元素(类、接口、枚举等),会使框架变得难以理解,尝试将这些对于框架核心目标不太重要的元素转移到类库中,可以使得框架更清晰、目标更集中。

(4) 提供一个常用的骨架,但是不要固定骨架的结构,使骨架也是可以组装的

比如说,如果是针对某种业务处理的框架,那么框架不应该只提供一套不可变更的业务处理流程,而是应该将处理流程"单步"化,使得各个步骤是可以重新组装的,如此一来,应用便可以根据实际情况来改变框架默认的处理流程。这种框架的可定制化能力可以极大地提高框架的可复用性。

(5) 不断地重构框架

如果说设计和实现一个高质量的框架有什么秘诀,答案只有一个:重构,不断地重构。重构框架的实现代码、甚至重构框架的设计。重构的驱动力源于几个方面,比如对要解决的本质问题有了更清晰深入的认识,在使用框架的时候发现某些组件职责不明确、难以使用、框架的层次结构不够清晰等。

10.6.3 框架应用

1. C++框架

MFC:微软基础类库(Microsoft Foundation Classes)是一个微软公司提供的类库,以C++类的形式封装了 Windows API,并且包含一个应用程序框架,以减少应用程序开发人员的工作量。其中的类包含大量 Windows 句柄封装类和很多 Windows 的内建控件和组件

的封装类。MFC 除了是一个类库以外，还是一个框架，在 VC＋＋里新建一个 MFC 的工程，开发环境会自动帮你产生许多文件，同时它使用了 mfcxx.dll。xx 是版本，它封装了 MFC 内核，所以你在你的代码中看不到原本的 SDK 编程中的消息循环等东西，因为 MFC 框架帮你封装好了，这样你就可以专心地考虑你程序的逻辑，而不是这些每次编程都要重复的东西，但是由于是通用框架，没有最好的针对性，当然也就丧失了一些灵活性和效率。但是 MFC 的封装很浅，所以效率上损失不大。

Qt：1991 年由奇趣科技开发的跨平台 C＋＋图形用户界面应用程序开发框架。它提供给应用程序开发者建立艺术级的图形用户界面所需的所有功能。它既可以开发 GUI 程序，也可用于开发非 GUI 程序，比如控制台工具和服务器。Qt 是面向对象的框架，使用特殊的代码生成扩展（称为元对象编译器（Meta Object Compiler，MOC））以及一些宏，易于扩展，允许组件编程。2008 年，奇趣科技被诺基亚公司收购，Qt 也因此成为诺基亚旗下的编程语言工具。2012 年，Qt 被 Digia 收购。2014 年 4 月，跨平台集成开发环境 Qt Creator 3.1.0 正式发布，实现了对于 iOS 的完全支持，新增 WinRT、Beautifier 等插件，废弃了无 Python 接口的 GDB 调试支持，集成了基于 Clang 的 C/C＋＋代码模块，并对 Android 支持做出了调整，至此实现了全面支持 iOS，Android，WP。

2. Java 框架

SSH 在 J2EE 项目中表示了 3 种框架，即 Spring＋Struts＋Hibernate。Struts 主要负责表示层的显示，对 Model、View 和 Controller 都提供了对应的组件。Spring 是一个轻量级的控制反转（IoC）和面向切面（AOP）的容器框架，处理控制业务，它由 Rod Johnson 创建。它是为了解决企业应用开发的复杂性而创建的。Spring 使用基本的 JavaBean 来完成以前只可能由 EJB 完成的事情。Hibernate 是一个开放源代码的对象关系映射框架，它对 JDBC 进行了非常轻量级的对象封装，使得 Java 程序员可以随心所欲地使用对象编程思维来操纵数据库。Hibernate 主要作用是把数据持久化到数据库，可以应用在任何使用 JDBC 的场合，既可以在 Java 的客户端程序使用，也可以在 Servlet/JSP 的 Web 应用中使用，最具革命意义的是，Hibernate 可以在应用 EJB 的 J2EE 架构中取代 CMP，完成数据持久化的重任。

3. Python 框架

Django 是一个开放源代码的 Web 应用框架，由 Python 写成。它采用了 MVC 的软件设计模式，即模型 M、视图 V 和控制器 C。它最初是被开发来用于管理劳伦斯出版集团旗下的一些以新闻内容为主的网站的，并于 2005 年 7 月在 BSD 许可证下发布。这套框架是以比利时的吉普赛爵士吉他手 Django Reinhardt 来命名的。Django 的主要目标是使得开发复杂的、数据库驱动的网站变得简单。Django 注重组件的重用性和"可插拔性"，敏捷开发和 DRY 法则（Don't Repeat Yourself）。在 Django 中 Python 被普遍使用，甚至包括配置文件和数据模型。Django 框架的核心包括：一个面向对象的映射器，用作数据模型（以 Python 类的形式定义）和关联性数据库间的媒介；一个基于正则表达式的 URL 分发器；一个视图系统，用于处理请求；一个模板系统。

10.7 面向对象实现

面向对象程序设计(Object-Oriented Programming,简称 OOP)是一种程序设计范型,同时也是一种程序开发的方法。它将对象作为程序的基本单元,将程序和数据封装其中,以提高软件的重用性、灵活性和扩展性。面向对象程序设计可以看作一种在程序中包含各种独立而又互相调用的对象的思想,面向对象程序设计中的每一个对象都应该能够接收数据、处理数据并将数据传达给其他对象。

10.7.1 面向对象语言

面向对象语言(Object-Oriented Language)是一类以对象作为基本程序结构单位的程序设计语言,指用于描述的设计是以对象为核心,而对象是程序运行时刻的基本成分。语言中提供了类、继承等成分。面向对象语言具有一致的表示方法、可重用性和可维护性等优点。面向对象语言刻画客观系统较为自然,便于软件扩充与复用。

面向对象语言有 4 个主要特点:① 识认性。基本构件可识认为一组可识别的离散对象;② 类别性。具有相同数据结构与行为的所有对象可组成一类;③ 多态性。对象具有唯一的静态类型和多个可能的动态类型;④ 继承性。在具有层次关系的不同类中共享数据和操作。其中,前三者为基础,继承是特色。四者(有时再加上动态绑定)结合使用,体现出面向对象语言的表达能力。

另外,面向对象语言还有这样的一些技术特点:支持类与对象概念的机制,实现整体—部分结构的机制,实现一般—特殊结构的机制,实现属性和服务的机制。进行类型检查的能力,可以使用类库进行高效率的开发,并且得到的程序效率也很高。持久保存对象的能力、参数化类的机制、开发环境等对软件生产率有很大影响。

在选择面向对象语言时,要考虑如下几个因素:将来能否占主导地位,可重用性,类库和开发环境。

10.7.2 程序设计风格

良好的程序设计风格不仅能明显减少维护或扩充的开销,而且有助于在新项目中重用已有的模块代码。在现代的软件工程中,良好的面向对象程序设计风格除了应遵守结构化程序设计风格准则,也包括为适应面向对象方法所特有的概念而必须遵循一些新准则。

1. 提高可重用性

提高软件的可重用性是现代软件设计方法的一个主要目标。软件重用主要有两种形式:外部重用和内部重用。内部重用主要是指利用继承机制共享设计中的相同或相似部分;而外部重用则要求有长远的眼光,需要反复考虑精心设计。为实现这两类重用可采用以下准则:

(1)提高方法的内聚。一个方法(即服务)应该只完成单个功能。如果某个方法涉及两个或多个不相关的功能,则应该把它分解成几个更小的方法。

(2) 减小方法的规模。方法的规模应该尽可能地小。如果某个方法规模过大,则应将其分解成几个更小的方法。

(3) 保持方法的一致性。保持方法的一致性有助于实现代码重用。一般来说,功能相似的方法应该有一致的名字、参数特征(包括参数个数、类型和次序)、返回值的类型、使用条件及出错条件等。

(4) 把策略与实现分开。为了更好地实现重用,可设计两种不同类型的方法:策略方法和实现方法。策略方法负责做出决策,提供变元,并且管理全局资源。实现方法负责完成具体的操作,但却并不做出是否执行这个操作的决定,也不知道为什么执行这个操作。策略方法应该检查系统运行状态,并处理出错情况,它并不直接完成计算或实现复杂的算法。实现方法仅仅针对具体数据完成特定处理,通常用于实现复杂的算法。为提高可重用性,在编程时不要把策略和实现放在同一个方法中。实现方法相对独立于具体应用,因此,在其他应用系统中也可被重用。

(5) 全面覆盖。一个好的方法应该能够处理输入条件的各种组合,而且不仅能够处理正常值,对空值、极限值以及界外值等异常情况也应该能够做出有意义的响应。

(6) 尽量不使用全局信息。不使用全局信息是降低方法与外界耦合程度的一项主要措施。

(7) 利用继承机制。实现共享和提高重用程度的途径主要有:① 在基类中定义公用方法,在派生类中调用;② 将相似方法中不同部分在派生类中以相同的名字定义,并在基类的公用方法中调用;③ 当逻辑上不存在一般—特殊关系时,使用委托来重用已有的代码;④ 把重用的代码封装在类中。

2. 提高可扩展性

上面所述的提高可重用性准则也能提高程序的可扩展性。此外,下列的面向对象程序设计准则也有助于提高可扩展性。

(1) 封装实现策略。为提高以后修改数据结构或算法的自由度,应该把类的实现策略(包括描述属性的数据结构、修改属性的算法等)封装起来,对外只提供公有的接口,否则将降低今后修改数据结构的自由度。

(2) 不要用一个方法遍历多条关联链。一个方法应该只包含对象模型中的有限内容。违反这条准则将导致方法过分复杂,既不易理解,也不易修改扩充。

(3) 避免使用多分支语句。一般说来,可以利用 DO-CASE 语句测试对象的内部状态,但不要根据对象类型选择应有的行为,否则在增添新类时将不得不修改原有的代码。应该合理地利用多态性机制,根据对象当前类型,自动决定应有的行为。

(4) 精心确定公有方法。公有方法是向公众公布的接口。对这类方法的修改往往会涉及许多其他类,因此,修改公有方法的代价通常都比较高。为提高可修改性,降低维护成本,必须精心选择和定义公有方法。通常可以利用私有方法来实现公有方法。

3. 提高健壮性

所谓健壮性就是在硬件故障、输入的数据无效或操作错误等意外环境下,系统能做出适当的响应的程度。对于任何一个实用的软件,健壮性都是不可忽略的质量指标。

为提高健壮性,应该遵守以下几条准则:

(1) 预防用户的操作错误。软件系统必须具有处理用户操作错误的能力。任何一个接收用户输入数据的方法都必须对其接收到的数据进行检查,如果发现了非常严重的错误,应该给出恰当的提示信息,并允许用户再次输入。

(2)检查参数的合法性。对公有方法,尤其应该着重检查其参数的合法性,因为用户在使用公有方法时可能违反参数的约束条件。

(3)不要预先确定限制条件。在设计阶段,往往很难准确地预测出应用系统中所使用的数据结构的最大容量需求,因此不应该预先设定限制条件。如果有必要和可能,则应该使用动态内存分配机制,创建未预先设定限制条件的数据结构。

(4)先测试后优化。为在效率与健壮性之间做出合理的折中,应该在为提高效率而进行优化之前,先测试程序的性能。经过测试后,能够合理地确定出为提高性能应该着重优化的关键部分。

10.7.3 面向对象测试

1.测试策略

(1)单元测试就是对类的测试。不能再孤立地测试单个操作,而应把操作作为类的一部分来测试。

(2)集成测试有两种不同的策略:基于线程的测试和基于使用的测试。

(3)确认测试集中检查用户可见的动作和用户可识别的输出。

2.设计测试用例

测试的关键是设计适当的操作序列检查类的状态。测试用例包括测试目标、测试环境、输入数据、测试步骤、预期结果、测试脚本。

类的测试方法主要有随机测试、划分测试和基于故障的测试。

集成测试的方法是使用随机测试、划分测试、基于情景的测试和行为测试来测试类的协作错误。通常可以从动态模型导出测试用例。

10.8 本章小结

本章主要介绍了面向对象方法学的相关概念、面向对象方法学的要点以及优点。面向对象方法学尽可能地模拟了人类认识客观世界的思维方式,使开发软件的方法与过程尽可能接近人类认识世界解决问题的方法和过程,也就是使描述问题的问题域空间和在计算机中求解问题的解空间在结构上尽可能一致。对象将数据及其处理结合在一起,面向对象方法从分析到设计无转换,是无缝连接的一个非常平滑的过程,相对于面向过程,整个开发过程更容易实施。由于使用面向对象方法开发的软件,其稳定性好、可重用性好和可维护性好,面向对象方法学日益受到人们的重视,已经成为人们开发软件时首选的范型。

UML 是一种面向对象建模语言,主要用于建立系统的分析和设计模型。UML 部分主要介绍了 UML 的定义、UML 的发展史、UML 的特点、UML 与软件开发、UML 构成和UML 模型。其中 UML 主要由 3 部分组成:构造元素、规则和公共机制。UML 的模型可分为静态模型、动态模型和实现模型,包括了用例图、类图、对象图、包图、通信图、时序图、活动图、状态图、构件图和部署图,同时介绍了这3类模型和图的对应关系。

OMT在面向对象方法开发软件过程中建立3种模型:描述系统数据结构的对象模型、描述系统控制结构的动态模型和描述系统功能的功能模型。在开发过程中包括如下任务:对问题的范围陈述、建造对象模型、开发动态模型、构造功能模型。开发过程的各阶段的步骤如下:分析阶段要理解应用问题,建立对象模型、动态模型和功能模型,说明对象关联、控制流及数据变换。系统设计阶段要确定系统框架,考虑并发任务、通信机制和数据存储策略。对象设计阶段要从实现的角度细化分析对象模型、动态模型和功能模型。功能模型确定发生了什么,动态模型确定什么时候发生,对象模型决定了对谁发生。

掌握软件重用的意义、级别、成分和方法对进行面向对象的设计至关重要,在系统设计阶段主要是进行问题域子系统设计、用户界面设计、任务管理子系统设计和持久化设计,对象设计是对面向对象分析模型的细化。框架是最普遍应用的代码重用,几乎受到每一种面向对象语言的支持,程序设计风格极大地影响了面向对象实现的效果,面向对象测试具有很多不同于结构化程序测试的特点。

阅读材料

Ⅰ. UML

1. UML 的静态建模机制

UML 的静态建模除了用例图和类图之外,还有对象图和包图。

（1）对象图

① 对象图的作用。对象图显示了一组对象和它们之间的关系。它是系统在某一个特定时间点上的静态结构,是类图的实例和快照。对象图常用来描述业务或软件系统在某一时刻,对象的组成、结构和关系。

② 对象图的组成元素。对象图的主要组成元素有:对象和链接。对象的图符用两栏的矩形框表示,第一栏中标注对象名,第二栏中标注对象的属性。这里特别注意,在实际应用中,对象名是对象图中不可缺少的部分,而对象的属性可以根据具体需要来决定是否表示在矩形框内。对象名有3种标注方式,如图10.19(a)所示。

链接是指对象之间的关联,链接是类之间关联关系的实例,链接的图形表示与关联相似,用一条连线来表示,用链连接的对象图如图10.19(b)表示。

图 10.19　对象及对象图

（2）包图

① 包图的作用。当对大型系统建模时,经常需要处理大量的类、接口、构件等,为了便于管理模型元素,需要对这些元素分组,因而引入了"包"这种分组元素。包图就是由包和包间的关系构成的。

② 包图的组成元素:包、包间的关系。包的图形符号如图10.20(a)所示。

③ 包间的关系有依赖关系和泛化关系。如果两个包中的任意两个类之间存在依赖关

系,则这两个包间就存在依赖关系。包间的依赖关系用虚线加箭头来表示,如图 10.20(b)所示。包间的泛化关系类似类间的泛化关系,使用一般包的地方,可以用特殊包代替。包间的泛化关系用直线加三角箭头表示,三角箭头从特殊包指向一般包。

图 10.20 包图

2. UML 的动态建模机制

UML 的动态建模除了状态图和时序图之外,还有活动图和通信图。

(1) 活动图

活动图的作用:UML 活动图经常被用于描述复杂的企业流程、用例场景或为具体业务的逻辑建模。活动图由状态图变化而来,各自有不同目的。状态图着重描述对象的状态变化以及触发状态变化的事件,活动图着重描述各种需要做的活动以及这些活动的执行顺序。

活动图的组成元素:初始活动结点、终止活动结点、活动、转换、分支与监护条件、分岔与汇合、泳道。一个活动图只有一个初始活动结点,代表所有活动的开始,但是可以包含多个终止活动结点,代表活动图中所有活动的结束。初始活动结点和终止活动结点的符号与图 10.10 中的状态图起始状态和终止状态符号相同。活动是活动图中最重要的元素之一,表示一个行为,用圆角矩形表示。当某个活动结束后,控制流会从一个活动转换到另一个活动,转换表示活动之间的控制或者数据变化,采用带箭头的直线表示。图 10.21 表示图书管理员借阅管理的活动图。

分支是活动图中的一个元素,其中一个独立的触发可能导致多个可能的结果,每个结果都有自己的监护条件,分支用菱形符号,监护条件用方括号括起来的一个布尔表达式来表示。如图 10.21 中的分支"Is borrower number limit?"和监护条件[Yes]和[No]。

分岔与汇合在活动图中是用来表示并发执行的活动。分岔表示为一个转入箭头和多个转出箭头的粗线。汇合是从多个源活动汇合到一个目标活动的转换,汇合表示为多个转入箭头和一个转出箭头的粗线。如图 10.21 中,Login the system 活动可转换到 Lend book 和 Get book。

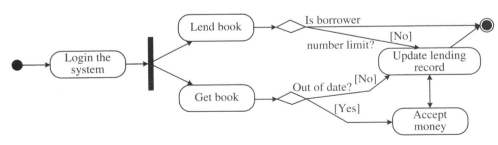

图 10.21 图书管理员借阅管理的活动图

活动图中可以添加泳道。泳道就是把活动图中的活动用垂直线划分成一些纵向区域。通过泳道来指出活动是由谁来完成的。

活动图中可以有对象,对象可以作为活动的输入和输出,对象与活动之间的输入或输出关系用虚线加箭头来表示,箭头的方向指明了数据输送的方向。

（2）通信图

通信图的作用:通信图描述了系统中对象间消息进行交互的另一种形式,它更侧重于说明哪些对象之间有消息传递。

通信图的组成元素:包括对象、消息、链（连接器）。消息表示了对象间的通信,对象通过链连接在一起。可以为用例事件流的每一个变化形式建立一个通信图。图 10.22 表示的是"某图书管理系统"中"借阅者查询图书"用例的通信图。这里需注意,通信图和时序图之间的语义是等价的,只是关注点不同。

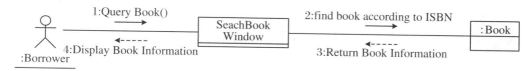

图 10.22 "借阅者查询图书"用例的通信图

3. UML 面向实现机制

系统的实现模型包括构件图和部署图。它们描述了系统实现时的一些特性。构件图显示代码本身的逻辑结构,部署图显示系统运行时的结构,即软件系统如何部署到硬件环境中,以及它们将如何彼此通信。

（1）构件图

构件图的作用:构件图描述了组成软件系统的构件间的组织及其依赖关系。构件指软件系统中遵从并实现一组接口的物理的、可替换的软件模块。

构件图的组成元素:构件、依赖关系。构件的图标是一个大矩形左边嵌两个小矩形,构件间带箭头的虚线表示构件间的依赖关系,箭头由构件指向其依赖的构件。如图 10.23 所示。

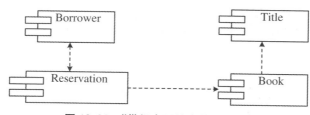

图 10.23 "借阅者预约书籍"构件图

图 10.23 表示的是"借阅者预约书籍"功能的构件图。在图 10.23 中,构件 Reservation 的执行依赖于构件 Borrower、构件 Book。

（2）部署图

部署图的作用:部署图主要应用于描述软件系统的部署结构,即描述了一个运行时的硬件结点,以及在这些结点上运行的软件构件。

部署图的组成元素:包括节点、节点间的连接。节点代表一个运行时计算机系统中的硬件设备以及在该设备上运行的构件和对象。节点通常拥有一些内存,并具有处理能力。节点用一个立方体来表示。部署图各节点之间进行交互的通信路径称为连接,连接用一条实线表示。图 10.24 是描述一个图书管理系统的部署图,该系统由节点 Administrator PC（系统管理员 PC)、节点 Librarian PC(图书管理员 PC)、节点 Borrower Self-service terminal
(借阅者自助终端)、节点 Application Server(应用服务器)和节点 Database(数据库服务器)
组成,节点通过局域网连接。

Ⅱ.设计原则

设计所要解决的主要问题是如何高效率、高质量、低风险地应对各种各类变化,例如需求
变更、软件升级等。设计的方式主要是提取抽象、隔离变化,有 5 大设计原则——"SOLID",具
体体现了这个思路。

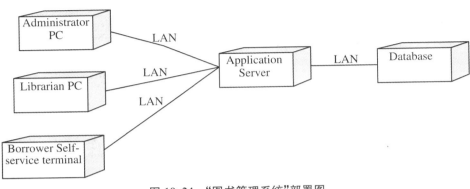

图 10.24 "图书管理系统"部署图

(1) 单一职责原则(S):一个类只能有一个让它变化的原因。即,将不同的功能隔离开
来,不要都混合到一个类中。

(2) 开放封闭原则(O):对扩展开放,对修改封闭。即,如果遇到需求变化,要通过添加
新的类来实现,而不是修改现有的代码。这一点也符合单一职责原则。

(3) Liskov 原则(L):子类可以完全覆盖父类。

(4) 接口隔离原则(I):每个接口都实现单一的功能。添加新功能时,要增加一个新接
口,而不是修改已有的接口,禁止出现"胖接口"。符合单一职责原则和开放封闭原则。

(5) 依赖倒置原则(D):具体依赖于抽象,而非抽象依赖于具体。即,要把不同子类的相
同功能抽象出来,依赖于这个抽象,而不是依赖于具体的子类。

此外,还有迪米特法则和合成/聚合复用原则也是重要的原则。

迪米特法则(LoD):又叫作最少知道原则(Least Knowledge Principle,LKP),就是说一
个对象应当对其他对象有尽可能少的了解,不和陌生人说话。

合成/聚合复用原则(CARP):尽量使用对象组合,而不是继承来达到复用的目的。

从这些设计原则可知,设计最终关注的还是"抽象"和"隔离"。面向对象的封装、继承和
多态,还有每个设计模式,分析它们都离不开这两个词。

习 题 10

1. 请说明面向对象方法的特征。

2. 请说明对象、类、消息、继承、封装、多态和重载的概念。

3. 简述什么是 UML。

4. 软件开发中为什么使用 UML？

5. 简述 UML 包括哪些图？其中哪些是静态模型？哪些是动态模型？哪些是实现模型？

实验 8　使用 Rational Rose 实例建模

1. 实验目的

（1）理解面向对象的相关概念。

（2）理解 UML 与软件开发的关系。

（3）掌握 UML 的模型。

（4）熟悉面向对象建模工具 Rational Rose 的操作界面和基本操作。

（5）用 Rational Rose 工具进行系统分析建模操作。

2. 实验环境

准备一台装有 Rational Rose 软件的计算机。

3. 实验内容

网上选课系统描述如下：

如今各所大学都在扩招，学生人数大量增加；同时，许多高校出现了多个校区，且校区之间往往相距甚远，给学生选课工作带来了很大的不便。如果仍然通过传统的纸上方式选课，既浪费大量的人力物力，又浪费时间。同时，在人为的统计过程中会不可避免地出现错误。因此，通过借助网络系统让学生选课能够为学生提供方便的选课功能，也能够提高高校教学管理的效率。网上选课系统的功能性需求包括：

（1）系统管理员负责系统的管理维护工作，维护工作包括课程的添加、删除和修改，对学生基本信息的查询、添加、删除和修改。

（2）学生通过客户端浏览器根据学号和密码登录选课系统，进入到系统中学生可以浏览课程目录、选择课程、查询已选课程以及查询自己的基本信息。

要求：仔细分析网上选课系统的功能性需求，从系统用例模型：用例图；业务关系模型：类图；系统动态模型：交互图、状态图和活动图的各个角度，绘制系统的模型，进行系统分析。

4. 实验操作步骤

（1）建立用例图，对该网上选课系统的功能需求进行分析，请用 Rational Rose 工具绘制该用例图。

（2）建立类图，完成对该网上选课系统的业务关系建模，请用 Rational Rose 工具绘制该类图。

（3）建立交互图、状态图和活动图，对该网上选课系统的动态行为建模，请用 Rational Rose 工具绘制该动态图。

第 11 章　软件项目管理

任何项目都需要管理。所谓管理,就是通过计划、组织和控制等一系列活动,合理地配置和使用各种资源,以达到既定目标的过程。只有认真地管理才能使项目成功地达到预期的目标。然而,软件产品不同于传统的制造业产品,软件开发的规律也具有许多独特之处,因此简单地搬用一般项目的管理办法是不会取得良好效果的。

11.1　项　目　估　算

软件项目管理从一组统称为项目策划的活动开始。在项目启动之前,团队应该估算将要做的工作、所需的资源,以及从开始到完成所需要的时间。这些活动一旦完成,软件团队就应该制订项目进度计划。在项目进度计划中,要定义软件工程任务及里程碑,指定每一项任务的负责人,详细说明对项目开展有较大影响的任务之间的相互依赖关系。

软件项目估算是指预测构造软件项目所需要的工作量以及任务经历时间的过程。其主要包括规模(即工作量)的估算、成本的估算和进度的估算三个方面。软件项目规模(即工作量)的估算是指从软件项目范围中提取出软件功能,确定每个软件功能所必须执行的一系列软件工程任务。软件项目成本的估算是指确定完成软件项目规模相应付出的代价,是待开发的软件项目需要的资金。软件项目规模的估算和成本的估算两者在一定条件下可以相互代替。软件项目进度的估算是估计任务的持续时间,即历时时间估计,它是项目计划的基础工作,直接关系到整个项目所需的总时间。初步的估算用于确定软件项目的可行性,详细的估算用于指导项目计划的制订。软件估算作为软件项目管理的一项重要内容,是确保软件项目成功的关键因素。它建立了软件项目的一个预算和进度,提供了控制软件项目的方法以及按照预算监控项目的过程。软件项目估算不是一劳永逸的活动,它是随项目的进行而进行的一个逐步求精过程。

11.1.1　软件规模估算

目前在软件项目开发中,常用的规模估算方法有代码行(Lines of Code,LOC)估算法、功能点(Function Point,FP)估算法等,都是基于工作分解结构进行估算的。

1. 代码行估算法

代码行估算是比较简单的定量估算软件规模的方法。这种方法依据以往开发类似产品的经验和历史数据,估计实现一个功能所需要的源程序行数。当有以往开发类似产品的历史数据可供参考时,用这种方法估计出的数值还是比较准确的。把实现每个功能所需要的源程序行数累加起来,就可得到实现整个软件所需要的源程序行数。

为了使得对程序规模的估计值更接近实际值,可以由多名有经验的软件工程师分别做出估计。每个人都估计程序的最小规模(a)、最大规模(b)和最可能的规模(m),分别算出这 3 种规模的平均值 $\bar{a}$、$\bar{b}$ 和 $\bar{m}$ 之后,再用下式计算程序规模的估计值:

$$L = \frac{\bar{a} + 4\bar{m} + \bar{b}}{6}$$

用代码行估算软件规模时,当程序较小时常用的单位是代码行数(LOC),当程序较大时常用的单位是千行代码数(KLOC)。

代码行估算的主要优点是:代码是所有软件开发项目都有的"产品",而且很容易计算代码行数。但其亦有缺点:源程序仅是软件配置的一个成分,用它的规模代表整个软件的规模似乎不太合理;用不同语言实现同一个软件所需要的代码行数并不相同;这种方法不适用于非过程语言。为了克服代码行估算的缺点,人们又提出了功能点技术。

2．功能点估算法

功能点估算法依据对软件信息域特性和软件复杂性的评估结果,估算软件规模。这种方法用功能点(FP)为单位度量软件规模。

(1) 信息域特性

功能点估算定义了信息域的 5 个特性,分别是输入项数(Inp)、输出项数(Out)、查询数(Inq)、主文件数(Maf)和外部接口数(Inf)。其含义分别为:

① 输入项数:用户向软件输入的项数,这些输入给软件提供面向应用的数据。输入不同于查询,查询单独计算,不计入输入项数中。

② 输出项数:软件向用户输出的项数,它们向用户提供面向应用的信息,例如,报表和出错信息等。报表内的数据项不单独计数。

③ 查询数:查询即是一次联机输入,它导致软件以联机输出方式产生某种即时响应。

④ 主文件数:逻辑主文件(即数据的一个逻辑组合,它可能是大型数据库的一部分或是一个独立的文件)的数目。

⑤ 外部接口数:机器可读的全部接口(例如,磁盘或磁带上的数据文件)的数量,用这些接口把信息传送给另一个系统。

(2) 估算功能点的步骤

通过下述 3 个步骤,可估算出一个软件的功能点数(即软件规模)。

① 计算未调整的功能点数 UFP。首先,把产品信息域的每个特性(即 Inp、Out、Inq、Maf 和 Inf)都分为简单级、平均级或复杂级,并根据其等级为每个特性分配一个功能点数(例如,一个简单级的输入项分配 3 个功能点,一个平均级的输入项分配 4 个功能点,而一个复杂级的输入项分配 6 个功能点)。

然后,用下式计算未调整的功能点数 UFP:

$$\text{UFP} = a_1 \times \text{Inp} + a_2 \times \text{Out} + a_3 \times \text{Inq} + a_4 \times \text{Maf} + a_5 \times \text{Inf}$$

其中,a_i($1 \leqslant i \leqslant 5$)是信息域特性系数,其值由相应特性的复杂级别决定,如表 11.1 所示。

表 11.1　信息域特性系数值

特性系数 ＼ 复杂级别	简单	平均	复杂
输入系数 a_1	3	4	6
输出系数 a_2	4	5	7
查询系数 a_3	3	4	6
文件系数 a_4	7	10	15
接口系数 a_5	5	7	10

② 计算技术复杂性因子 TCF。这一步骤度量 14 种技术因素对软件规模的影响程度。这些因素包括高处理率、性能标准（例如，响应时间）、联机更新等,在表 11.2 中列出了全部技术因素,并用 F_i $(1 \leqslant i \leqslant 14)$ 代表这些因素。根据软件的特点,为每个因素分配一个从 0（不存在或对软件规模无影响）到 5（有很大影响）的值。然后,用下式计算技术因素对软件规模的综合影响程度 DI：

$$DI = \sum_{i=1}^{14} F_i$$

技术复杂性因子 TCF 由下式计算：

$$TCF = 0.65 + 0.01 \times DI$$

因为 DI 的值在 0～70 之间,所以 TCF 的值在 0.65～1.35 之间。

表 11.2　技术因素

序　　号	F_i	技术因素
1	F_1	数据通信
2	F_2	分布式数据处理
3	F_3	性能标准
4	F_4	高负荷的硬件
5	F_5	高处理率
6	F_6	联机数据输入
7	F_7	终端用户效率
8	F_8	联机更新
9	F_9	复杂的计算
10	F_{10}	可重用性
11	F_{11}	安装方便
12	F_{12}	操作方便
13	F_{13}	可移植性
14	F_{14}	可维护性

③ 计算功能点数 FP。用下式计算功能点数 FP：

$$FP = UFP \times TCF$$

功能点数与所用的编程语言无关,看起来功能点估算比代码行估算更合理一些。但是,在判断信息域特性复杂级别和技术因素的影响程度时,存在着相当大的主观因素。

11.1.2 工作量估算

软件估算模型使用由经验导出的公式来预测软件开发工作量,工作量是软件规模(KLOC 或 FP)的函数,工作量的单位通常是人/月(p/m)。

支持大多数估算模型的经验数据都是从有限个项目的样本集中总结出来的,因此,没有一个估算模型可以适用于所有类型的软件和开发环境。

1. 静态单变量模型

这类模型的总体结构形式如下:

$$E = A + B \times (ev)^C$$

其中,A、B 和 C 是由经验数据导出的常数,E 是以人/月为单位的工作量,ev 是估算变量(KLOC 或 FP)。下面给出几个典型的静态单变量模型。

(1) 面向 KLOC 的估算模型

① Walston_Felix 模型:$E = 5.2 \times (KLOC)^{0.91}$。

② Bailey_Basili 模型:$E = 5.5 + 0.73 \times (KLOC)^{1.16}$。

③ Boehm 简单模型:$E = 3.2 \times (KLOC)^{1.05}$。

④ Doty 模型(在 KLOC>9 时适用):$E = 5.288 \times (KLOC)^{1.047}$。

(2) 面向 FP 的估算模型

① Albrecht & Gaffney 模型:$E = -13.39 + 0.0545FP$。

② Maston,Barnett 和 Mellichamp 模型:$E = 585.7 + 15.12FP$。

从上面列出的模型可以看出,对于相同的 KLOC 和 FP 值,用不同模型估算将得出不同的结果。主要原因是,这些模型多数都是仅根据若干应用领域中有限个项目的经验数据推导出来的,适用范围有限。因此,必须根据当前项目的特点选择适用的估算模型,并且根据需要适当地调整(例如,修改模型常数)估算模型。

2. 动态多变量模型

动态多变量模型也称为软件方程式,它是根据从 4 000 多个当代软件项目中收集的生产率数据推导出来的。该模型把工作量看作是软件规模和开发时间这两个变量的函数。动态多变量估算模型的形式如下:

$$E = (LOC \times B^{0.333} / P)^3 \times (1/t)^4$$

其中:E 是以人/月或人/年为单位的工作量;t 是以月或年为单位的项目持续时间;B 是特殊技术因子,它随着对测试、质量保证、文档及管理技术的需求的增加而缓慢增加,对于较小的程序(KLOC=5~15),$B = 0.16$,对于超过 70KLOC 的程序,$B = 0.39$;P 是生产率参数,它反映了下述因素对工作量的影响:① 总体过程成熟度及管理水平;② 使用良好的软件工程实践的程度;③ 使用的程序设计语言的级别;④ 软件环境的状态;⑤ 软件项目组的技术及经验;⑥ 应用系统的复杂程度。

开发实时嵌入式软件时,P 的典型值为 2 000;开发电信系统和系统软件时,$P = 10\ 000$;对于商业应用系统来说,$P = 28\ 000$。可以从历史数据导出适用于当前项目的生产率参数值。

由该模型可以看出,开发同一个软件(即 LOC 固定)时,如果把项目持续时间延长一些,则可降低完成项目所需的工作量。

3. COCOMO2 模型

COCOMO 是构造性成本模型(Constructive Cost Model)的英文缩写。1981 年 Boehm 在《软件工程经济学》中首次提出了 COCOMO 模型。1997 年 Boehm 等人提出了 COCO-MO2 模型,是原始的 COCOMO 模型的修订版,它反映了 10 多年来在软件项目成本估计方面所积累的经验。

COCOMO2 给出了 3 个层次的软件开发工作量估算模型,这 3 个层次的模型在估算工作量时,对软件细节考虑的详尽程度逐级增加。这些模型既可以用于不同类型的项目,也可以用于同一个项目的不同开发阶段。这 3 个层次的估算模型分别如下:

(1) 应用系统组成模型。这个模型主要用于估算构建原型的工作量,模型名字暗示在构建原型时大量使用已有的构件。

(2) 早期设计模型。这个模型适用于体系结构设计阶段。

(3) 后体系结构模型。这个模型适用于完成体系结构设计之后的软件开发阶段。

下面以后体系结构模型为例,介绍 COCOMO2 模型。该模型把软件开发工作量表示成代码行数(KLOC)的非线性函数:

$$E = a \times \text{KLOC}^b \times \prod_{i=1}^{17} f_i$$

其中,E 是开发工作量(以人/月为单位);a 是模型系数;KLOC 是估计的源代码行数(以千行为单位);b 是模型指数;$f_i (i = 1 \sim 17)$ 是成本因素。

每个成本因素都根据它的重要程度和对工作量影响的大小被赋予一定数值(称为工作量系数)。这些成本因素对任何一个项目的开发工作量都有影响,即使不使用 COCOMO2 模型估算工作量,也应该重视这些因素。Boehm 把成本因素划分成产品因素、平台因素、人员因素和项目因素等 4 类。

表 11.3 列出了 COCOMO2 模型使用的成本因素及与之相联系的工作量系数。与原始的 COCOMO 模型相比,COCOMO2 模型使用的成本因素有下述变化,这些变化反映了在过去十几年中软件行业取得的巨大进步。

表 11.3　成本因素及工作量系数

成本因素	级别					
	甚低	低	正常	高	甚高	特高
产品因素						
要求的可靠性	0.75	0.88	1.00	1.15	1.39	
数据库规模		0.93	1.00	1.09	1.19	
产品复杂程度	0.75	0.88	1.00	1.15	1.30	1.66
要求的可重用性		0.91	1.00	1.14	1.29	1.49
需要的文档量	0.89	0.95	1.00	1.06	1.13	
平台因素						
执行时间约束			1.00	1.11	1.31	1.67

成本因素	级　别					
	甚低	低	正常	高	甚高	特高
主存约束			1.00	1.06	1.21	1.57
平台约束		0.87	1.00	1.15	1.30	
人员因素						
分析员能力	1.50	1.22	1.00	0.83	0.67	
程序员能力	1.37	1.16	1.00	0.87	0.74	
应用领域经验	1.22	1.10	1.00	0.89	0.81	
平台经验	1.24	1.10	1.00	0.92	0.84	
语言和工具经验	1.25	1.12	1.00	0.88	0.81	
人员连续性	1.24	1.10	1.00	0.92	0.84	
项目因素						
使用软件工具	1.24	1.12	1.00	0.86	0.72	
多地点开发	1.25	1.10	1.00	0.92	0.84	0.78
要求的开发进度	1.29	1.10	1.00	1.00	1.00	

（1）新增加了 4 个成本因素，它们分别是要求的可重用性、需要的文档量、人员连续性（即人员稳定程度）和多地点开发。这个变化表明，这些因素对开发成本的影响日益增加。

（2）略去了原始模型中的两个成本因素（计算机切换时间和使用现代程序设计实践）。现在，开发人员普遍使用工作站开发软件，批处理的切换时间已经不再是问题。而"现代程序设计实践"已经发展成内容更广泛的"成熟的软件工程实践"的概念，并且在 COCOMO2 工作量方程的指数 b 中考虑了这个因素的影响。

（3）某些成本因素（分析员能力、平台经验、语言和工具经验）对生产率的影响（即工作量系数最大值与最小值的比率）增加了，另一些成本因素（程序员能力）的影响减小了。

为了确定工作量方程中模型指数 b 的值，原始的 COCOMO 模型把软件开发项目划分成组织式、半独立式和嵌入式这样 3 种类型，并指定每种项目类型所对应的 b 值（分别是 1.05、1.12 和 1.20）。COCOMO2 采用了精细得多的 b 分级模型，这个模型使用 5 个分级因素 $W_i(1 \leqslant i \leqslant 5)$，其中每个因素都划分成从甚低（$W_i = 5$）到特高（$W_i = 0$）的 6 个级别，然后用下式计算 b 的数值：

$$b = 1.01 + 0.01 \times \sum_{i=1}^{5} W_i$$

因此，b 的取值范围为 1.01～1.26。显然，这种分级模式比原始 COCOMO 模型的分级模式更精细、更灵活。

COCOMO2 使用的 5 个分级因素如下所述：

① 项目先例性。这个分级因素指对于开发组织来说该项目的新奇程度。诸如开发类似系统的经验，需要创新体系结构和算法，以及需要并行开发硬件和软件等因素的影响，都体现在这个分级因素中。

② 开发灵活性。这个分级因素反映出为了实现预先确定的外部接口需求及为了尽早开发出产品而需要增加的工作量。

③ 风险排除度。这个分级因素反映了重大风险已被消除的比例。在多数情况下,这个比例和指定了重要模块接口(即选定了体系结构)的比例密切相关。

④ 项目组凝聚力。这个分级因素表明了开发人员相互协作时可能存在的困难。这个因素反映了开发人员在目标和文化背景等方面相一致的程度,以及开发人员组成一个小组工作的经验。

⑤ 过程成熟度。这个分级因素反映了按照能力成熟度模型度量出的项目组织的过程成熟度。

在原始的 COCOMO 模型中,仅粗略地考虑了前两个分级因素对指数 b 值的影响。

工作量方程中模型系数 a 的典型值为 3.0,在实际工作中应该根据历史经验数据确定一个适合本组织当前开发的项目类型的数值。

11.1.3 开发时间估算

估算出完成给定项目所需的总工作量之后,接下来需要回答的问题就是:用多长时间才能完成该项目的开发工作? 对于一个估计工作量为 20 人/月的项目,可能想出以下几种进度表:① 1 个人用 20 个月完成该项目;② 4 个人用 5 个月完成该项目;③ 20 个人用 1 个月完成该项目。

但是,这些进度表并不现实,实际上软件开发时间与从事开发工作的人数之间并不是简单的反比关系。

通常,成本估算模型也同时提供了估算开发时间 T 的方程。与工作量方程不同,各种模型估算开发时间的方程很相似,例如:

(1) Walston_Felix 模型:$T = 2.5E^{0.35}$。

(2) 原始的 COCOMO 模型:$T = 2.5E^{0.38}$。

(3) COCOMO2 模型:$T = 3.0E^{0.33 + 0.2 \times (b - 1.01)}$。

(4) Putnam 模型:$T = 2.4E^{1/3}$。

其中,E 是开发工作量(以人/月为单位);T 是开发时间(以月为单位)。

用上列方程计算出的 T 值代表正常情况下的开发时间。客户往往希望缩短软件开发时间,显然,为了缩短开发时间应该增加从事开发工作的人数。但是,经验告诉我们,随着开发小组规模扩大,个人生产率将下降,以致开发时间与从事开发工作的人数并不成反比关系。出现这种现象主要有以下两个原因:

(1) 当小组变得更大时,每个人需要用更多时间与组内其他成员讨论问题、协调工作,因此增加了通信开销。

(2) 如果在开发过程中增加小组人员,则最初一段时间内项目组总生产率不仅不会提高,反而会下降。这是因为新成员在开始时不仅不是生产力,而且在他们学习期间还需要花费小组其他成员的时间。

综合上述两个原因,存在被称为 Brooks 规律的下述现象:向一个已经延期的项目增加人力,只会使得它更加延期。

下面将介绍一种自顶向下的宏观估算模型 Putnam 模型,它使用两个参数从顶端来描述软件环境。

Putnam 模型是 Putnam 于 1978 在来自美国计算机系统指挥部的两百多个大型项目（项目的工作量为 30～1 000 人/年）数据的基础上推导出来的一种动态多变量模型。Putnam 模型假设软件项目的工作量分布类似于 Rayleigh 曲线。

1. Rayleigh 曲线

Norden 在硬件项目开发过程中观察到，Rayleigh 分布为各种硬件项目的开发过程提供了很好的人力曲线近似值。人员按照一条典型的 Rayleigh 曲线来配备，在项目开展期间缓慢上升，而在验收时急剧下降。Putnam 把这一结论引入到软件项目的开发中，用 Norden-Rayleigh 曲线把人力表述为时间的函数，在软件项目的不同生命周期阶段分别使用不同的曲线。

根据经验，软件开发的工作量仅占软件项目总工作量的 40%。Putnam 模型从规格说明开始估算工作量，不包括前期的系统定义。

2. Putnam 模型方程

Putnam 模型包含两个方程：软件方程和人力增加方程。

（1）软件方程

根据生产率水平的一些经验性观察，Putnam 从 Rayleigh 曲线基本公式推导出如下软件方程：

$$S = C \times E^{\frac{1}{3}} \times t^{\frac{4}{3}}$$

其中，S 是以 LOC 为单位的源代码行数，C 是技术因子，E 是以人/年为单位的工作量，t 是以年为单位的耗费时间（直到产品交付所用的时间）。

技术因子 C 是有多个组成部分的复合成本驱动因子，主要反映总体过程成熟度和管理实践、切实可行的软件工程实践的施行程度、使用的编程语言的层次、软件环境状况、软件小组的技术和经验、应用软件的复杂性等。通过使用适当的技术对过去的项目进行评价，可以得到技术因子。如果待估算项目和历史数据库中某个项目用类似的方法在类似的环境中开发，则可用已完成项目的历史数据（程序规模、开发时间和总工作量）计算出技术因子：

$$C = S \times E^{-\frac{1}{3}} \times t^{-\frac{4}{3}}$$

（2）人力增加方程

人力增加方程的形式为

$$D = E / t^3$$

式中，D 是被称为人员配备加速度的一个常数，E 和 t 的定义同软件方程。D 的取值如表 11.4 所示。

表 11.4　人员配备加速度常数 D

软件项目	D
与其他系统有很多界面和互相作用的新软件	12.3
独立的系统	15
现有系统的重复实现	27

把软件方程和人员配备方程联立可以得到工作量计算方程：

$$E = S^{\frac{9}{7}} \times D^{\frac{4}{7}} / C^{\frac{9}{7}}$$

将 $D = E/t^3$ 代入该式,可得到工作量计算方程的另一种形式:

$$E = S^3/C^3 \times t^4$$

软件生命周期管理软件(Software Life Cycle Management,SLCM)就是一个以 Putnam 模型为基础的专用软件费用估算工具,由美国弗吉尼亚的定量软件管理集团设计,以实用的形式体现了 Putnam 模型的思想。

11.2 项目进度安排

按时、保质地完成项目是基本要求,但工期拖延的情况却时常发生。因而合理地安排项目进度是项目管理中的一项关键内容。软件项目进度安排的目的是保证按时完成项目、合理分配资源、发挥最佳工作效率。软件项目进度管理就是为了保证项目各项工作及项目总任务按时完成所需要的一系列的工作和过程。软件项目进度管理的主要目标是最短时间、最低成本、最小风险,即在给定的限制条件下,用最短时间、最低成本,以最小风险完成项目工作。

11.2.1 进度估算方法

常用的进度估算方法有基于规模的进度估算(定额估算法和经验导出模型)、工程评价技术、关键路径法、专家估算方法、类推估算方法、模拟估算方法、进度表估算方法、基于承诺的进度估算方法、Jones 的一阶估算准则等。下面对这些估算方法进行简单介绍:

1. 基于规模的进度估算

基于规模的进度估算是根据项目规模估算的结果来推测进度的方法。

(1)定额估算法

定额估算法是比较基本的估算项目历时的方法,计算公式为

$$T = Q/(R \times S)$$

其中,T 表示活动的持续时间,可以用小时、日、周等表示。Q 表示活动的工作量,可以用人/月、人/天等单位表示。R 表示人力或设备的数量,可以用人或设备数等表示。S 表示开发(生产)效率,以单位时间完成的工作量表示。此方法适合规模比较小的项目,比如说小于 10 000LOC 或者说小于 6 人/月的项目。此方法比较简单,而且容易计算。

(2)经验导出模型

经验导出模型是根据大量项目数据统计而得出的模型,经验导出模型为

$$D = a \times E^b$$

其中,D 表示月进度,E 表示人的月工作量,a 是 2~4 之间的参数,b 为 1/3 左右的参数,它们是依赖于项目自然属性的参数。经验导出模型有几种具体公式(参数略有差别)。这些模型中的参数值有不同的解释。经验导出模型可以根据项目的具体情况选择合适的参数。

2. 工程评价技术

工程评价技术(PERT)最初发展于 1958 年,用来适应大型工程的需要,由于美国海军专门项目处关心大型军事项目的发展计划,因此在 1958 年将 PERT 引入到它的海军北极星导

弹开发项目中,取得了不错的效果。它是利用网络顺序图的逻辑关系和加权历时估算来计算项目历时的,采用加权平均的算法是

$$(O + 4M + P)/6$$

其中,O 是活动(项目)完成的最小估算值,或者说是最乐观值;P 是活动(项目)完成的最大估算值,或者说是最悲观值;M 是活动(项目)完成的最大可能估算值。例如,在图 11.1 所示的网络图中,采用 PERT 方法分别估计任务 1 和任务 2 的历时,如表 11.5 所示,根据任务 1 和任务 2 的最乐观、最悲观和最可能的历时估计,得出任务 1 的历时估计是($8 + 4 \times 10 + 24$)/$6 = 12$;任务 2 的历时估计是($1 + 4 \times 5 + 9$)/$6 = 5$;一个路径上的所有活动(任务)的历时估计之和便是这个路径的历时估计,其值称为路径长度。

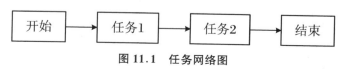

图 11.1　任务网络图

表 11.5　采用 PERT 方法估计项目历时情况

任务 \ 估计值项	最乐观值	最可能值	最悲观值	PERT 估计值
任务 1	8	10	24	12
任务 2	1	5	9	5
项目	9	15	33	17

　　采用 PERT 方法估计历时存在一定的风险,因此有必要进一步给出风险分析结果。为了表示采用 PERT 方法估计历时的风险值或者保证率,引入了活动标准差和方差的概念:

$$\begin{cases} 标准差:\delta = (P - O)/6 \\ 方差:\delta^2 = \left[(P - O)/6\right]^2 \end{cases}$$

其中,O 是最乐观的估计,P 是最悲观的估计。这两个值可以表示历时估计的可信度或者说项目完成的概率。如果一个项目路径中每个活动的标准差分别为 $\delta_1, \delta_2, \cdots, \delta_n$,则这个路径的方差是路径上每个活动方差之和,即 $\delta^2 = (\delta_1)^2 + (\delta_2)^2 + \cdots + (\delta_n)^2$,这个路径的标准差 $\delta = ((\delta_1)^2 + (\delta_2)^2 + \cdots + (\delta_n)^2)^{1/2}$。表 11.6 中显示了任务 1 和任务 2 的标准差和方差以及这个路径的标准差和方差。

表 11.6　项目的标准差和方差

任务 \ 估值项	标准差	方差
任务 1	2.67	7.13
任务 2	1.33	1.77
项目	2.98	8.90

　　根据概率理论,对于遵循正态概率分布的均值 E 而言,$E \pm 1\delta$ 的概率分布是 68.3%,$E \pm 2\delta$ 的概率分布是 95.5%,$E \pm 3\delta$ 的概率分布是 99.7%。

3. 关键路径法

　　关键路径法(Critical Path Method,CPM)是杜邦公司开发的技术,它是根据指定的网

络图逻辑关系进行的单一的历时估算。首先计算每一个活动的单一的最早和最晚开始和完成日期,然后计算网络图中的最长路径,以便确定项目的完成时间估计,采用此方法可以配合进行计划的编制。借助网络图和各活动所需时间(估计值),计算每一活动的最早或最晚开始和结束时间。CPM 法的关键是计算总时差,这样可决定哪一活动有最小时间弹性,可以为更好地进行项目计划编制提供依据。CPM 算法也在其他类型数学分析中得到应用。

关键路径法一般是在项目进度历时估计和进度编排过程中综合使用的一种方法。

4. 专家估计方法

估计项目所需时间经常是困难的,因为许多因素会影响项目所需时间(如资源质量的高低、劳动生产率的不同)。专家估计法是通过专家依靠过去资料信息进行判断,以估算进度的方法。如果找不到合适专家,估计结果往往不可靠且具有较大风险。

5. 类推估计方法

类推估计意味着利用一个先前类似活动的实际时间作为估计未来活动时间的基础,这种方法常用于项目早期,掌握的项目信息不多的时候。类推估计是专家判断的一种形式,以下情况的类推估计是可靠的:① 先前活动和当前活动在本质上类似而不仅仅是表面相似;② 专家有所需专长。对于软件项目,利用企业的历史数据进行历时估计是常见的方法。

6. 模拟估计方法

模拟(Simulation)是用不同的假设条件试验一些情形,以便计算相应的时间。最常见的模拟估计方法是蒙特卡罗分析技术(Monte Carlo analysis)。在这种方法中,假设各活动所用时间的概率分布以计算整个项目完成所需时间的概率分布。让计算机多次进行一个项目的模拟,就可以得出一个可能结果的范围和每一个结果的概率。利用蒙特卡罗分析技术分析的结果可能比 PERT 和 CPM 方法的结果更加悲观,原因是其采用了最悲观的情形进行分析。

7. 基于承诺的进度估计方法

基于承诺的进度估计方法是从需求出发去安排进度,不进行中间的工作量(规模)估计,而通过开发人员做出的进度承诺进行的进度估计,它本质上不是进度估算。其优点是有利于开发者对进度的关注,有利于开发者在接受承诺之后鼓舞士气;其缺点是开发人员估计存在一定的误差。

8. Jones 的一阶估计准则

Jones 的一阶估计准则是根据项目功能点的总和,从幂次表(表 11.7)中选择合适的幂次将它升幂。例如,如果一个软件项目的功能点是 FP $=350$,而且承担这个项目的公司是平均水平的商业软件公司,则粗略的进度估算是 $350^{0.43} \approx 12$(月)。

表 11.7 一阶幂次表

软件类型	最优级	平均	最差级
系统软件	0.43	0.45	0.48
商业软件	0.41	0.43	0.46
封装商品软件	0.39	0.42	0.45

11.2.2 进度管理图示

软件项目进度管理的图示有很多,如:Gantt 图、网络图、里程碑图、资源图等。这里仅对比较常用的 Gantt 图与网络图进行简单介绍,其他图示可参看相关文献。

1. Gantt 图

Gantt(甘特)图也称为条状图,是历史悠久、应用广泛的制订进度计划的工具。通过条状图来显示项目进度,以及其他与时间相关的、系统进展的内在关系随着时间进展的情况。其中,横轴表示时间,纵轴表示活动(项目或作业)。线条表示在整个期间上的计划和实际的活动完成情况。Gantt 图可以直观地表明任务计划在什么时候进行,以及实际进展与计划要求的对比。管理者由此可以非常顺利地弄清每一项任务还剩下哪些工作要做,并可评估工作是提前、滞后,还是正常进行。除此之外,Gantt 图还有简单、醒目和便于编制等特点。所以,Gantt 图对于项目管理是一种理想的控制工具。

甘特图直观地表明任务计划在什么时候进行,以及实际进展与计划要求的对比。甘特图内在思想简单,基本是一张线条图,横轴表示时间,纵轴表示活动(项目),线条表示在整个期间上计划和实际的活动完成情况。它直观地表明任务计划在什么时候进行,及实际进展与计划要求的对比。

下面通过一个非常简单的例子介绍这种工具。

假设有一座陈旧的矩形木板房需要重新油漆。这项工作必须分 3 步完成:首先刮掉旧漆,然后刷上新漆,最后清除溅在窗户上的油漆。假设一共分配了 15 名工人去完成这项工作,然而工具却很有限:只有 5 把刮旧漆用的刮板,5 把刷漆用的刷子,5 把清除溅在窗户上的油漆用的小刮刀。怎样安排才能使工作进行得更有效呢?

一种做法是首先刮掉四面墙壁上的旧漆,然后给每面墙壁都刷上新漆,最后清除溅在每个窗户上的油漆。显然这是效率最低的做法,因为总共有 15 名工人,然而每种工具却只有 5 件,这样安排工作在任何时候都有 10 名工人闲着没活干。

读者可能已经想到,应该采用"流水作业法",也就是说,首先由 5 名工人用刮板刮掉第 1 面墙上的旧漆(这时其余 10 名工人休息),当第 1 面墙刮净后,另外 5 名工人立即用刷子给这面墙刷新漆(与此同时拿刮板的 5 名工人转去刮第 2 面墙上的旧漆),一旦刮旧漆的工人转到第 3 面墙而且刷新漆的工人转到第 2 面墙,余下的 5 名工人立即拿起刮刀去清除溅在第 1 面墙窗户上的油漆……这样安排使每个工人都有活干,因此能够在较短的时间内完成任务。

假设木板房的第 2,4 两面墙的长度比第 1,3 两面墙的长度长一倍,此外,不同工作需要用的时间长短也不同,刷新漆最费时间,其次是刮旧漆,清理(即清除溅在窗户上的油漆)需要的时间最少。表 11.8 列出了估计每道工序需要用的时间。可以使用图 11.2 中的 Gantt 图描绘上述流水作业过程:在时间为零时开始刮第 1 面墙上的旧漆,2 小时后刮旧漆的工人转去刮第 2 面墙,同时另 5 名工人开始给第 1 面墙刷新漆,每当给一面墙刷完新漆之后,第 3 组的 5 名工人立即清除溅在这面墙窗户上的漆。从图 11.2 可以看出,12 小时后刮完所有旧漆,20 小时后完成所有墙壁的刷漆工作,再过 2 小时后清理工作结束。因此全部工程在 22 小时后结束,如果用前述的第一种做法,则需要 36 小时。

表 11.8　各道工序估计要用的时间(小时)

工序 墙壁	刮旧漆	刷新漆	清理
1 或 3	2	3	1
2 或 4	4	6	2

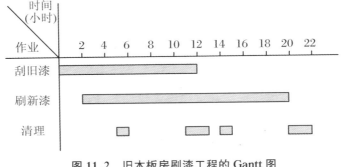

图 11.2　旧木板房刷漆工程的 Gantt 图

2. 网络图

Gantt 图能形象地描绘任务分解情况,以及每个子任务(作业)的开始时间和结束时间,因此是进度计划和进度管理的有力工具。它具有直观简明、容易掌握、易于绘制的优点,但是,Gantt 图也有 3 个主要缺点:① 不能显式地描绘各项作业彼此间的依赖关系。② 进度计划的关键部分不明确,难于判定哪些部分应当是主攻和主控的对象。③ 计划中有潜力的部分及潜力的大小不明确,往往造成潜力的浪费。

当把一个工程项目分解成许多子任务,并且它们彼此间的依赖关系又比较复杂时,仅仅用 Gantt 图作为安排进度的工具是不够的,不仅难于做出既节省资源又保证进度的计划,而且还容易发生差错。

网络图是制订进度计划时另一种常用的图形工具,它同样能描绘任务分解情况以及每项作业的开始时间和结束时间,此外,它还显式地描绘各个作业彼此间的依赖关系。因此,工程网络是系统分析和系统设计的强有力的工具。

工程网络图是一种有向图,该图中用圆表示事件,有向弧或箭头表示子任务的进行,箭头上的数字称为权,该权表示此子任务的持续时间,箭头下面括号中的数字表示该任务的机动时间,图中的圆表示与某个子任务开始或结束事件的时间点。

在网络图中用箭头表示作业(例如:刮旧漆、刷新漆、清理等),用圆圈表示事件(一项作业开始或结束)。注意,事件仅仅是可以明确定义的时间点,它并不消耗时间和资源。作业通常既消耗资源又需要持续一定时间。图 11.3 即为旧木板房刷漆工程的网络图。图中表示刮第 1 面墙上旧漆的作业开始于事件 1,结束于事件 2。用开始事件和结束事件的编号标识一个作业,因此"刮第 1 面墙上旧漆"是作业 1→2。

在该工程网络中的一个事件中,如果既有箭头进入又有箭头离开,则它既是某些作业的结束又是另一些作业的开始。例如,图 11.3 中事件 2 既是作业 1→2(刮第 1 面墙上的旧漆)的结束,又是作业 2→3(刮第 2 面墙上旧漆)和作业 2→4(给第 1 面墙刷新漆)的开始。也就是说,只有第 1 面墙上的旧漆刮完之后,才能开始刮第 2 面墙上旧漆和给第 1 面墙刷新漆这两个作业。因此,网络图显式地表示了作业之间的依赖关系。

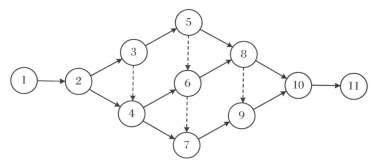

图 11.3　旧木板房刷漆工程的网络图

注:图中:1→2 刮第 1 面墙上的旧漆;2→3 刮第 2 面墙上的旧漆;2→4 给第 1 面墙刷新漆;3→5 刮第 3 面墙上旧漆;4→6 给第 2 面墙刷新漆;4→7 清理第 1 面墙窗户;5→8 刮第 4 面墙上旧漆;6→8 给第 3 面墙刷新漆;7→9 清理第 2 面墙窗户;8→10 给第 4 面墙刷新漆;9→10 清理第 3 面墙窗户;10→11 清理第 4 面墙窗户;虚拟作业:3→4;5→6;6→7;8→9。

在图 11.3 中还有一些虚线箭头,它们表示虚拟作业,也就是事实上并不存在的作业。引入虚拟作业是为了显式地表示作业之间的依赖关系。例如,事件 4 既是给第 1 面墙刷新漆结束,又是给第 2 面墙刷新漆开始(作业 4→6)。但是,在开始给第 2 面墙刷新漆之前,不仅必须已经给第 1 面墙刷完了新漆,而且第 2 面墙上的旧漆也必须已经刮净(事件 3)。也就是说,在事件 3 和事件 4 之间有依赖关系,或者说在作业 2→3(刮第 2 面墙上旧漆)和作业 4→6(给第 2 面墙刷新漆)之间有依赖关系,虚拟作业 3→4 明确地表示了这种依赖关系。注意,虚拟作业既不消耗资源也不需要时间。

11.2.3　估算工程进度

1. 最早时刻与最晚时刻

画出类似图 11.3 那样的网络图之后,系统分析员就可以借助它的帮助估算工程进度了。为此需要在网络图上增加一些必要的信息。

首先,把每个作业估计需要使用的时间写在表示该项作业的箭头上方。注意,箭头长度和它代表的作业持续时间没有关系,箭头仅表示依赖关系,它上方的数字才表示作业的持续时间。

其次,为每个事件计算下述两个统计数字:最早时刻 EET 和最迟时刻 LET。这两个数字将分别写在表示事件的圆圈的右上角和右下角,如图 11.4 左下角的符号所示。

事件的最早时刻是该事件可以发生的最早时间。通常网络图中第一个事件的最早时刻定义为零,其他事件的最早时刻在网络图上从左至右按事件发生顺序计算。计算最早时刻 EET 使用下述 3 条简单规则:

① 考虑进入该事件的所有作业。② 对于每个作业都计算它的持续时间与起始事件的 EET 之和。③ 选取上述和数中的最大值作为该事件的最早时刻 EET。

例如,从图 11.4 可以看出事件 2 只有一个作业(作业 1→2)进入,就是说,仅当作业 1→2 完成时事件 2 才能发生,因此事件 2 的最早时刻就是作业 1→2 最早可能完成的时刻。定义事件 1 的最早时刻为零,据估计,作业 1→2 的持续时间为 2 小时,也就是说,作业 1→2 最早可能完成的时刻为 2,因此,事件 2 的最早时刻为 2。同样,只有一个作业(作业 2→3)进入事件 3,这个作业的持续时间为 4 小时,所以事件 3 的最早时刻为 2+4=6。事件 4 有两个作业(2→4 和 3→4)进入,只有这两个作业都完成之后,事件 4 才能出现(事件 4 代表上述两个作业的结束)。已知事件 2 的最早时刻为 2,作业 2→4 的持续时间为 3 小时;事件 3 的最早时刻为 6,作业 3→4(这是一个虚拟作业)的持续时间为 0,按照上述 3 条规则,可以算出事件 4 的最早时刻为

$$EET = \max\{2+3, 6+0\} = 6$$

按照这种方法,不难沿着网络图从左至右顺序算出每个事件的最早时刻,计算结果标在图 11.4 的工程网络图中(每个圆圈内右上角的数字)。

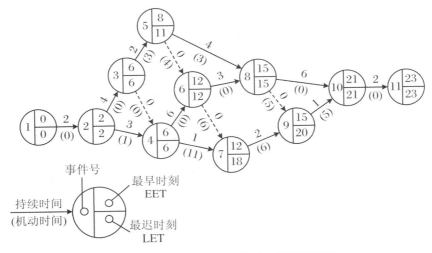

图 11.4　旧木板房刷漆工程的完整的网络图

事件的最迟时刻是在不影响工程竣工时间的前提下,该事件最晚可以发生的时刻。按照惯例,最后一个事件(工程结束)的最迟时刻就是它的最早时刻。其他事件的最迟时刻在工程网络上从右至左按逆作业流的方向计算。计算最迟时刻 LET 使用下述 3 条规则:① 考虑离开该事件的所有作业。② 从每个作业的结束事件的最迟时刻中减去该作业的持续时间。③ 选取上述差数中的最小值作为该事件的最迟时刻 LET。

例如,按照惯例,图 11.4 中事件 11 的最迟时刻和最早时刻相同,都是 23。逆作业流方向接下来应该计算事件 10 的最迟时刻,离开这个事件的只有作业 10→11,该作业的持续时间为 2 小时,它的结束事件(事件 11)的 LET 为 23,因此,事件 10 的最迟时刻为

$$LET = 23 - 2 = 21$$

类似地,事件 9 的最迟时刻为

$$LET = 21 - 1 = 20$$

事件 8 的最迟时刻为

$$LET = \min\{21 - 6, 20 - 0\} = 15$$

图 11.4 中每个圆圈内右下角的数字就是该事件的最迟时刻。

2. 关键路径

在图 11.4 中有几个事件的最早时刻和最迟时刻相同,这些事件定义了关键路径,在

图中关键路径用粗线箭头表示。关键路径上的事件(关键事件)必须准时发生,组成关键路径的作业(关键作业)的实际持续时间不能超过估计的持续时间,否则工程就不能准时结束。

工程项目的管理人员应该密切注视关键作业的进展情况,如果关键事件出现的时间比预计的时间晚,则会使最终完成项目的时间拖后;如果希望缩短工期,只有往关键作业中增加资源才会有效。

3. 机动时间

不在关键路径上的作业有一定程度的机动余地——实际开始时间可以比预定时间晚一些,或者实际持续时间可以比预定的持续时间长一些,而并不影响工程的结束时间。一个作业可以让全部机动时间等于它的结束事件的最迟时刻减去它的开始事件的最早时刻,再减去这个作业的持续时间:

$$机动时间 = (LET)_{结束} - (EET)_{开始} - 持续时间$$

对于前述油漆旧木板房的例子,计算得到的非关键作业的机动时间列在表 11.9 中。

表 11.9　旧木板房刷漆网络中的机动时间

作业	LET(结束)	EET(开始)	持续时间	机动时间
2→4	6	2	3	1
3→5	11	6	2	3
4→7	18	6	1	11
5→6	12	8	0	4
5→8	15	8	4	3
6→7	18	12	0	6
7→9	20	12	2	6
8→9	20	15	0	5
9→10	21	15	1	5

在网络图中每个作业的机动时间写在代表该项作业的箭头下面的括号里(图 11.4)。

在制订进度计划时仔细考虑和利用工程网络中的机动时间,往往能够安排出既节省资源又不影响最终竣工时间的进度表。例如,从研究图 11.4(或表 11.9)可以看出,清理前 3 面墙窗户的作业都有相当多机动时间,也就是说,这些作业可以晚些开始或者持续时间长一些(少用一些资源),并不影响竣工时间。此外,刮第 3、第 4 面墙上旧漆和给第 1 面墙刷新漆的作业也都有机动时间,而且这后三项作业的机动时间之和大于清理前三面墙窗户需要用的工作时间。因此,有可能仅用 10 名工人在同样时间内(23 小时)完成旧木板房刷漆工程。进一步研究图 11.4 中的工程网络可以看出,确实能够只用 10 名工人在同样时间内完成这项任务,而且可以安排出几套不同的进度计划,都可以既减少 5 名工人又不影响竣工时间。图 11.5 中的 Gantt 图描绘了其中的一种方案。

图 11.5 的方案不仅比图 11.2 的方案节省人力,而且改正了图 11.2 中的一个错误:因为给第 2 面墙刷新漆的作业 4→6 不仅必须在给第 1 面墙刷完新漆之后(作业 2→4 结束),而且还必须在把第 2 面墙上的旧漆刮净之后(作业 2→3 和虚拟作业 3→4 结束)才能开始,所以给第 1 面墙刷完新漆之后不能立即开始给第 2 面墙刷新漆的作业,需等到把第 2 面墙

上旧漆刮净之后才能开始,也就是说,全部工程需要 23 个小时而不是 22 个小时。

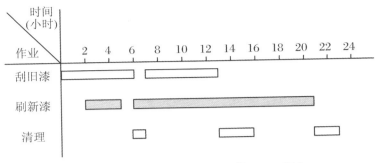

图 11.5 旧木板房刷漆工程改进的 Gantt 图之一

这个简单例子明显说明了网络图比 Gantt 图优越的地方:它显式地定义事件及作业之间的依赖关系,Gantt 图只能隐含地表示这种关系。但是 Gantt 图的形式比工程网络更简单更直观,为更多的人所熟悉,因此,应该同时使用这两种工具制订和管理进度计划,使它们互相补充取长补短。

以上通过旧木板房刷新漆工程的简单例子,介绍了制订进度计划的两个重要工具和方法。软件工程项目虽然比这个简单例子复杂得多,但是计划和管理的基本方法仍然是自顶向下分解,也就是把项目分解为若干个阶段,每个阶段再分解成许多更小的任务,每个任务又可进一步分解为若干个步骤等。这些阶段、任务和步骤之间有复杂的依赖关系,因此,网络图和 Gantt 图同样是安排进度和管理工程进展情况的强有力的工具。前文介绍的工作量估算方法可以帮助人们估计每项任务的工作量,根据人力分配情况,可以进一步确定每项任务的持续时间。从这些基本数据出发,根据作业之间的依赖关系,利用网络图和 Gantt 图可以制订出合理的进度计划,并且能够科学地管理软件开发工程的进展情况。

11.3 项 目 管 理

为了使得项目能够按照预定的成本、进度和质量顺利完成,需要对成本、进度、质量、风险和人员进行分析和管理,软件项目管理贯穿于软件生存周期的全过程。然而软件作为一种新兴的特殊工程领域,它远远没有其他工程领域那么规范,其开发过程缺乏成熟的理论和统一的标准。软件项目管理具有相当的特殊性和复杂性,它对软件开发的成败具有决定性的意义。

11.3.1 项目管理概述

1. 什么是软件项目管理

软件项目管理和其他的项目管理相比具有相当的特殊性。首先,软件是纯逻辑产品,其开发进度和质量很难估计和度量,生产效率也难以预测和保证。其次,软件系统的复杂性也导致了开发过程中各种风险的难以预见和控制。例如,Windows 操作系统有 1 500 万行以上的代码,同时有数千名程序员在进行软件开发,项目经理有上百个。这样庞大的系统如果没有很好的管理,其软件质量是难以想象的。

软件项目管理是软件工程的保护性活动。它先于任何技术活动之前开始,且持续贯穿于整个计算机软件的定义、开发和维护之中。

在软件项目管理中,人员、问题、过程对软件项目管理具有本质的影响。人员必须被组织成高效率的小组,激发他们进行高质量的软件开发,并协调他们实现高效的通信。问题必须由用户与开发者交流,划分(分解)成较小的组成部分,并分配给软件小组。过程必须适应于人员和问题。需要选择一个公共过程框架,采用一个合适的软件工程范型,并挑选一个工作任务集合来完成项目的开发。

总的来说,同开发其他项目一样,开发软件项目也需要一定的人力、财力、时间,同时也需要一定的技术和工具。所谓的软件项目管理就是为了使软件项目能够按照预定的成本、进度、质量顺利完成,而对人员、产品、过程和项目进行分析和管理的活动。

2. 软件项目管理关注的问题

软件项目管理主要关注项目的范围、时间、成本和质量等问题。

范围,即项目涉及的工作范围,是指为实现项目目标所完成的所有工作。工作范围可以通过需求分析的结果来定义,通过对项目目标的分解得到工作范围的具体工作。如果没有工作范围的定义,软件项目可能永远都无法完成。在项目的实施过程中,要严格控制工作范围的变化。一旦失去控制就可能出现:一方面做了许多与项目无关的额外工作;另一方面因为额外工作的实施影响了软件项目的原定目标,可能会造成巨大损失。

时间也称项目进度。通常,软件项目在实施之前,需要编制项目计划进度。计划进度不仅说明项目工作范围内所有工作所需要的时间,并规定每一个项目活动的开始与完成时间。项目中的活动可以根据工作范围确定,在编制项目计划的时候要充分考虑各个项目活动的依赖关系。

软件质量是指软件与明确地和隐含地定义的需求相一致的程度。具体地说,软件质量是软件符合明确叙述的功能和性能需求、文档中明确描述的开发标准以及所有专业开发的软件都应该具有的隐含特征的程度等。

时间、质量、成本这 3 个要素简称 TQC(Time,Quantity,Cost)。在实际工作中,工作范围在"项目合同"中定义;时间通过"项目进度计划"规定;成本通过"项目预算"规定,而质量在"质量保证计划"中规定。如果项目在 TQC 的范围约束内完成了工作范围内的工作,就可以认为该项目成功。

通常来说,目标、成本、进度三者是相互制约的关系。其中,目标可以分解为质量与工作范围。如果改变了其中的一个指标,就可能降低另一个指标。例如,如果软件的范围发生变化,那么软件的开发成本或进度就得重新估算。软件项目管理的作用就是在其之间做好权衡,使得最终的项目方案对软件项目的影响最小。

3. 软件项目管理的内容

为了更好地对软件项目实施管理,根据管理学的基本要素:计划、组织、领导和控制,软件项目管理的内容可以包括如下几个方面:软件度量,软件质量的管理,软件项目的估算,软件项目的进度安排,风险管理,人员的组织与管理,软件配置管理,软件过程能力评估等。

软件度量就是采用某种度量手段对软件的规模进行定量描述。

质量管理的任务是:制订软件质量保证计划,按照软件质量评价体系控制软件质量要素;对阶段性的软件产品进行评审;对最终产品进行验证和确认,确保软件产品的质量。

软件项目的估算的任务是:估算软件项目的成本,作为签订合同和项目立项的依据;在软件开发过程中按照计划管理经费使用。

软件项目的进度安排就是为了保证项目各项工作及项目总任务按时完成所需要的一系列的工作和过程。软件进度安排的主要目标是最短时间、最低成本、最小风险,即在给定的限制下,用最短时间、最低成本,以最小风险完成项目任务。

风险管理就是对项目过程中有可能发生的某些意外事情进行管理,包括对风险从识别到分析乃至采取应对措施等一系列过程,它包括将积极因素所产生的影响最大化和使消极因素产生的影响最小化两个方面。

人员的组织与管理就是根据项目的目标、项目的活动进展情况和外部环境的变化,采取科学的方法,对项目人员的思想、心理和行为进行有效的管理,充分发挥他们的主观能动性,实现项目的最终目标。具体来说,人员组织的管理就是根据实施项目的要求,任命项目经理、组建项目团队、分配相应的角色并确定团队成员的汇报关系、建设高效项目团队并对项目团队进行绩效管理的过程,其目的是确保团队成员的能力达到最有效使用,进而能高效、高质量地实现项目目标。

配置管理的任务是:制订配置管理计划;对程序、文档和数据的各种版本进行管理,确保软件的完整性和一致性。

软件过程包括一个软件企业在计划、开发和维护一个软件时所执行的一系列活动,它包括工程技术活动和软件管理活动。通常用软件过程能力来描述软件企业遵循其软件过程能够实现的"预期"结果,用软件成熟度来评估软件过程能力。

11.3.2　里程碑管理

软件开发管理一直有一个令人困惑的难题,就是如何确保项目进度。项目进度控制是项目管理工作中的重要一环,也可以说是最艰难的工作之一。一般来说,在项目开始时项目经理都会对开发项目进度制订一个详细的计划。通常情况下,这需要采用一些具体的开发模式技术,最常用的技术是网络计划和里程碑计划。网络计划是任务导向,以工作分解结构(WBS)为基础;里程碑计划是目标导向,以目标分解结构(OBS)为基础。有时两种方法可以混合使用,如在网络计划中设置里程碑。

1. 什么是里程碑式管理

里程碑式管理是一个目标导向模式,它表明为了达到特定的里程碑需要完成的一系列活动。里程碑式开发是通过建立里程碑和检验各个里程碑的到达情况,来控制项目工作的进展和保证实现总目标。

软件开发项目生命周期中有 3 个与时间相关的重要概念,这 3 个概念分别是:检查点、里程碑和基线。检查点是指在规定的时间间隔内对项目进行检查,比较实际进度与估算计划之间的差异,并根据差异进行调整。我们可以将检查点看作是一个固定"采样"时点,而时间间隔根据项目周期长短不同而不同。里程碑是指一个具有特定重要性的事件,通常代表项目工作中一个重要阶段的完成。在里程碑处,通常要进行检查。基线则是指一个配置在项目不同时间点上通过正式评审而进入正式受控的一种(里程碑)状态。

三者的关系是:重要的检查点是里程碑,重要的需要客户确认的里程碑就是基线。有一句通俗的话是这样描述的：没有检查点，工作难进展，不设里程碑，项目往后推，基线不评审，客户吃不准。

2. 如何实施里程碑式的管理

里程碑一般是项目中完成阶段性工作的标志，项目的类型不同，里程碑也不同。其精髓首先是将大项目划分成若干个子项目或若干个子阶段；其次，是通过每一阶段对各人员角色职责的考核和监管，以保证开发过程的进度和质量。

（1）划分若干个子项目，设立里程碑检查点

项目进度是以里程碑为界限，将整个开发周期划分为若干阶段。根据里程碑的完成情况，适当地调整每一个较小的阶段的任务量和完成的任务时间，这种方式非常有利于整个项目进度的动态调整，也利于项目质量的监督。

在里程碑式的开发模式下，因为按子项目或子阶段来划分里程碑，每一个子项目都会经过一定的稳定化阶段。当再进入到第二个子项目的时候，就是基于前一个相对稳定的子项目基础之上，这样就将风险或错误的累加分散到最低。以局部的进度控制和质量控制来保证整体开发过程的稳定，使得质量和进度得到很好的控制，这就是里程碑式的开发模式优秀之处。

（2）每个具体的里程碑应与具体角色相关联

里程碑模式也可以称作项目实施进度管理模式，一旦开发项目立项确定，需要做的第一件事情就是确定项目进度的里程碑。在里程碑中应清楚地定义每一个阶段的开始时间、结束时间、负责人和阶段的提交成果。

因此，里程碑是项目经理进行开发进度控制的主要依据，里程碑一旦确定，各相应负责人应确保按时交付成果，这样既便于明确各个角色责权范围，也有利于按时完成任。例如每个具体的里程碑与开发组某一具体的人员角色相关联，达到某个里程碑表明对此负有主要责任的人员角色完成了任务。因此，基于里程碑的软件质量控制必然会演变成对角色的质量控制，这样才能真正达到对软件质量的控制。

（3）确保里程碑有可验证的标准

我们经常看到，许多项目进度中都像模像样地设立了里程碑。但实际上，最大的问题就在于许多里程碑没有设定相应的验证标准。在软件开发项目中设立的里程碑，其作用是在项目进行时确认进度用的，没有设定验证标准就等于没有里程碑管理。因此，需要给出一个清晰的验证标准，用来验证是否达到里程碑。

（4）里程碑应标明交付成果的进度

在标识里程碑时，要根据里程碑完成情况标明交付成果的进度。更通俗地说，就是让每个里程碑带上一个百分比，清楚地告诉团队通过这个里程碑说明项目完成了多少。当然随着项目进度的动态变化，未到达里程碑的也应该做出相应的调整。

11.3.3　风险管理

项目管理最大的目的之一是进行风险管理。能够预期到项目失败并不是最坏的，这样的项目只需要放弃或者提供更多的资源来争取更好的结果就可以了。事实上，在软件项目中，最令人担忧的实际上是那些未知的东西。能否更早地了解和管理这些未知的元素，是软件项目管理水平的重要体现。目前，风险管理被认为是 IT 软件项目中减少失败的一种重要

手段。当不能很确定地预测将来事情的时候,可以采用结构化风险管理来发现计划中的缺陷,并且采取行动来减少潜在问题发生的可能性和影响。风险管理意味着在危机还没有发生之前就对它进行处理。这就提高了项目成功的机会,同时减少了不可避免的风险所产生的后果。

项目风险管理实际上就是贯穿在项目开发过程中的一系列管理步骤,其中包括风险识别、风险估计、风险管理策略、风险解决和风险监控。它能让风险管理者主动"攻击"风险,进行有效的风险管理。通常,软件风险分析包括风险识别、风险评估和风险控制3项活动。

1. 风险识别

软件风险可区分为项目风险、技术风险和商业风险。项目风险是指存在于预算、进度、人力、资源、客户以及需求等方面的潜在问题,它们可能造成软件项目成本提高,开发时间延长等风险。技术风险是指设计、实现、接口和维护等方面的问题,它们可能造成软件开发质量的降低、交付时间的延长等后果。商业风险包括市场、商业策略、推销策略等方面的问题,这些问题会直接影响软件的生存能力。

对软件风险的识别就是采用系统化的方法,识别出项目中已知的和可预测到的风险。对项目进行风险管理,首先必须对存在的风险进行识别,即确定项目中的不确定因素和可能带来的影响,以便制订相应的计划与策略。风险识别的意义在于,如果不能准确地辨明软件项目中的各种风险,就会失去处理这些风险的机会,从而使风险管理的职能得不到正常的发挥。

风险识别的过程如图 11.6 所示。

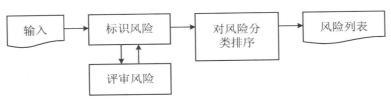

图 11.6　风险的识别过程

其中,输入可以是项目计划、历史项目数据、项目资源和要求等信息。在识别过程中故障树、风险树等方法是常用的风险识别工具。风险识别的主要工作内容包括如下几个方面:

(1) 识别并确定项目有哪些潜在的风险

只有首先确定项目可能有哪些风险,才能进一步分析这些风险的性质和后果。所以在项目风险识别工作中首先要全面分析项目发展与变化中的各种可能性和风险,从而识别出项目潜在的各种风险并整理汇总成项目风险清单。

(2) 识别引起这些风险的主要影响因素

只有识别清楚各个项目风险的主要影响因素才能把握项目风险的发展变化规律,才能对项目风险进行应对和控制。所以在项目风险识别活动中要全面分析各个项目风险的主要影响因素和它们对项目风险的影响方式、影响方向、影响力度等。然后,要运用各种方式将这些项目风险的主要影响因素同项目风险的相互关系描述清楚,使用图表、文字说明或数学等方式描述。

(3) 识别项目风险可能引起的后果

在识别出项目风险和项目风险主要影响因素以后,还必须全面分析项目风险可能带来的后果及其严重程度。项目风险识别的根本目的就是要缩小和消除项目风险带来的不利后果,同时争取扩大项目风险可能带来的有利后果。当然,在这一阶段对于项目风险的识别和分析主要是定性的分析,定量的项目风险分析将在项目风险度量中给出。

2. 风险评估

在风险管理中的这一步,我们可以建立如下形式的一系列三元组:

$$[r_i, l_i, x_i]$$

其中,r_i 表示风险,l_i 表示风险发生的概率,x_i 则表示风险产生的影响。在风险评估过程中,进一步审查在风险预测阶段所做的估算的精确度,试图为所发现的风险排出优先次序,并开始考虑如何控制和(或)避免可能发生的风险。

要使评估发生作用,必须定义一个风险参考水平值。对于大多数软件项目而言,前面所讨论的风险因素——性能、成本、支持、进度——也代表了风险参考水平值。即,对于性能下降、成本超支、支持困难、进度延迟(或者这 4 种的组合),都有一个水平值的要求,超过它就会导致项目被迫终止。如果风险的组合所产生的问题引起一个或多个参考水平值被超过,则工作将会停止。在软件风险分析中,风险参考水平值存在一个点,称为参考点或临界点,在这个点上决定继续进行该项目或终止它(问题太大了)都是可以接受的。

如果风险的组合产生问题而导致成本超支及进度延迟,则会有一个水平值。在临界点上,决定继续进行或终止项目都是可以的。

实际上,参考水平很少能表示成一条光滑曲线。在大多数情况下,它是一个区域,其中存在很多不确定性(即,基于参考值的组合进行管理决策常常是不可能的)。

因此,在风险评估过程中,我们执行以下步骤:

(1) 定义项目的风险参考水平值。

(2) 建立每一组 $[r_i, l_i, x_i]$ 与每一个参考水平值之间的关系。

(3) 预测一组临界点以定义项目终止区域,该区域由一条曲线或不确定区域所界定。

(4) 预测什么样的风险组合会影响参考水平值。

3. 风险控制

所有风险分析活动都只有一个目的——辅助项目组建立处理风险的策略。一个有效的策略必须考虑 3 个问题:① 风险避免;② 风险监控;③ 风险管理及意外事件计划。

为了缓解这个风险,项目管理必须建立一个策略来降低人员流动。可能采取的策略如下:① 与现有人员一起探讨人员流动的原因(如,恶劣的工作条件,低报酬,竞争激烈的劳动力市场)。② 在项目开始之前,采取行动以缓解那些在管理控制之下的原因。③ 一旦项目启动,假设会发生人员流动并采取一些技术以保证当人员离开时的工作连续性。④ 对项目组进行良好组织,使得每一个开发活动的信息能被广泛传播和交流。⑤ 定义文档的标准,并建立相应的机制,以确保文档能被及时建立。⑥ 对所有工作进行详细复审,使得不止一个人熟悉该项工作。⑦ 对于每一个关键的技术人员都指定一个后备人员。

随着项目的进展,风险监控活动开始进行了。项目管理者监控某些因素,这些因素可以提供风险是否正在变高或变低的指示。在人员频繁流动的例子中,应该监控下列因素:① 项目组成员对于项目压力的一般态度。② 项目组的凝聚力。③ 项目组成员彼此之间的关系。④ 与报酬和利益相关的潜在问题。⑤ 在公司内及公司外工作的可能性。

除了监控上述因素之外,项目管理者还应该监控风险缓解步骤的效力。例如,前述的一个风险缓解步骤中要求定义"文档的标准,并建立相应的机制,以确保文档能被及时建立"。如果有关键的人员离开了项目组,这是一个保证工作连续性的机制。项目管理者应该仔细地监控这些文档,以保证每一个文档内容正确,且当新员工加入该项目时,能为他们提供必要的信息。

风险管理及意外事件计划假设缓解工作已经失败,且风险变成了现实。继续前面的例子,假定项目正在进行之中,有一些人宣布将要离开。如果按照缓解策略行事,则有后备人员可用,因为信息已经文档化,有关知识已经在项目组中广泛进行了交流。此外,项目管理者还可以暂时重新将资源调整到那些人员充足的功能上去(并调整项目进度),从而使得新加入人员能够"赶上进度"。同时,应该要求那些要离开的人员停止工作,并在最后几星期进入"知识交接模式"。这可能包括:基于视频的知识捕获,"注释文档"的建立和(或)与仍留在项目组中的成员进行交流。

11.3.4　文档管理

1. 文档组织

不同类型、不同规模的软件系统,其文档组织可以有些不同,《计算机软件文档编制规范GB/T8567－2006》列出了25种软件开发文档的指导性编写指南,包括:可行性分析(研究)报告、项目开发计划、软件需求规格说明、接口需求规格说明、系统/子系统设计(结构设计)说明、软件(结构)设计说明、接口设计说明、数据库(顶层)设计说明书、(软件)用户手册、操作手册、测试计划、测试分析报告、软件配置管理计划、软件质量保证计划、开发进度月报、项目开发总结报告、软件产品规格说明、软件版本说明、软件安装计划、软件移交计划、运行概念说明、系统/子系统需求规格说明、数据需求说明、软件测试说明、计算机编程手册。

2. 文档类别

软件文档的使用者主要包括四类人员:管理人员、开发人员、维护人员和用户。他们所关心的文档种类与他们所承担的工作相关。

(1) 管理人员使用的文档:可行性分析(研究)报告、项目开发计划、软件配置管理计划、软件质量保证计划、开发进度月报、项目开发总结报告。

(2) 开发人员使用的文档:可行性分析(研究)报告、项目开发计划、软件需求规格说明、接口需求规格说明、软件(结构)设计说明、接口设计说明、数据库(顶层)设计说明书、测试计划、测试分析报告。

(3) 维护人员关心的文档:软件需求规格说明、接口需求规格说明、软件(结构)设计说明、测试报告。

(4) 用户使用的文档:软件产品规格说明、软件版本说明、用户手册、操作手册。

3. 文档编写

一个软件,从出现一个构思起,经过软件开发成功到投入使用,直到最后决定停止使用,整个时期就是该软件的一个生命周期。在整个软件生命周期的不同阶段所涉及的文档编写工作有:

(1) 可行性研究与计划阶段文档:确定软件的开发目标和总体要求,需要进行可行性分析报告、投资/效益分析、制订开发计划。

(2) 需求分析阶段文档:系统分析人员需要对被设计的系统进行系统分析,确定该软件的各项功能、性能需求和设计约束,确定文档编制的要求,作为本阶段工作的结果,一般需要完成的文档包括软件需求规格说明(也称为软件需求说明或软件规格说明)、数据要求说明和初步的用户手册。

(3) 设计阶段文档:系统设计人员和程序设计人员应该在反复理解软件需求的基础上,提出多个设计,分析每个设计能履行的功能并进行相互比较,最后确定一个设计,包括该软件的结构、模块的划分、功能的分配以及处理流程。如果系统比较复杂,设计阶段应分解成概要设计和详细设计阶段。在设计阶段,一般应完成:结构设计说明书、详细设计说明书和测试计划初稿。

(4) 实现阶段文档:需要完成源程序的编码,编译和排错调试得到无语法错误的程序清单,开始编写进度日报、周报和月报(是否要有日报或周报,取决于项目的重要性和规模),并须完成用户手册、操作手册等面向用户的文档的编写工作,还要完成测试计划的编制。

(5) 测试阶段文档:全面测试软件程序,检查审阅已编制的文档。一般要完成测试分析报告。作为开发工作的结束、所生产的程序、文档以及开发工作本身将逐项被评价,最后写出项目开发总结报告。

前 5 个阶段为软件开发阶段,开发者还需要按月编写开发进度月报。

(6) 运行和维护阶段文档:软件在运行使用中需要不断地维护,软件文档也需要根据新提出的需求进行必要的扩充和删改、更新和升级。

文档编制工作必须有管理工作的配合,才能使所编制的文档真正发挥它的作用。文档的编制工作实际上贯穿于一项软件的整个开发过程,因此,对文档的管理必须贯穿于整个开发过程。

4．文档管理

在开发过程中必须进行的管理工作有以下 4 条:

(1) 文档的形成

开发集体中的每个成员,尤其是项目负责人,都应该认识到文档是软件产品的必不可少的组成部分;在软件开发过程的各个阶段中,必须按照规定及时地完成各种产品文档的编写工作;必须把在一个开发步骤中做出的决定和取得的结果及时地写入文档;开发集体必须及时地对这些文档进行严格的评审;这些文档的形成是各个阶段开发工作正式完成的标志。这些文档上必须有编写者、评审者和批准者的签字,必须有编写、评审完成的日期和批准的日期。

(2) 文档的分类与标识

在软件开发的过程中,产生的文档是很多的,为了便于保存、查找、使用和修改,应该对文档按层次加以分类组织。一个软件开发单位应该建立一个本单位文档的标识方法,使文档的每一页都具有明确的标识。例如,可以按以下 4 个层次对文档加以分类和标识:① 文档所属的项目的标识。② 文档种类的标识。③ 同一种文档的不同版本号。④ 页号。

此外,对每种文档还应根据项目的性质,划定它们各自的保密级别,确定它们各自的发行范围。

(3) 文档的控制

在一项软件的开发过程中,随着程序的逐步形成和逐步修改,各种文档亦在不断产生、不断地修改或补充。因此,必须加以周密的控制,以保持文档与程序产品的一致性,保持各种文档之间的一致性和文档的安全性。这种控制主要表现为:

① 提供两套主文本,其内容必须完全一致,一套是可供出借的,另一套是不能出借的,以免出错。文档借出必须办理手续。

② 设置一位专职的文档管理员(接口管理工程师或文档管理员),负责集中保管本项目现有全部文档的两套主文本。

③ 文档编写责任制。每一份都必须具有编写人、审核人和批准人的签字。

个人文档使用与管理。开发人员可以根据工作的需要,在项目开发过程中持有一些文档,即所谓个人文档。个人文档包括为使他完成他所承担的任务所需要的文档,以及他在完成任务过程中所编制的文档;个人文档必须是主文本的复制品,若要修改,必须首先修改主文本。

④ 不同开发人员所拥有的个人文档通常是主文本的各种子集;所谓子集是指把主文本的各个部分根据承担不同任务的人员或部门的工作需要加以复制、组装而成的若干个文档的集合;文档管理人员应该列出一份不同子集的分发对象的清单,按照清单及时把文档分发给有关人员或部门。

⑤ 如果一份文档已经被另一份新的文档所代替,则原文档应该被注销;文档管理人员要随时整理主文本,及时反映出文档的变化和增加情况,及时分发文档。

⑥ 当一个项目的开发工作临近结束时,文档管理人员应逐个收回开发集体内每个成员的个人文档,并检查这些个人文档的内容;经验表明,这些个人文档往往可能比主文本更为详细,或同主文本的内容有所不同,必须认真监督有关人员进行修改,使主文本能真正反映实际的开发结果。

(4) 文档的修改管理

在一个项目的开发过程中的任何时刻,开发人员都可能对开发工作已有的成果——文档提出修改要求。提出修改要求的理由可能是各种各样的,进行修改而引起的影响可能很小,也可能会牵涉到很多方面。因此,修改活动的进行必须谨慎,必须对修改活动的进行加以管理,执行修改活动的规程,使整个修改活动有控制地进行。修改活动可分5个步骤:

① 提议。开发集体中的任何一个成员都可以向项目负责人提出修改建议,为此应该填写一份修改建议表,说明修改的内容、所修改的文档和部位,以及修改的理由。

② 评议。由项目负责人或项目负责人指定的人员对该修改建议进行评议,包括审查该项修改的必要性、确定这一修改的影响范围、研究进行修改的方法、步骤和实施计划。

③ 审核。一般项目负责人进行审核,包括核实修改的目的和要求、核实修改活动将带来的影响、审核修改活动计划是否可行。

④ 批准。在一般情况下,批准权属于该开发单位的部门负责人;在批准时,主要是决断修改工作中各项活动的先后顺序及各自的完成日期,以保证整个开发工作按照原定计划日期完成。

⑤ 实施。由项目负责人按照已批准的修改活动计划,安排各项修改活动的负责人进行修改,建立修改记录、产生新的文档以取代原有文档,最后把文档交给文档管理人员归档,并分发给有关的持有者。

11.4 质 量 保 证

11.4.1 软件质量度量

1. 软件质量及三层次度量模型

软件质量是软件的生命,它直接影响软件的使用和维护。由于软件开发人员、管理人员、维护人员以及用户在软件的开发、维护和使用过程中的地位不同,他们对软件质量的理解和要求也不同。如管理人员十分关心软件开发采用的标准,在经费和时间的允许下,如何实现软件需求规格说明中定义的功能;维护人员特别重视软件的正确性、可理解性和可修改性;用户更关心软件的性能和可靠性等。

软件质量的定义 1(IEEE):软件产品满足规定的和隐含的与需求能力有关的全部特征和特性,包括:① 软件产品质量满足用户要求的程度。② 软件各种属性的组合程度。③ 用户对软件产品的综合反映程度。④ 软件在使用过程中满足用户要求的程度。

定义 2:所有描述计算机软件优秀程度的特性组合:① 满足需求为基础;② 依据开发准则进行开发;③ 隐含需求。

上述定义表明,软件质量依赖于软件的内部特性及其组合。为了对软件质量进行度量,必须首先对影响软件质量的要素进行度量,并且建立实用的软件度量体系或模型。1978 年Walters 和 McCall 提出了包括质量要素(Factor)、准则(Criteria)和度量(Metric)的 3 个层次软件质量度量模型,如图 11.7 所示。

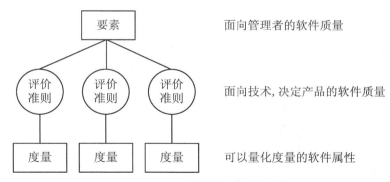

图 11.7 McCall 的软件质量度量模型

2. 软件质量要素

软件质量要素直接影响软件开发过程各个阶段的产品质量和最终软件产品质量。McCall 等人给出的软件质量要素共有 11 个,分为 3 类,即:运行特征,包括:正确性、可靠性、有效性、完整性和可用性;软件承受的修改能力,包括:可维护性、灵活性、可测试性;软件对新环境的适应程度,包括:可移植性、可重用性、互操作性。

(1) 正确性是指程序满足各个说明及完成用户目标的程度。

(2) 可靠性是指能够防止因概念、设计、结构等方面的不完善造成的软件系统失效,具有挽回因操作不当造成软件失效的能力。

(3) 有效性是指软件系统可以有效地利用计算机的时间和空间资源。

(4) 完整性是指控制未被授权人员访问程序和数据的程度。

(5) 可用性是指学习使用软件的难易程度。

(6) 可维护性是指软件产品交付用户使用后,能够对它进行修改,以便改正潜伏的错误,改进性能和其他属性,使软件产品适应环境的变化。

(7) 灵活性是指改变一个操作程序所需要的工作量。

(8) 可测试性是指测试程序使之具有预定功能所需的工作量。

(9) 可移植性是指软件从一个计算机系统搬到另一个计算机系统或环境的难易程度。

(10) 可重用性是指软部件可在多种场合应用的程度。

(11) 可互操作性是指两个或多个系统交换信息并相互使用已交换信息的能力。

各种要素间的关系,有些是正相关,而有一些是负相关。

3. 软件质量要素评价准则

由于直接测量软件质量的要素十分困难,在某些场合下甚至是不可能的,于是 McCall 等人定义了一组比较容易度量的软件质量要素的评价准则,通过这组评价准则间接测量软件质量要素。定义评价准则的基础是确定影响软件质量要素的属性。这些属性必须具有两个条件:① 能够完整、准确地描述软件质量要素;② 比较容易量化和测量。

McCall 等定义了如下 21 种评价准则:

(1) 可审查性。检查软件需求、规格说明、标准、过程、指令、代码及合同是否一致的难易程度。

(2) 准确性。计算和控制的精度,是对无误差程度的相对误差的函数。值越大表示精度越高。

(3) 完整性。软件系统不丢失任何重要成分,完全实现系统所需功能的程度。

(4) 简明性。程序源代码的紧凑性。

(5) 通信通用性。使用标准接口。

(6) 一致性。整个系统(包括文档和程序)的各个模块应使用一致的概念、符号、术语;程序内部接口应该保持一致;软件与硬件接口应该保持一致;系统规格说明与系统行为应该保持一致;等等。

(7) 数据通用性。在程序中使用标准的数据结构和类型。

(8) 容错性。系统在各种异常条件下提供继续操作的能力。

(9) 执行效率。程序运行效率。

(10) 可扩充性。能够对结构设计、数据设计和过程设计进行扩充的程度。

(11) 通用性。程序部件潜在的应用范围的广泛性。

(12) 硬件独立性。软件同支持它运行的硬件系统不相关的程度。

(13) 检测性。监视程序的运行,一旦发生错误,标识错误的程度。

(14) 模块化。模块是程序逻辑上相对独立的成分,它是一个独立的编程单位,应该具有良好的接口定义。模块化有助于信息隐藏和抽象,有助于表示复杂的软件系统。

(15) 可操作性。操作一个软件的难易程度。

(16) 安全性。控制或保护程序和数据不受破坏的机制,以防止程序和数据受到意外的或蓄意的存取、使用、修改、毁坏或泄密。

（17）自文档化。源代码提供有意义文档的程度。

（18）简单性。理解程序的难易程度。

（19）软件系统独立性。程序与非标准的程序设计语言特征、操作系统特征以及其他环境约束无关的程度。

（20）可追踪性。在开发软件系统的过程中的每一步都应该是可追踪的。

（21）易培训性。软件支持新用户使用该系统的能力。

软件质量要素与评价标准之间的关系如表 11.10 所示。质量要素 F_i 的值可用下式计算：

$$F_i = \sum_{k=1}^{L} C_{ik} M_k, \quad i = 1, 2, \cdots, 11$$

其中，M_k 是质量要素 F_i 对第 k 种评价准则的测量值，C_{ik} 是相应的加权系数。

表 11.10　质量要素之间的关系

准则 ＼ 要素关系	准确性	可容性	有效性	安全性	可用性	可维护性	灵活性	可互操作性
可追踪性	✓							
完全性	✓							
一致性	✓	✓				✓		
准确性		✓						
容错性		✓						
简单性		✓				✓		
模块化						✓	✓	
通用性							✓	
可扩充性								
检测性						✓		
自描述性						✓	✓	
执行效率			✓					
存储效率			✓					
存取控制				✓				
存取审查				✓				
可操作性					✓			
易培训性					✓			
通信性					✓			
软件系统独立性							✓	
硬件独立性							✓	
通信通用性								✓
数据通用性								✓
简明性						✓		

11.4.2　软件质量保证的措施

与硬件系统不同,软件不会磨损;因此在软件交付之后,其可用性不会随时间的推移而改变。软件质量保证(Software Quality Assurance,SQA)是指软件生产过程包含的一系列质量保证活动,其目的是使所开发的软件产品达到规定的质量标准。SQA 是一个系统性的工作,用于提高软件交付时的水平。它通过对软件产品和活动进行评审和审计来验证软件是合乎标准的,采用建立一套有计划性、系统性的方法,来向管理层保证拟定出的标准、步骤、实践和方法能够正确地被所有项目所采用。

软件质量保证的目的是使软件过程对于管理人员来说是可见的,软件质量保证组在项目开始时就一起参与建立计划、标准和过程,这些将使软件项目满足机构方面的要求。软件质量保证是一种应用于整个软件开发过程的一系列系统性的保护性活动,它提供开发出满足使用要求产品的软件过程的能力证据,包括:① 有效的软件工程技术(方法和工具)。② 在整个软件过程中采用的正式技术复审。③ 一种多层次的测试策略。④ 对软件文档及其修改的控制。⑤ 保证软件遵从软件开发标准的规程、度量和报告机制。⑥ 为软件开发过程、产品和所使用的资源提供一个独立的视角。⑦ 依据标准检查产品及其文档的符合性,软件开发所使用流程的符合性。⑧ 通过对需求、设计和编码进行评审,减少在测试和集成阶段修改缺陷的成本。

软件质量保证的措施主要有基于非执行的测试、基于执行的测试和程序正确性证明。

基于执行的测试即软件测试,需要在程序编写出来之后进行,它是保证软件质量的最后一道防线,第 8 章已经专门叙述过,此处不再讨论。

测试只能发现程序错误,但不能证明程序无错。因为测试并没有也不可能包含所有数据,只是选择了一些具有代表性的数据,所以它具有局限性。程序正确性证明是通过数学方法严格验证程序是否与对它的说明完全一致。正确性证明的基本思想是证明程序能完成预定的功能,因此应该提供对程序功能的严格数学说明,然后根据程序代码证明程序确实能实现它的功能说明。

从 20 世纪 50 年代 Turing 开始研究程序正确性证明,人们陆续提出了许多不同的技术方法。虽然这些技术方法本身很复杂,但是它们的基本原理却比较简单。

如果在程序的若干个点上,设计者可以提出关于程序变量及它们的关系的断言,那么在每一点上的断言都应该永远是真的。假设在程序的 $P_1, P_2, \cdots, P_n$ 等点上的断言分别是 $a(1), a(2), \cdots, a(n)$,其中 $a(1)$ 必须是关于程序输入的断言,$a(n)$ 必须是关于程序输出的断言。

为了证明在点 P_i 和 P_{i+1} 之间的程序语句是正确的,必须证明执行这些语句之后将使断言 $a(i)$ 变成 $a(i+1)$。如果对程序内所有相邻点都能完成上述证明过程,则证明了输入断言加上程序可以导出输出断言。如果输入断言和输出断言是正确的,而且程序确实是可以终止的(不包含死循环),则上述过程就证明了程序的正确性。

人工证明程序正确性,对于评价小程序可能有些价值,但是在证明大型软件的正确性时,不仅工作量太大,更主要的是在证明的过程中很容易包含错误,因此是不实用的。为了实用的目的,必须研究能证明程序正确性的自动系统。

在实践中,也往往以符合工程标准作为质量保证的一种措施。

基于非执行的测试也称为评审或复审,因为它的重要性,内容又多,下面单独安排一节专门讨论它。

11.5 软 件 评 审

软件评审是软件质量保证的重要措施之一。狭义的"软件评审"通常指软件文档和源程序评审;广义的"软件评审"还包括与软件测试相结合的评审以及管理评审。

11.5.1 软件评审概述

软件评审,是指在软件开发过程中,由参与评审的人员对软件开发文档或代码进行评审或检查,帮助查找缺陷和改进。

软件评审的显著优点是,能够较早发现软件错误,从而可防止错误被传播到软件过程的后续阶段。统计数字表明,在大型软件产品中检测出的错误,60%～70%属于规格说明错误或设计错误,而软件评审在发现规格说明错误和设计错误方面的有效性高达75%。由于能够检测出并排除掉大部分这类错误,评审可大大降低后续开发和维护阶段的成本。又因为评审的进行使大量人员对软件系统中原本并不熟悉的部分更加了解,因此,评审还起到了提高项目连续性和培训后备人员的作用。

软件评审的目的是检验软件开发、软件评测各阶段的工作是否齐全、规范,各阶段产品是否达到了规定的技术要求和质量要求,以决定是否可以转入下一阶段的工作。实际上,评审是对软件元素或者项目状态的一种评估手段,以确定其是否与计划的结果保持一致,并使其得到改进。

软件评审的目标主要有以下几点:① 发现任何形式表现的软件功能、逻辑或实现方面的错误;② 通过评审验证软件的需求;③ 保证软件的表示符合预定义的标准;④ 得到一种以一致的方式开发的软件;⑤ 使项目更容易管理。

软件评审的工作主要包括:

① 检验产品是否满足以前的规范,如需求或设计文档;② 识别产品相对于标准的偏差;③ 向作者提出改进建议;④ 促进技术交流和学习。

软件评审需满足以下准则:① 评审产品,而不是评审设计者(不能使设计者有任何压力);② 会场要有良好的气氛;③ 建立议事日程并维持它(会议不能脱离主题);④ 限制争论与反驳(评审会不是为了解决问题,而是为了发现问题);⑤ 指明问题范围,而不是解决提到的问题;⑥ 展示记录(最好有黑板,将问题随时写在黑板上);⑦ 限制会议人数和坚持会前准备工作;⑧ 对每个被评审的产品要建立评审清单(帮助评审人员思考);⑨ 对每个正式技术评审分配资源和时间进度表;⑩ 对全部评审人员进行必要的培训;⑪ 及早地对自己的评审做评审(对评审准则的评审)。

11.5.2 软件评审内容

软件评审的内容很多,大体可分为管理评审、技术评审、文档评审和过程评审。

1. 管理评审

管理评审就是高层管理者针对质量方针和目标,对质量体系的现状和适应性进行正式评价。管理评审是以实施质量方针和目标等质量体系的适应性和有效性为评价基准,对体系文件的适应性和质量活动的有效性进行评价。体系审核的结果有时是管理评审的输入,即管理评审要对体系审核的"过程"和"结果"进行检查和评价。管理评审流程如图 11.8 所示。

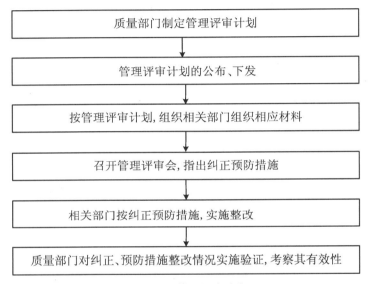

图 11.8　管理评审流程

2. 技术评审

技术评审是对软件及各阶段的输出内容进行评估,确保需求说明书、设计说明书与要求保持一致,并按计划对软件实施了开发。技术评审分为正式和非正式两种,通常由技术负责人制订详细的评审计划,包括评审时间、地点以及所需的输入文件。

技术评审结束后,以书面形式对评审进行总结,形成技术评审报告。技术评审报告的主要内容包括会议基本信息、存在的问题和建议措施、评审结论和意见、问题跟踪表、技术评审答辩记录等。

3. 文档评审

文档评审分为格式评审和内容评审。格式评审是检查文档格式是否满足要求;内容评审主要从以下方面进行检查:正确性、完整性、一致性、有效性、易测性、模块化、清晰性、可行性、可靠性、可追溯性等。

4. 过程评审

过程评审是对软件开发过程进行评审,通过对流程监控,保证软件质量组织制订的软件过程在软件开发中得到遵循,同时保证质量方针得到更好的执行。评审对象是质量保证流程,而不是产品质量或其他形式的产品。过程评审流程如图 11.9 所示。

过程评审的作用如下：① 评估主要的质量保证流程。② 提出评审过程中出现问题的解决方法。③ 总结好的软件开发经验。④ 指出需要进一步完善和改进的部分。

在整个软件生命周期内，软件评审根据不同的评审阶段，可分为软件定义评审、软件需求评审、概要设计评审、详细设计评审、软件实现评审和软件验收评审等。图 11.10 展示了软件生命周期内不同阶段的软件评审时间点。

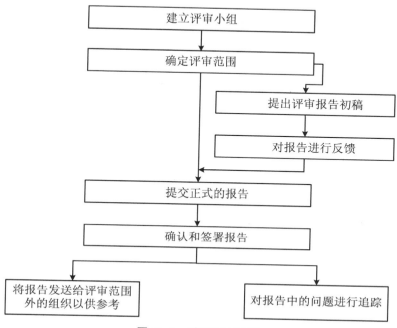

图 11.9   过程评审流程

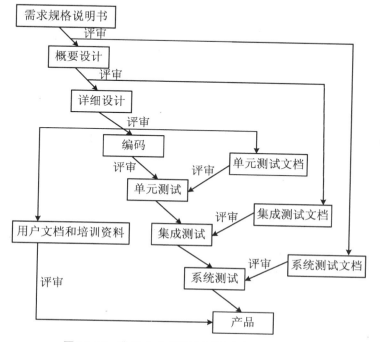

图 11.10   软件生命周期内不同阶段的软件评审

11.5.3 软件评审方法

软件评审的方法很多,分为正式评审和非正式评审。从非正式评审到正式评审如图 11.11 所示。

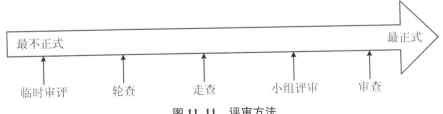

图 11.11　评审方法

(1) 临时评审。这是最不正式的评审方式,通常适用于小组间的合作。

(2) 轮查。将要评审的内容发送给各位评审员,并收集相关的反馈意见。

(3) 走查。这是常用的非正式评审方式,评审在作者的主导下进行。作者向评审员详细介绍软件产品,走查员针对发现的问题与作者沟通。由于在走查前没有要求走查员阅读软件产品,所以走查可能不够深入,一些隐藏较深的缺陷不易发现。

(4) 小组评审。这是比较理想的正式评审方式。相对于走查而言,主要改进是不再由作者主导评审过程,在评审会议前评审员需要对软件产品进行预评。这种方式既能提高评审质量,又能提高评审会议效率。但由于评审过程还不够完善,评审后期的问题跟踪和分析往往被简化和忽略。

(5) 审查。这是非常正式的评审方式,是最系统化、最严密的评审方法,评审效果最好。但持续时间较长,成本开销也较大,不一定是最经济的评审方式。审查的作用主要是:验证产品是否满足功能规格说明、质量特性以及用户需求;验证产品是否符合相关标准、规则、计划和过程;提供缺陷和审查工作的度量,改进审查过程和组织的软件工程过程。

走查、小组评审和审查的比较如表 11.11 所示。

表 11.11　走查、小组评审和审查的比较

序号	角色/职责	走查	小组评审	审查
1	主持者	作者	评审组长或作者	评审组长
2	材料陈述者	作者	评审组长	评审者
3	记录员	可能	是	是
4	专门的评审角色	否	是	是
5	检查表	否	是	是
6	问题跟踪和分析	否	可能	是
7	产品评估	否	是	是
8	规划	有	有	有
9	准备	无	有	有
10	会议	有	有	有
11	修正	有	有	有
12	确定	无	有	有

11.5.4 软件评审过程

正式的技术复审（Formal Technical Review,FTR）是一种由技术工程师进行的软件质量保证活动,每次的FTR都以会议的形式进行,只有经过适当地计划、控制和相关人员的积极参与,FTR才能获得成功。整个软件评审过程可以分为3大阶段:召开评审会议、做出决策、编写评审报告与记录。评审会议一般应有3~5人参加,会前每个参加者都要做好准备,整个评审会每次一般不超过2小时。评审会议结束时必须做出以下决策之一:接收该产品、不需做修改;由于错误严重,拒绝接收;暂时接收该产品。对于评审会上所提出的问题都要进行记录,在评审会结束前产生一个评审问题表,另外必须完成评审简要报告。

1. 复审指南

不受控制的错误复审比没有复审更加糟糕,所以在进行正式的复审之前必须制订复审指南并将其分发给所有的复审参加者,得到大家的认可后,才能依照指南进行复审。

正式技术复审指南的最小集合如下所示:

（1）复审对象是产品,而不是产品生产者。复审会议的气氛应当是轻松的和建设性的,不要试图贬低或者羞辱别人。通常,有管理职权的成员不宜作为复审者参加会议。

（2）制订并严格遵守议程。FTR会议必须保证按照计划进行,不要离题。

（3）鼓励复审者提出问题,但限制争论和辩驳。有争议的问题将被记录在案,以待事后解决。

（4）复审是以"发现问题"为宗旨的,问题的解决通常由生产者自己或者在别人的帮助下解决,所以不要试图在FTR会议上解决所有问题。

（5）必须设置专门的记录员,做好会议记录。

（6）为保证FTR有实效,坚持要求与会者事先做好准备,提交书面的评审意见,并要限制与会人数,将人数保持在最小的必需值上。

（7）组织应当为每类要复审的产品(如各种计划、需求分析、设计、编码、测试用例)建立检查表,帮助复审主持者组织FTR会议,并帮助每个复审者都能够把注意力放在对具体产品来说最为关键的问题上。

（8）为FTR分配足够的资源和时间,并且要为复审结果所必然导致的产品修改活动分配时间。

（9）所有参与复审的人都应当具备进行FTR的技能,接受过相关的培训。

（10）复审以前所做的复审,总结复审工作经验,不断提高复审水平。

2. 复审会议的组织

由于人们发现别人生产的产品中的缺陷比发现自己产品的缺陷要容易,所以评审应当在不同的工程师之间进行。从保证会议效果出发,不论进行什么形式的FTR活动,会议的规模都不宜过大,控制在3~5人较好,每个参会人员都要提前进行准备;会议的时间不宜长,控制在2个小时之内。每次复审的对象应当只是整个软件中的某个较小的特定部分,不要试图一次复查整个设计,而要对每个模块或者一小组模块进行复审走查。

FTR的焦点是某个工作产品,比如一部分需求规约、一个模块的详细设计、一个模块的源代码清单等。负责生产这个产品的人通知"复审责任人"产品已经完成,需要复审。复审责任人对工作产品的完成情况进行评估,当确认已经具备复审条件后,准备产品副本,发放给预定要参加复审的复审者。复审者花 1～2 小时进行准备,通常在第二天召开复审会议。复审会议由复审责任人主持,由产品生产者和所有的复审者参加,并安排专门的记录员。产品生产者在会议上要"遍历"工作产品并进行讲解,复审者则根据各自的准备提出问题,当发现错误和问题时,记录员将逐一进行记录。

在复审结束时,必须做出复审结论,且只能是下列 3 种之一:① 工作产品可以不经修改地被接收。② 由于存在严重错误,产品被否决(错误改正后必须重新进行复审)。③ 暂时接收工作产品(发现了轻微错误需要改正,但改正后不需要再次评审)。

3. 复审报告和记录保存

在 FTR 期间,一名复审者(记录员)主动记录所有被提出来的问题,在会议结束时对这些问题进行小结,并形成一份"复审问题列表"。此外还要形成一份简单的"复审总结报告"阐明如下问题:① 复审对象是什么;② 有哪些人参与复审;③ 发现了什么、结论是什么。

复审报告是项目历史记录的一部分,可以将其分发给项目负责人和其他感兴趣的复审参与方。复审问题列表有两个作用:首先是标识产品中的问题区域;其次将被用作指导生产者对产品进行改进的"行动条目"。在复审总结报告中,复审问题列表应当作为附件。

SQA 人员必须参与复审,一方面观察复审过程的合理性,另一方面将会在今后对问题列表中各个问题的改正情况进行跟踪、检查并通报缺陷修改情况,直到复审被通过或问题被彻底解决。

11.6 配 置 管 理

在软件项目开发的过程中,变化或变更是不可避免的,并且变化使得共同工作在某一项目中的软件工程师之间的彼此不理解程度更加增高。当变化进行前没有经过分析、变化实现前没有被记录、没有向那些需要知道的人报告变化或变化没有以可改善质量及减少错误的方式被控制时,则不理解性将会产生。如果不加有效地管理,将导致开发效率降低,甚至软件开发失败。

协调软件开发以减少不理解性到最低程度的技术称为配置管理。配置管理是对正在被一个项目组建造的软件的修改标识、组织和控制的技术,其目标是通过最大限度地减少错误来最大限度地提高生产率。

11.6.1 配置管理的概念

软件过程的输出信息可以分为 3 个主要的类别:① 计算机程序(源代码和可执行程序);② 描述计算机程序的文档(针对技术开发者和用户);③ 数据(包含在程序内部或在程序外部)。这些项包含了所有在软件过程中产生的信息,总称为软件配置。

随着软件过程的进展,软件配置项(Software Configuration Items,SCI)迅速增长。系统规约产生了软件项目计划和软件需求规约(以及硬件相关的文档),这些然后又产生了其他的文档,从而建立起一个信息层次。如果每个 SCI 仅仅简单地产生其他 SCI,则几乎不会产生混淆。不幸的是，为了任意的理由，变化可能随时发生。事实上，不管在系统生命期的什么地方，系统都将会发生变化，并且对变化的希望将持续于整个生命期中。

1. 基线(Base Line)

基线是一个软件配置管理的概念，它帮助我们在不严重阻碍合理变化的情况下来控制变化。IEEE定义基线如下：

已经通过正式复审和批准的某规约或产品，它因此可以作为进一步开发的基础，并且只能通过正式的变化控制过程的改变。

简单地说，基线是指软件配置项通过正式复审而进入正式受控的一种状态。比如，软件规格说明书在需求分析阶段可以随时根据用户的需求进行更改，但该文档一旦成为基线，需求变更就必须要通过严格的过程管理才能修改。

2. 软件配置项(Software Configuration Item,SCI)

软件配置项为软件工程过程中创建的部分信息，在极端情况下，一个SCI可被考虑为某个大的规约中的某个单独段落，或在某个大的测试用例集中的某种测试用例，更实际地，一个SCI是一个文档、一个全套的测试用例或一个已命名的程序构件(例如，C++函数)。

IEEE给出如下的软件配置项定义：① 软件配置项是为了配置管理而作为单独实体处理的一个工作产品或软件。② 在现实中，SCI被组织成配置对象，它们有自己的名字，并被归类到项目数据库中。一个配置对象有名字、属性，并通过关系和其他对象"联结"。

11.6.2　配置管理的活动

软件配置管理贯穿整个软件开发过程，实施软件配置管理就是要在软件的整个生命周期中建立和维护软件的完整性和一致性。实施软件配置管理，主要的活动包括：制订配置计划、确定配置标识、版本管理、变更控制、系统合成、配置审核等。

1. 制订配置计划

制订软件配置计划的过程就是确定软件配置管理的解决方案，软件配置管理的解决方案涉及方面很广，将影响软件环境开发环境、软件过程模型、配置管理系统的使用者、软件产品的质量和用户的组织机构。在软件配置管理计划的制订过程中，其主要流程如下：① 项目经理和软件配置管理委员会(SCCB)根据项目的开发计划确定各个里程碑和开发策略。② 根据SCCB的规划，制订详细的软件配置管理计划，交SCCB审核。③ SCCB通过配置管理计划后交项目经理批准，发布实施。

2. 确定配置标识

为了控制和管理的方便，所有软件配置项SCI都应采用合适的方式进行命名组织。通常配置项之间存在相互的内在联系，诸如不同模块的层次分解关联、设计文档与程序代码之间的关联等。通常采用分层命名的方式，对相关的配置进行组织。

3. 版本管理

版本管理是对系统不同版本进行标识和跟踪的过程，它可以保证软件技术状态的一致性。随着软件开发的进展，软件配置项的版本也在不断地增多，因此形成的该配置项的版本空间。一般来说，版本的演化可以是串行也可以是并行，主要的原因有：① 采用不同的软件开发路线。② 采用不同的实验性路线。③ 同一内容不同的开发人员。④ 为适应不同平台的不同版本开发。⑤ 可能出现的多个开发人员并行开发。

图 11.12 为一种版本演化的示例,其中的版本分支可能代表不同的软件开发过程。

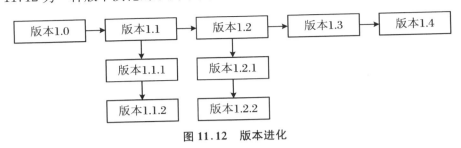

图 11.12　版本进化

4. 变更控制

对于大型复杂的软件开发项目,无控制的变化将迅速导致混乱,变化控制结合人的规程和自动化工具以提供一个变化控制的机制。变化控制过程如图 11.13 所示。

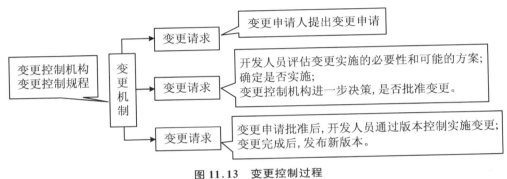

图 11.13　变更控制过程

5. 系统合成

系统合成是把系统的不同部分进行集成,使其完成一组特定的功能。软件系统合成包括对不同部分进行编译及将不同的部分组成一个可执行的系统。在系统合成过程中,必须考虑以下问题:① 是否所有组成系统的成分都包括在合成说明书中? ② 是否所有组成系统的成分都有合适的版本? ③ 是否所有的数据文件都是可以获得的? ④ 是否有合适版本的编辑器和其他工具?

11.7　本 章 小 结

软件工程包括技术和管理两方面的内容,是技术与管理紧密结合的产物。只有在科学而严格的管理之下,先进的技术方法和优秀的软件工具才能真正发挥出威力。因此,有效的管理是大型软件工程项目成功的关键。

软件项目管理始于项目计划,而第一项计划活动就是估算。为了估算项目工作量和完成期限,首先需要预测软件规模。

度量软件规模的常用技术主要有代码行技术和功能点技术。这两种技术各有优缺点,应该根据项目特点及从事计划工作的人对这两种技术的熟悉程度,选用适用的技术。

根据软件规模可以估算出完成该项目所需的工作量,常用的估算模型为静态单变量模型、动态多变量模型和 COCOMO2 模型。为了使估算结果更接近实际值,通常至少同时使用上述 3 种模型中的两种。通过比较和协调使用不同模型得出的估算值,有可能得到比较准确的估算结果。成本估算模型通常也同时提供了估算软件开发时间的方程式,这样估算出的开发时间是正常开发时间,经验表明,用增加开发人员的方法最多可以把开发时间减少到正常开发时间的 75%。

管理者必须制订出一个足够详细的进度表,以便监督项目进度并控制整个项目。常用的制订进度计划的工具有 Gantt 图和网络图,这两种工具各有优缺点,通常,联合使用 Gantt 图和工程网络图来制订进度计划并监督项目进展状况。

软件质量保证是在软件过程中的每一步都进行的活动。软件质量保证措施主要有基于非执行的测试(也称为复审或评审)、基于执行的测试(即通常所说的测试)和程序正确性证明。软件评审是最重要的软件质量保证活动之一,它的优点是在改正错误的成本相对比较低时就能及时发现并排除软件错误。

软件配置管理是应用于整个软件过程中的保护性活动,是在软件整个生命期内管理变化的一组活动。软件配置管理的目标是,使变化能够更正确且更容易被适应,在需要修改软件时减少为此而花费的工作量。

阅 读 材 料

软件工程标准化与软件文档(GB/T 8567‒2006)

随着软件工程的发展,人们对计算机软件的认识逐渐深入,软件工作的范围从只是使用语言编写程序,扩展到整个软件生存期各个阶段。工程化的要求有必要对各阶段的工作都实现规范化。软件工程涉及软件概念的形成、需求分析、设计、实现、测试、安装和检验以至运行和维护,直到软件淘汰(为新的软件所取代)。同时还有许多技术管理工作(如过程管理、产品管理、资源管理)以及确认与验证工作(如评审和审核、产品分析等)常常是跨越软件生存期各个阶段的专门工作。所有这些方面都应当用文件的形式给出规范化要求,这就是标准。

所谓标准,是人们为在一定的范围内获得最佳秩序,经协商一致制定,并由公认的权威机构批准,共同使用和重复使用的一种规范性文件。

这里提到的规范性文件是为各种活动或其结果提供规则、导则或规定特性的文件。由此可看出标准的针对对象是活动(如过程)或其结果(如过程得到的产品),并且是要被人们共同使用和重复使用的。显然,纯属个性的和没有重复使用价值的活动及其结果不应是标准的对象。

标准应是经过协商,取得一致,还要经过公认机构批准。这表明对标准内规定的内容经过了对不同意见的研究和协调,其中的实质性内容得到普遍同意。可见,标准体现了科学、技术和实践经验的综合成果,具有一定的科学性和先进性。

所谓标准化是指围绕着标准的制定与贯彻实施等方面开展的一系列活动。事实上,对于大多数软件开发机构和软件工程人员来说,标准化工作主要是对标准的理解(特别是对国际标准和国家标准的理解)与贯彻实施的相关活动。

任何工程项目或是现代制造业、现代服务也都离不开标准。因为只有按标准的要求组织生产和服务才能减少盲目性和任意性,才能提高互认性和互换性,进而达到确保安全和产品质量的要求,最终能够提高生产率和节约成本。

软件工程标准化会给软件工作带来许多好处,比如:

(1) 能提高软件产品的质量。软件工程标准能让软件开发人员的工作提高一致性、协调性,因而也就提高了软件产品的可靠性、可维护性和可移植性;

(2) 能减少开发人员之间的误解、差错和返工,从而缩短了软件开发周期,提高了软件工作的工作效率和软件生产率;

(3) 遵循标准开展工作能提高软件人员的开发技能;

(4) 由于各层次、各环节和各岗位的软件人员都遵循统一的标准,大家有了共同语言,因而提高了人员之间沟通的效率;

(5) 标准化开发有助于提高管理水平,有利于降低软件产品的开发成本和运行维护成本;

(6) 软件工程标准化也是国际化的要求,这为国际交流提供了便利。这一点不难理解,也是不容忽视的。

标准的制定和实施有着明确的目的,即力图在一定的范围内获得最佳秩序,并促进最佳的共同利益。使得我们的活动在按规则、有秩序、有条理的状态下进行,从而实现良好的社会效益和经济效益。

软件文档是指某种数据媒体和其中所记录的数据。它具有永久性,并可以由人或机器阅读,通常仅用于描述人工可读的东西。在软件工程中,文档常常用来表示对活动、需求过程或结果进行描述、定义、规定、报告或认证的任何书面或图示的信息。它们描述和规定了软件设计和实现的细节,说明使用软件的操作命令。文档也是软件产品的一部分,没有文档的软件就不能称其为软件。软件文档的编制在软件开发工作中占有突出的地位和相当大的工作量。高质量、高效率地开发、分发、管理和维护文档对于转让、变更、修正、扩充和使用文档,对于充分发挥软件产品的效益有着重要意义。

在软件生产过程中,总是伴随着大量的信息要记录、要使用。因此,软件文档在产品的开发过程中起着重要的作用:

(1) 提高软件开发过程的能见度。把开发过程中发生的事件以某种可阅读的形式记录在文档中。管理人员可把这些记载下来的材料作为检查软件开发进度和开发质量的依据,实现对软件开发的工程管理。

(2) 提高开发效率。软件文档的编制,使得开发人员对各个阶段的工作都进行周密思考、全盘权衡、减少返工。并且可在开发早期发现错误和不一致性,便于及时加以纠正。

(3) 作为开发人员在一定阶段的工作成果和结束标志。

(4) 记录开发过程中有关信息,便于协调以后的软件开发、使用和维护。

(5) 提供对软件的运行、维护和培训的有关信息,便于管理人员、开发人员、操作人员、用户之间的协作、交流和了解。使软件开发活动更科学、更有成效。

(6) 便于潜在用户了解软件的功能、性能等各项指标,为他们选购符合自己需要的软件提供依据。

文档在各类人员、计算机之间的多种桥梁作用可从图 11.14 中看出。

既然软件已经从手工艺人的开发方式发展到工业化的生产方式,文档在开发过程中就起到关键作用。从某种意义上来说,文档是软件开发规范的体现和指南。按规范要求生成一整套文档的过程,就是按照软件开发规范完成一个软件开发的过程。所以,在使用工程化的原理和方法来指导软件的开发和维护时,应当充分注意软件文档的编制和管理。

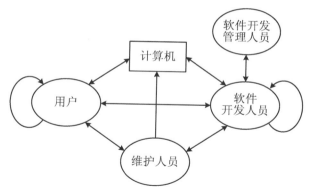

图 11.14　文档的桥梁作用

软件项目开发计划书(GB 8567－88)

软件开发计划(Software Development Plan,SDP)描述开发者实施软件开发工作的计划,这里的"软件开发"一词涵盖了新开发、修改、重用、再工程、维护和由软件产品引起的其他所有活动。软件开发计划是向需求方提供了解和监督软件开发过程、使用方法、每项活动途径、项目安排、组织及资源等的一种手段。

1. 项目概述

(1) 工作内容:简要说明项目的各项主要工作,软件的功能、性能等。

(2) 产品:说明要交付的软件产品,主要包括程序及文档。

(3) 运行环境:运行环境包括硬件环境、软件环境、网络环境等。

(4) 最后交付期限:描述移交应交付产品的最后期限。

2. 实施整个软件开发活动的计划

(1) 软件开发过程:描述要采用的软件开发过程。计划应覆盖合同中的所有相关条款,确定已计划的开发阶段、目标和各阶段要执行的软件开发活动。

(2) 软件开发总体计划:主要书写以下方面的内容:软件开发方法、软件产品标准、可重用的软件产品、处理关键性需求、计算机硬件资源利用、记录原理、需方评审途径。

3. 实施详细软件开发活动的计划

对每项活动的描述应包括以下方面的途径(方法/过程/工具):① 所涉及的分析性任务或其他技术性任务。② 结果的记录。③ 与交付有关的准备。

对于下述内容,可有选择地进行描述:项目计划和监督、建立软件开发环境、系统需求分析、系统设计、软件需求分析、软件设计、软件实现和配置项测试、配置项集成和测试、软件配置项合格性测试、软件配置项/硬件配置项的集成和测试、系统合格性测试、软件使用准备、软件移交准备、软件配置管理、软件产品评估、软件质量保证、问题解决过程、联合评审、文档编制、其他软件开发活动。

4. 进度表和活动网络图

应给出:① 进度表。标识每个开发阶段中的活动,给出每个活动的起始点、提交的草稿、最终结果的可用性、其他里程碑以及每个活动的完成点。② 活动网络图。描述项目活动之间的顺序关系和依赖关系,标识出完成项目中有最严格时间限制的活动。

5. 项目组织和资源

分条描述各阶段要使用的项目组织和资源。

(1) 项目组织:描述本项目要采用的组织结构,包括涉及的组织机构以及机构之间的关系、执行所需活动的每个机构的权限和职责。

(2) 项目资源:描述适用于本项目的资源。

习 题 11

1. 选择题

(1) 软件项目管理必须( )介入。

A. 从项目的开头 B. 在可行性研究之后

C. 在需求分析之后 D. 在编码之后

(2) 一个项目是否开发,从经济上来说是否可行,归根结底是取决于( )。

A. 成本估算 B. 项目计划 C. 工程管理 D. 工程网络图

(3) 下列选项中,不属于质量管理的主要任务的是( )。

A. 制订软件质量保证计划 B. 按照质量评价体系控制软件质量要素

C. 增加软件产品的功能 D. 对最终软件产品进行确认

(4) 基于代码行的面向规模的度量方法适合于( )。

A. 过程式程序设计语言和事前度量

B. 第四代语言和事前度量

C. 第四代语言和事后度量

D. 过程式程序设计语言和事后度量

(5) 下列说法中,不正确的是( )。

A. 功能点度量方法与程序设计语言有关

B. 功能点度量方法适合于过程式语言

C. 功能点度量方法适合于非过程式语言

D. 功能点度量方法适合于软件项目估算

(6) 下列模型属于成本估算方法的有( )。

A. COCOMO2 模型 B. McCall 模型

C. McCabe 度量法 D. 时间估算法

(7) Putnam 成本估算模型是一个( )模型。

A. 静态单变量 B. 动态单变量 C. 静态多变量 D. 动态多变量

(8) 甘特图是一种( )。

A. UML 模型 B. 过程模型

C. 系统构架的抽象模型 D. 进度计划的表达方式

(9) 采用甘特图表示软件项目进度安排,下列说法中正确的是( )。

A. 能够反映多个任务之间的复杂关系

B. 能够直观表示任务之间相互依赖制约关系

C. 能够表示哪些任务是关键任务

D. 能够表示子任务之间的并行和串行关系

(10) 要显示描绘软件开发项目各作业的依赖关系,应选择( )。

A. Gantt 图　　　 B. 工程网络图　　　 C. COCOMO2 模型 D. 数据流图

(11) 进度安排的好坏往往会影响整个项目的按期完成,下列属于软件进度的方法有( )。

A. 程序结构图　　 B. 流程图　　　　 C. 工程网络图　　　 D. E-R 图

(12) 系统因错误而发生故障时,仍然能在一定程度上完成预期的功能,则把该软件称为( )。

A. 软件容错　　　 B. 系统软件　　　　 C. 测试软件　　　 D. 恢复测试

(13) 以下说法错误的是( )。

A. 文档仅仅描述和规定了软件的使用范围及相关的操作命令

B. 文档也是软件产品的一部分,没有文档的软件就不成软件

C. 软件文档的编制在软件开发工作中占有突出的地位和相当大的工作量

D. 高质量文档对于发挥软件产品的效益有着重要的意义

(14) 为使得开发人员对软件产品的各个阶段工作都进行周密的思考,从而减少返工,( )的编制是很重要的。

A. 需求说明　　　 B. 概要说明　　　　 C. 软件文档　　　 D. 测试计划

(15) 下列选项中,属于软件配置管理的任务的是( )。

A. 人员的分工　　　　　　　　　　 B. 估算软件项目的成本

C. 对软件阶段产品进行评审　　　　 D. 对程序、数据、文档的各种版本进行管理

(16) 软件配置项是软件配置管理的对象,即软件工程过程中产生的( )。

A. 接口　　　　　 B. 软件环境　　　 C. 信息项　　　　 D. 版本

(17) 图 11.15 显示了配置管理中的存取和控制,请选择合适的答案,将其对应的序号填入( )中。

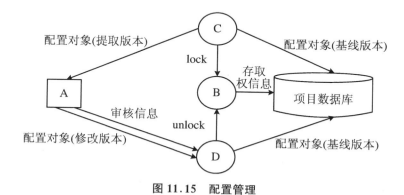

图 11.15　配置管理

供选择的答案:A:① 软件工程人员;② 配置人员;③ 质量保证人员。

B:④ 异步控制;⑤ 同步控制;⑥ 存取控制。

C~D:⑦ 管理;⑧ 登入;⑨ 检出;⑩ 填写变更请求。

2. 问答题

(1) 软件项目管理的主要任务是什么?

(2) 什么是软件配置管理? 什么是基线? 什么是软件配置项?

3. 计算题

(1) 假设你需要划出一个小组专门开发一个组件,该组件的乐观尺寸 Sopt 为 7 000LOC,最有可能尺寸 Sm 为 9 000LOC,保守尺寸 Spress 为 14 000LOC;这种组件的平均生产率为 500LOC/月,平均开发成本为每月 6 000 元。请根据以上给出的条件计算该组件的开发成本以及该小组的工作量,要求给出计算步骤。

(2) 已知有一个国外典型的软件项目的记录,开发人员 $M = 6$ 人,其代码行数 $= 20.2KLOC$,工作量 $E = 43PM$,成本 $S = 314\,000$ 美元,错误数 $N = 64$,文档页数 $Pd = 1\,050$ 页。试计算开发该软件项目的生产率 P、平均成本 C、代码出错率 EQR 和文档率 D。

(3) 已知某软件项目的特征为:用户输入数为 30,用户输出数为 60,用户查询数为 24,共有 8 个文件,有 2 个外部界面。如果每个信息量的加权因子都取"一般"值,所有的技术复杂性调节因子都取"普通"值,用 Albrecht 方法计算该软件项目的功能点。

附录 客户关系管理系统

7．系统测试

开发总结：本系统具有良好的可理解性、可维护性、可扩展性和可移植性，可以将它配置为一部手机 App。后续可以对用户进行分类，将用户分为只能使用查询功能的基础用户和可以使用全部功能的高级用户两类，添加系统登录模块。出错处理有待加强，取消功能可以考虑补充。

综合案例的源码：http://pan.baidu.com/s/1dFzgpyh。

参 考 文 献

[1] 普雷斯曼. 软件工程:实践者的研究方法[M]. 郑人杰,译. 7 版. 北京:机械工业出版社,2011.

[2] 弗莱格,阿特利. 软件工程:理论与实践(影印版)[M]. 4 版. 北京:高等教育出版社,2009.

[3] 王忠群. 软件工程[M]. 合肥:中国科学技术大学出版社,2009.

[4] 韩利凯. 软件工程[M]. 北京:清华大学出版社,2013.

[5] 任永昌. 软件工程[M]. 北京:清华大学出版社,2012.

[6] 周苏,周志民,王文,等. 现代软件工程[M]. 北京:机械工业出版社,2016.

[7] 张海藩,牟永敏. 软件工程导论[M]. 6 版. 北京:清华大学出版社,2013.

[8] 郑人杰,马素霞,殷人昆. 软件工程概论[M]. 2 版. 北京:机械工业出版社,2016.

[9] 李彤. 软件工程概论[M]. 北京:科学出版社,2012.

[10] 卫红春. 软件工程概论[M]. 北京:清华大学出版社,2007.

[11] 窦万峰. 软件工程方法与实践[M]. 2 版. 北京:机械工业出版社,2014.

[12] 韩万江,姜立新. 软件工程案例教程:软件项目开发实践[M]. 2 版. 北京:机械工业出版社,2016.

[13] 张泊平. 现代软件工程[M]. 北京:北京交通大学出版社,2009.

[14] 邓良松,刘海岩,陆丽娜. 软件工程[M]. 2 版. 西安:西安电子科技大学出版社,2004.

[15] 唐晓君. 软件工程:过程、方法及工具[M]. 北京:清华大学出版社,2013.

[16] 周爱民. 大道至简:软件工程实践者的思想[M]. 北京:电子工业出版社,2012.

[17] 克鲁奇特. RUP 导论[M]. 麻志毅,译. 3 版. 北京:机械工业出版社,2004.

[18] 贝尔德. 极限编程基础、案例与实施[M]. 袁国忠,译. 北京:人民邮电出版社,2003.

[19] IEEE. IEEE Std. 830-1998:IEEE Recommended Practice for Software Requirements Specification[S]. Los Alamitos,CA:IEEE Computer Society Press,1998.

[20] Karl E W. 软件需求[M]. 陆丽娜,王忠民,王志敏,等译. 北京:机械工业出版社,2000.

[21] 毋国庆. 软件需求工程[M]. 2 版. 北京:机械工业出版社,2013.

[22] 王先国. UML 统一建模实用教程[M]. 北京:清华大学出版社,2009.

[23] 袁涛,孔蕾蕾. 统一建模语言 UML[M]. 2 版. 北京:清华大学出版社,2013.

[24] 温昱. 软件架构设计[M]. 2 版. 北京:电子工业出版社,2012.

[25] 张家浩. 软件架构设计实践教程[M]. 北京:清华大学出版社,2014.

[26] 布施曼,等. 面向模式的软件架构卷1:模式系统[M]. 袁国忠,译. 北京:人民邮电出版社,2013.

[27] 阿尔宾. 软件体系结构的艺术[M]. 刘晓霞,译. 北京:机械工业出版社,2004.

[28] 伽玛. 设计模式:可复用面向对象软件的基础[M]. 李英军,译. 北京:机械工业出版

社,2013.

[29] 秦小波.设计模式之禅[M].北京:机械工业出版社,2014.

[30] 麻志毅.面向对象分析与设计[M].2 版.北京:机械工业出版社,2014.

[31] Eckel B.C++编程思想[M].刘宗田,译.北京:机械工业出版社,2011.

[32] 斯切尔特.C++编程艺术[M].曹蓉蓉,译.北京:清华大学出版社,2005.

[33] McClure C.软件复用技术:在系统开发过程中考虑复用[M].北京:机械工业出版社,中信出版社,2003.

[34] Fowler M.重构-改善既有代码的设计[M].熊节,译.北京:人民邮电出版社,2015.

[35] 佟伟光.软件测试技术[M].2 版.北京:人民邮电出版社,2010.

[36] 武剑波,陈传波,肖来元.软件测试基础[M].武汉:华中科技大学出版社,2008.

[37] 韩万江,姜立新.软件项目管理案例教程[M].3 版.北京:机械工业出版社,2016.

[38] 肖刚.实用软件文档写作[M].北京:清华大学出版社,2005.

[39] 科索马罗.微软的秘密[M].章显洲,译.北京:电子工业出版社,2010.

[40] 王国波.软件架构分解[J/OL].IBM:developerWorks 中国＞技术主题＞Rational.2013,12,16[2017-3-1].http://www.ibm.com/developerworks/cn/rational/1312_wanggb_arch/.